流体辅助微纳抛光原理与技术

程灏波 著

科学出版社

北京

内 容 简 介

本书详细阐述了适用于精密光学元件制造的流体辅助微纳抛光原理与技术,针对于每一种工艺方法进行了全方位的描述,涉及起源与发展、原理、优缺点、具体的加工设备以及相关的工艺。

全书分为 9 章,第 1 章对光学加工进行了综述,其他章节分别介绍了磁介质辅助加工技术、磁流变抛光技术、电流变抛光技术、气射流抛光技术、水射流抛光技术、磁射流抛光技术、浮法抛光技术、化学抛光。

本书可以作为高等院校光学工程类专业的教材,也可供相关专业的师生和科研人员参考。

图书在版编目(CIP)数据

流体辅助微纳抛光原理与技术/程灏波著.—北京:科学出版社,2014.5
ISBN 978-7-03-040521-0

Ⅰ.①流… Ⅱ.①程… Ⅲ.①纳米技术-应用-流体-抛光

Ⅳ.①TG580.692

中国版本图书馆 CIP 数据核字(2014)第 087760 号

责任编辑:王 哲 邢宝钦/ 责任校对:钟 洋
责任印制:张 倩 / 封面设计:迷底书装

科学出版社 出版
北京东黄城根北街 16 号
邮政编码:100717
http://www.sciencep.com

北京凌奇印刷有限责任公司 印刷
科学出版社发行 各地新华书店经销

*

2014 年 7 月第 一 版 开本:720×1000 1/16
2014 年 7 月第一次印刷 印张:15 3/4
字数:317 000

POD定价: 98.00元
(如有印装质量问题,我社负责调换)

序　言

现代光学系统采用非球面元件进行像差校正、像质改善，可以简化光学系统与结构的设计方案。精密光学制造方法和工艺技术的不断发展以及新型光学系统设计技术的创新相互促进，使应用在高精度光刻机光学装置、激光约束核聚变能源装置、高分辨率遥感观测装置等光电系统中的关键光学元件呈现出以下技术特征：高面形精度、低表面粗糙度、尽可能小的表层和亚表层损伤、表面残余应力小、尺寸和结构功能日趋多样。

从制造原理和工艺方法角度来讲，高质量要求的光学元件纳米精度抛光是一个值得探索和创新研究的科学命题。例如，应用在纳米光刻光学系统中的非球面元件，要求达到高面形精度的同时保证低表面粗糙度；应用在空间精细遥感光学系统中的典型光学镜经历了从 Hubble 主镜面密度 $180kg/m^2$ 到 Herschel 的 $25kg/m^2$，再到未来可能的 $20kg/m^2$ 的发展趋势，要求镜体具有足够刚度、强度、结构高稳定性和面形精度；应用在激光约束核聚变装置终端光学系统中的光学元件表面损伤阈值指标为 $8J/cm^2 \cdot 3w$，理论上无缺陷熔石英材料的本征损伤阈值远高于这一指标（$90 \sim 110J/cm^2 \cdot 3w$，然而经过表面加工后的损伤阈值降低到约 $2J/cm^2 \cdot 3w$），实现这样的目标需要探索无损伤抛光工艺，从而进一步提高元件表面质量、抑制表面亚表面缺陷。

作为精密光学制造工艺链中的一个重要环节，对抛光方法与工艺的研究和探索始终吸引着科研人员的关注。从材料柔性去除的概念角度展开分析，以高性能高精度要求的复杂光电系统、空间精细遥感仪器、高能激光武器和短波段光学领域等为技术需求背景，为追求加工技术的先进性和高精度，发展了流体辅助抛光技术(包括磁流变抛光、电流变抛光、磁射流抛光、化学机械抛光等)。磁流变和电流变抛光技术基于特殊功能材料的场致流变效应原理，借助于外加磁场/电场控制由功能粒子和磨料粒子等组成的抛光液的黏度和流变特性，形成柔性抛光盘。磁射流抛光技术在磨料水射流基础上发展起来，利用抛光液在磁场作用下发生的流变效应，在液体喷嘴出口附近施加局部轴向磁场，消除初始扰动对液柱的破坏，获得稳定汇聚的射流束冲击工件表面，从而实现材料柔性去除。化学机械抛光利用游离态磨料粒子与工件间的磨削和化学腐蚀来实现表面光整，避免了由单纯机械抛光造成的表面损伤和由单纯化学抛光易造成的抛光速度慢、表面平整度和抛光一致性差等问题。然而在工艺实施过程中，流体辅助抛光技术的加工机理和工艺性都是相当复杂的。

　　本书结合作者科研团队多年来在流体辅助抛光领域的研究成果和学术积累，对流体辅助抛光原理和工艺方法进行系统的阐述，参考了大量文献并融入新的学术见解，在此谨向相关作者和同仁致以诚挚的感谢！香港城市大学的 TAM Hon Yuen 教授提出了宝贵的学术见解，有助于本书中电流变抛光原理和工艺技术相关内容的完善；本书的出版得到了国家自然科学基金的资助，另外作者的研究生也做了大量的资料整理工作，在此一并表示衷心的感谢！本书适用于航空航天、天文和信息技术等领域从事光学制造检测工作的科技人员，以及大专院校相关专业的师生。

　　诚恳希望读者对本书提出宝贵的意见。

程灏波

2014 年 5 月于北京

目　　录

序言

第1章　绪论 ……………………………………………………………… 1
　1.1　概述 ………………………………………………………………… 1
　1.2　流体辅助抛光技术的分类 ………………………………………… 5
　1.3　流体辅助抛光技术的发展 ………………………………………… 8

第2章　磁介质辅助加工 ………………………………………………… 11
　2.1　磁场辅助抛光技术 ………………………………………………… 11
　2.2　磁性液体抛光技术 ………………………………………………… 11
　2.3　磁力研磨技术 ……………………………………………………… 12
　　　参考文献 ………………………………………………………………… 22

第3章　磁流变抛光 ……………………………………………………… 24
　3.1　概述 ………………………………………………………………… 24
　3.2　磁学理论基础 ……………………………………………………… 27
　3.3　抛光系统与模型 …………………………………………………… 31
　3.4　磁流变抛光液 ……………………………………………………… 55
　3.5　工艺研究 …………………………………………………………… 70
　3.6　小结 ………………………………………………………………… 76
　　　参考文献 ……………………………………………………………… 76

第4章　电流变抛光 ……………………………………………………… 80
　4.1　概述 ………………………………………………………………… 80
　4.2　电流变液体 ………………………………………………………… 82
　4.3　电流变抛光液 ……………………………………………………… 87
　4.4　电流变抛光模型 …………………………………………………… 96
　4.5　装置设计与分析 …………………………………………………… 101
　4.6　工艺研究 …………………………………………………………… 106
　4.7　小结 ………………………………………………………………… 109
　　　参考文献 ……………………………………………………………… 110

第5章　气射流抛光 ……………………………………………………… 112
　5.1　概述 ………………………………………………………………… 112
　5.2　基本原理 …………………………………………………………… 115

5.3　加工机理与技术 ·· 124

5.4　加工仿真与实验研究 ··· 134

5.5　小结 ·· 144

参考文献 ·· 145

第 6 章　水射流抛光 ··· 146

6.1　概述 ·· 146

6.2　基本原理与特点 ·· 154

6.3　理论模型 ·· 156

6.4　工艺研究 ·· 166

6.5　小结 ·· 177

参考文献 ·· 178

第 7 章　磁射流抛光 ··· 180

7.1　概述 ·· 180

7.2　流体动力学理论基础 ··· 182

7.3　液柱保形机理 ·· 186

7.4　去除函数模型与特性 ··· 189

7.5　工艺研究 ·· 199

7.6　加工装置 ·· 212

7.7　小结 ·· 218

参考文献 ·· 219

第 8 章　浮法抛光 ·· 222

8.1　概述 ·· 222

8.2　机理与模型 ··· 224

8.3　工艺研究 ·· 229

8.4　小结 ·· 230

参考文献 ·· 231

第 9 章　化学抛光 ·· 233

9.1　概述 ·· 233

9.2　机理与原理 ··· 235

9.3　加工设备 ·· 239

9.4　小结 ·· 244

参考文献 ·· 244

第1章 绪 论

1.1 概 述

光学是一门有着悠久历史的学科，起源应追溯到远古时代。当每一个新的生命诞生到这个世界上，光就无时无刻、无处不在地影响着他的生活。人类对光的研究，最初主要是试图回答"人怎么能看见周围的物体？"之类问题，但是具有强烈求知欲望的人们并不满足于此，越来越多的人开始对光进行深入研究。光学的发展经历了萌芽时期、几何光学时期、波动光学时期、量子光学时期和现代光学时期。直到21世纪，光学和其他学科之间的相互交叉和拓展形成了一批新的学科分支，如光谱学、自适应光学、晶体光学、傅里叶光学、微光学、非线性光学、统计光学、散射光学、薄膜光学、量子光学、辐射度学和X射线光学等。随着这层神秘面纱的褪去，人们获得的不仅是惊喜和赞叹，还获得了许多了解和探索这个世界的方法和技术。

光学是一项既古老又前沿的科学，是一种难以估价的科学技术，也是一门与其他学科紧密相关的学科。

光学科学技术的进展与光学仪器的设计、制造技术的发展有着紧密联系，尤其与其中核心的光学元部件能够达到的功能和制造质量密切相关。在光学系统中，非球面元件(如抛物面镜、椭球面镜、高次曲面镜等)与球面元件相比较，在矫正像差、提高成像质量方面有着不可替代的优势，往往一块非球面镜就可以替代多块球面镜的作用，从而大大减小整个光学系统单元的数量与重量。因此，非球面元件在军事、武器、航天、天文、核能和重要的经济性工业领域有着广泛的应用，采用非球面元件已成为现代光学系统设计的特征。非球面镜的加工制造属于超精密加工的尖端代表性技术，有着巨大的工业产业价值，关乎国防军工，也是目前我国与先进工业国家尚有较大差距且急需大力发展的重要技术领域，列举如下几个例子进行说明：一个由7片球面元件组成的光学系统可由3片或4片非球面元件所替代。Javelin反坦克导弹的发射装置因为采用了非球面光学元件而使系统的重量、尺寸、复杂性和成本都得到了降低。另据美国陆军部的一项调查报告显示，1980—1990年美国军用激光和红外热成像产品使用的各种光学零件共114.77万块，其中包括自由曲面在内的非球面光学零件计23.46万块。美国Rochester大学的光学加工中心称，采用计算机控制加工非球面镜，在一枚导弹的光学系统中为军方创造

1400万美元的价值。1994年，由Tinsley公司与Itek、Eastern-Kodak等公司合作，完成在太空中对哈勃望远镜的修复工作，修复所用的复杂型面轴向补偿校正镜价值4000万美元，新广角行星相机价值2400万美元，哈勃望远镜经过维修后观测到120亿光年的10个星系，被我国两院院士评为1998年国际十大科技进展新闻之一。我国十五攻关项目研制目前世界上最先进的0.1μm线宽光刻机，其镜头的面形精度要求达到3nm RMS(Root Mean Square，均方根，光学表面评价指标之一)。

使用单个元件获得非球面波前的方法有许多，最常用、最主要的方法是采用非球面曲面获得非球面波前，这样的元件有非球面透镜和非球面反射镜；可以采用衍射光学元件获得非球面波前，衍射光学元件可分为透射式和反射式两种；可以通过改变透镜光学材料折射率的分布获得非球面波前，如应用在光纤技术中的一种自聚焦透镜就是采用这样的技术。由于受到当前制造技术、装卡支撑技术的限制，很难制造精度要求很高的衍射光学元件和变折射率光学元件，目前非球面光学系统主要采用上述第一种非球面光学元件。

虽然非球面元件具有无比的优越性，但是由于其特殊的几何形状决定了非球面的加工方法异于球面的制造方法，无论制造难度还是制造成本都远高于球面元件。对于球面镜，抛光工具与球面镜之间可以进行球面相对运动实现整个球面的接触抛光，而非球面镜的加工却难于实现工具与非球面元件的全面积接触相对运动，因此非球面镜的加工采用特殊的工艺方法。随着现代先进制造技术与计算机软硬件技术的快速发展，光学制造技术与光学设计软件得到了长足的进步。这些底层支撑技术的快速发展为光学设计人员提供充分的想象空间，使其能够设计出更为精巧、像质更高，能满足某些特殊要求的光学系统，包括作为功能元件广泛应用于光电和信息领域以实现对信息和能源的感知、采集、传输、转换和控制等目的的光学元件。例如，作为窗口器件和透镜或反射镜大量使用在可见光、红外、紫外等多波段光学系统中。特别是近年来激光技术的长足进展，自由电子激光器的高效率波长转换与高功率紫外激光器新激光光源的出现，对谐振腔和周边光学系统光学元件的性能提出了更高精度、超低功耗的要求。在"惯性约束核聚变"固体激光驱动器、短波段光学领域，尤其是强激光武器等高科技关键设备中，优质功能材料制备的器件如大尺寸、高精度KDP(KH_2PO_4)光学晶体元件，由于透过波长领域宽、激光损伤阀值高而作为光路系统中的最佳光学倍频转换器和电光开关元件。在这些应用领域，对光学元件的精度要求极为苛刻，要求达到纳米级面形质量(面形畸变优于30nm RMS)，尽可能小的表层和亚表层损伤，表面残余应力极小和超光滑表面(粗糙度优于0.5nm RMS)，为了形成技术支撑，需要研究材料表面超精密加工工艺和与之配套的装备技术。

为了达到这一目的，许多国家相继在纳米级超精密加工领域进行了大量的研究工作，特别是近二十年来美国、日本、俄罗斯等发达国家对纳米级超精密加工工艺进行了较为深入的研究并取得了一定的进展,但对纳米级超光滑加工机理的研究仍不是十分成熟。一般来讲,超光滑表面成形因其特殊的工艺性而对加工条件要求极其苛刻,传统的磨削和抛光方法易使磨粒嵌入元件中,造成表面损伤并最终影响元件功能而不再适用。20世纪60年代初发展起来的单点金刚石切削技术是目前考虑较多的超精密加工手段,它采用金刚石刀具"飞刀"切削方式,借助于高运动精度的精密数控机床对工件进行切削。但是避开工艺因素的影响,即使导轨直线度达到0.1μm/100mm,工件面形精度也达不到单次透射波前畸变优于40nm RMS的指标;此外基于切削原理,机床的驱动控制精度也不可避免地引入工件表面的切削周期性波纹度,在强光非线性效应的影响下将会产生很大的增益,若再经过长距离传输,则将转化为更大的强度调制从而恶化系统输出光束质量。所以只有不断提高机床的运动和控制精度,才可能制造高质量的光学元件,因此过度依赖机床的运动和控制精度是制约这一技术取得突破性进展的一个瓶颈。为了在获得光学级面形精度的同时实现超光滑抛光,可以针对被加工材料的不同物理特性,考虑借助于磁性流体实施柔性去除方式的确定性加工技术。具体地说,磁性流体在梯度磁场作用下流变呈现黏塑性,利用其与工件接触区域的剪切力作用实现表面材料的确定性去除。磁性流体确定性加工技术具有加工速度快、精度高且不产生亚表层破坏等优点,成为实现超光滑表面加工的可考虑技术手段之一。

　　鉴于非球面元件的优越性能,工业发达国家(如美国、德国、法国、英国和俄罗斯等)早在20世纪70年代就已经开展其现代先进制造技术的研究。随着计算机控制技术的成熟,非球面光学元件的数控加工主要有三种工艺方法:①单点金刚石超精密镜面切削,一般只适用于有色金属反射镜的加工,受到机床精度和刀具刃磨精度的限制,其加工精度一般只达到亚微米级,且被加工金属镜的表面存在微细的走刀纹路,仅适用于长光波段;②微细金刚石砂轮超精密直接镜面磨削,近年来研究发展较快,其加工精度也受到磨床精度和砂轮修整精度的限制和磨削随机因素的影响,而且由于是刚性去除,砂轮形面与工件形面无法完全贴合,导致在磨削运动轨迹间存在极细窄的切带,引发光束散射而造成能量损失,如用强光源以45°斜射到磨光后的表面,在高倍显微镜下可观察到工件表面残留刚性去除划痕,因此欲使工件精度更高或适用于更宽光谱范围,必须经过后续抛光处理以进一步提高精度和表面质量;③计算机控制小工具研磨抛光,一般针对光学玻璃、光学晶体等硬脆材料制备的光学元件,常使用弹塑性的沥青等材料制作的小磨头(直径通常小于工件直径的1/4)进行研磨或抛光,在小磨头与工件间加入磨料(如氧化铈、氧化铝等),利用其间的相对运动,实现工件表面材料的有效去除,加工中小磨头能够有效地跟踪非球面表面各点曲率半径的变化,与非球面的面形良好吻合从而提高加工精度,并可利用计算机执行速度快、记忆准确等优势使加工的重复精度和效率大幅度提高。计算机控制小工具研磨抛光技术自20世纪70年代初问世以来，世界上以美国为代表的一些发达国家相继投入了大量的人力、物力和财力进行深入的研究，并在航空、航天等重要领域发挥了巨大的作用。我国在"九五"期间立项，并由中国科学院长春光学精密机械与物理研究所承担研究重点空间项目中的关键部件——非球面主反射镜的制造难题，历经十余年，取得了核心技术的突破，形成了以空间应用的轻质大口径离轴非球面反射镜制造为代表的独特技术优势，为高质量空间成像光学系统提供了有力的技术支撑和储备。但是计算机控制小工具研磨抛光技术复杂程度很高，在工艺实现上还存在一些十分关键的难点：首先对于不同的光学元件面形需要不同的工具模型，只有这样才能使小磨头更好地贴合工件表面，使单位去除函数接近于高斯函数，降低计算机控制技术的通用性；其次抛光模所用的材料一般是沥青材料，在抛光过程中，由于摩擦作用，表层沥青将会发生变形并产生温升，使沥青表层的结构形状发生变化，力学性能也随之发生变化，从而影响抛光模的去除函数；再次沥青材料的弹性恢复能力比较差，如果采用高速抛光，而沥青抛光模不能及时实现弹性恢复，那么也会严重影响抛光模的面形精度，无法实现精确的材料去除，所以沥青抛光模很难实现高速抛光，也就是说很难通过提高抛光速率来提高抛光效率。20世纪90年代初期，磁流变抛光(Magneto-Rheological Finishing，MRF)技术问世，其优势在于抛光区域内始终保持新抛光磨粒在参与抛光。目前此项技术以美国Rochester大学的研究最为深入，也最具有工业应用实力。国内自1998年起开始磁流变抛光技术的研究并已取得一定的成果。

利用计算机控制加工光学非球面元件，其技术进步的目标是实现光学元件表面残余误差的确定性去除，但由于工艺材料(例如，工件材料和材质，抛光工具材料采用沥青抛光模、磁流变抛光模或聚氨酯抛光模，抛光磨料的选择)不同、工具尺寸形状和运动方式不同、数控轨迹路线不同、工艺参量匹配差异和数控加工本身的规律性过强(不一定有利于超光滑表面形成)等工艺因素的选择决策不同，在加工过程中，形面误差的消除和面形精度的收敛并不一定是理想的、确定性的。因此该项技术的复杂程度仍很高，加工、测量和判断决策仍要反复进行，其反复次数仍将很多，而且无法预料，对技术决策者的工艺经验的依赖性仍非常强。

进入21世纪，光学非球面元件的两个研究方向尤为突出，其一是更高表面质量：在高性能、高像质要求的军用光电系统、空间精细遥感仪器、高能激光武器和短波段光学领域中，元件面形精度要求达到 $\lambda/50$ (λ=632.8nm，以下的 λ 在没有特殊说明的情况下都为632.8nm)或更高，有时为了减小因散射而造成的能量损失，甚至要求系统中采用的元件表面必须是超光滑的(表面粗糙度一般低于0.5nm)，为达到这样高的面形精度和表面形貌精度，必须采用抛光的工艺方法，特别是对于利用光学玻璃、光学晶体制造的元件，这是唯一的工艺途径；其二是元件尺寸极限化：包括前述的应用于大型空间遥感或地面观测仪器中的大口径甚至超大口径非球面元件(口径达到800mm以上，采用计算机控制小工具加工的方法可以实现高精度制造)和满足光数字通信设备小型化、高集成度技术进展需求的小口径至微小口径非球面元件(口径仅为10～0.8mm)的确定性加工。

1.2　流体辅助抛光技术的分类

流体辅助抛光技术作为光学加工技术的一个分支，以其独特的加工方式在光学加工中占有重要的地位。它的基本思想是：借助于流体动力为浸没在其中的抛光磨粒提供动能，具有一定切削力的磨料粒子与工件表面产生相对运动，对工件表面材料进行抛光。使用流体作为基载，利用流体分子作用力较小的特性实现柔性抛光，获得表面质量较高的光学镜面。根据不同的磨料粒子载体，目前流体辅助抛光技术可分为基于气体的抛光技术和基于液体的抛光技术，如图1.1所示。

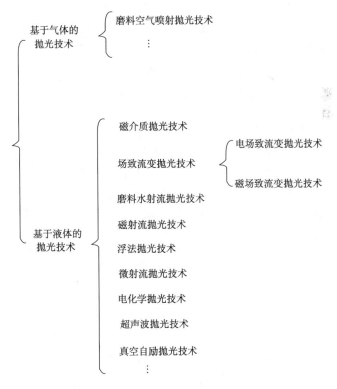

图 1.1　基于不同载体的流体辅助抛光技术的分类

以下对目前应用较为广泛的抛光技术进行简要的阐述。

1. 磨料空气喷射抛光技术

磨料空气喷射抛光（Abrasive Jet Machining，AJM）是一种非接触式的抛光技术。其抛光原理是：微细磨料喷射加工技术是以气体为载体，将微细磨料粒子加速，利用微细磨料对材料的冲击进行去除加工。

2. 磁介质辅助研抛技术

一般来说，磁介质辅助抛光可分为磁场辅助精密抛光技术、磁性液体抛光技术、磁力研磨技术和磁流体辅助抛光等几种方法。

3. 磁场致流变抛光技术

磁场致流变抛光，俗称磁流变抛光（Magneto-Rheological Finishing，MRF），是一种非接触式的抛光技术。其抛光的原理是：磁流变抛光液运动到工件与运动盘形成的小间隙附近时，在梯度磁场的作用下发生流变，形成具有一定硬度的缎带凸起。当变硬的磁流变抛光液进入小间隙时，对工件表面与之接触的区域产生很大的剪切力，从而使工件表面材料被去除。

4. 电场致流变抛光技术

电场致流变抛光，俗称电流变抛光（Electro-Rheological Finishing，ERF），是一种非接触式的抛光技术。在 1999 年电流变技术应用于抛光领域，主要是利用电流变液在电场作用下表观黏度会发生变化，并且它的屈服强度随着外加电场强度的增大而增加。因此在电流变液中混入磨料后，当施加外加电场时，电流变液在工具电极附近就会形成具有一定表观黏度和剪切力的柔性抛光头，并跟随工具电极运动对工件表面产生剪切，实现抛光。

5. 磨料水射流抛光技术

磨料水射流抛光，俗称液体射流抛光 （Fluid Jet Polishing，FJP），是一种非接触式的抛光技术。利用由小喷管喷出的混有磨料粒子的高速抛光液作用于工件表面，形成高速运动的磨料粒子对工件表面进行切削作用，实现工件表面材料的去除。通过控制液体喷射的压力、方向和驻留时间等来定量修整被加工工件面形的光学加工工艺。

6. 磁射流抛光技术

磁射流抛光（Magneto-Rheological Jet Polishing，MJP）技术，其可简单描述为：混合细微磨料的磁流变液在容器中搅拌均匀，然后利用相对较低的压力系统将混合液吸入安装在电磁线圈内部的铁磁材料制成的喷嘴并喷射，在电磁线圈产生的局部轴向磁场的作用下，磁流变抛光液发生流变效应，变为表观黏度较大的浆体，使得从喷嘴喷出的浆体稳定性增加，当液体冲出磁场范围后由于存在剩磁作用，液柱仍能够保持一致性，可以实现较远距离的确定性抛光，使用过的抛光液经回收装置过滤后重新回到容器中，实现循环加工。

7. 化学机械抛光技术

化学机械抛光（Chemical Mechanical Polishing，CMP）是一种非接触式的抛光技术。根据所要抛光工件材料的不同，配制不同成分的化学抛光液体。抛光时工件与抛光液相对运动，为了获得较好的表面粗糙度，也可将电化学抛光应用于其中。另外这种抛光方法比较适合金属材料的抛光。

8. 浮法抛光技术

浮法抛光（float polishing）过程中，镜盘与磨盘稳定旋转，抛光液运动产生的动压力使镜盘与磨盘之间有数微米厚的液膜，磨料微粒在这层液膜中运动，与工件表面不断碰撞，工件表面原子在磨料微粒的撞击作用下脱离工件主体，从而被去除。

9. 微磨料射流抛光技术

微磨料射流抛光技术是一种将传统小磨头抛光、浮法抛光和射流抛光等技术相结合的非接触式加工方法，其包括微磨料空气射流加工（Micro Abrasive Jet Machining，MAJM）技术和微磨料水射流（Micro Abrasive Water Jet Machining，MAWJM）技术。微磨料射流抛光技术的加工原理为：抛光混合物在一定压力（由液体或气体提供）的作用下进入磨头内部，并由磨头底部的微孔喷出与工件表面发生碰撞后沿径向流动，微细磨料颗粒在旋转磨头和径向流动的作用下与工件表面相互作用产生强大的剪切力，从而实现工件表面材料的去除。

10. 超声波抛光技术

超声波抛光技术的原理是利用换能器将输入的超声频电振荡转换成机械振动，然后将超声机械振动传送给变幅杆加以放大，再传至固装在变幅杆端部的工具头上，使工具头发生超声频的振动，当工具头与工件之间存在有适量的磨料悬浮液并使工具头以一定压力接触工件时，工具头高频率、高速度打击工件表面，同时悬浮液产生环流和空化作用，使工件表面引起微量的碎裂和剥蚀，从而实现了超声波抛光过程。

11. 弹性发射抛光技术

两种固体相互接触时，在界面形成原子间结合力，在分离时，一方原子分离，此处原子即被去除。基于这种物理现象，将超微细粉金刚砂磨料粒子向被加工物表面供给，磨料运动，加工物表面原子被分离，实现原子与加工物体分离的加工，这就是弹性发射抛光（Elastic Emission Machining，EEM）的基本原理。EEM 加工方法的本质是粉末粒子作用在加工物表面上，粉末粒子与加工表面第一层原子发生牢固地结合。第一层原子与第二层原子结合能力低，当粉末粒子移去时，第一层原子与第二层原子分离，实现原子单位的极微小量弹性破坏的表面去除加工。

12. 真空自励抛光技术

真空自励抛光是一种非接触式的抛光技术。利用正压供液泵在工作室与工件表面形成正压区，产生向上的浮力，再由负压泵的吸附力作用在工作室与工件表面形成负压区，产生向下的吸附力，因此由于浮力与吸附力的相互作用，在磨头与工件之间形成了动态的具有一定刚度和韧性的抛光液流体层，在机床的带动下对工件表面进行抛光。

这里所说的接触和非接触是指在抛光过程中，被加工工件是否与较硬的固体抛光盘相接触。接触抛光法的缺点是：在工件抛光的同时，抛光盘也被磨损。因此抛光盘的面形在不断变化，从而使工件表面材料去除率函数不断变化。这对抛光过程稳定性和重复性的控制，以及实现数控抛光是十分不利的。另外在抛光过程中，工件与较硬的固体抛光盘相接触，工件表面受到的压力较大，因此抛光后的工件易产生下表面破坏层。非接触抛光法抛光后的工件虽然可以获得较高的表面精度，且抛光中不存在抛光盘磨损的问题，但是其抛光效率相对于接触式抛光一般比较低。

1.3　流体辅助抛光技术的发展

光学制造技术是一门有着悠久历史的加工技术，从早期的手工操作到现在的先进光学制造技术，已经取得了很大的进步，但是随着科技的发展和技术的进步，光学制造技术的发展势在必行。先进光学制造技术已经发展成为用数学模型描述工艺过程，以计算机数字控制为主导的确定性加工。流体辅助抛光技术作为光学加工技术的一个重要组成部分日趋完备。

全球范围内的高技术竞争将促进先进光学制造技术的不断发展。从20世纪80年代开始，随着国家"863"计划的实施，以及中国微电子、光通信、航空、航天、天文和国防等技术的全面发展，对当代光学制造工作者和光学制造业提出了严峻的挑战，同时也带来了新的发展机遇，这也将促进我国先进光学制造技术的加速发展。

流体辅助抛光技术的发展方向主要体现在以下几个方面。

1. 集成化

集成化主要包含两重含义，即设备功能的集成和技术的集成。设备功能的集成主要体现在将各个功能部件集成到一体，实现光机电一体化；技术的集成主要是将两种或多种不同的技术集成为一个具有更高性能的加工技术，如磁射流技术、磁流变技术、电磁流变技术和真空自励抛光技术等。

2. 信息化

信息化培养和发展以计算机为主的智能化工具为代表的新生产力，主要是将计算机技术、软件控制技术、软件虚拟技术和数字监控技术融入到流体辅助抛光技术中，实现自动化和数字化控制加工。自动化是指加工系统在没有人或较少操作者的直接参与下，按照操作者的要求，经过控制监测、信息处理、分析判断和操纵加工一系列过程，从而达到操作者要求的预期加工目标。数字化就是将许多复杂多变的加工信息转变为可以度量的数据，再通过这些数据建立起适合于加工的数字化模型，利用其对机床进行数字化控制，实现定点定量的精确加工。

3. 超高精度

科学技术的快速发展致使对光学元器件的精度要求越来越高。超精密加工已向纳米精度发展。例如，在高性能、高像质要求的军用光电系统、空间精细遥感仪器、高能激光武器和短波段光学领域中，元件面形精度要求达到 $\lambda/50$ 或更高。

4. 超光滑

超光滑表面的评价可分为表面粗糙度和亚表面损伤两种标准。表面粗糙度是评定加工过的材料表面由峰、谷和间距等构成的微观几何形状误差的物理量，一般定义为加工表面具有的较小间距和微小峰谷不平度，对于超光滑表面其粗糙度要求一般低于0.5nm。光学元件的亚表面损伤大致分为两类：一种是元件材料的固有缺陷，如气孔、杂质粒子等；另一种是在加工过程中引入的损伤，包括裂纹、残余应力等，但是一般亚表面损伤主要以裂纹形式存在，故称为亚表面裂纹层。

5. 极端制造加工

对于流体辅助抛光技术，其极端制造是指在特殊条件下，在较短的时间内制造极端尺度、极高精度的器件，集中表现在尺寸上微小、巨型、超薄、超轻和面型上超精密、超光滑等方面。

6. 低污染加工

低污染加工也称为绿色加工，是一项现代化的制造模式，也是人类可持续发展战略在现代制造业中的集中体现。低污染加工的目标是使加工设备、被加工工件和加工所需要的辅助物品在整个产品的生命周期中对环境的影响最小。

第2章　磁介质辅助加工

20世纪80年代初，日本率先将磁场应用于光学加工中，发明了磁介质辅助研抛技术。一般来说，磁介质辅助研抛技术可分为磁场辅助精密抛光、磁性液体抛光和磁力研磨等几种方法。

2.1　磁场辅助抛光技术

磁场辅助精密抛光是将磁场对磁流体的作用力传递到抛光盘(如橡胶垫)上进行光学加工的技术，此技术由Kurobe等在20世纪80年代初首先提出。在磁场作用下形成的磁流体使悬浮其中的非磁性磨料在磁流体的流动力和浮力作用下，压向旋转的工件，进行研磨和抛光。柔性的橡胶垫将铜盘槽底部的磁性液体密封，抛光液放在铜盘槽中橡胶垫的上方，工件浸于抛光液中。在磁场的作用下，磁性液体受力并作用到橡胶垫抛光盘上，柔性的橡胶垫抛光盘受力变形，使其形状与工件面形相吻合来对工件进行抛光。用这种方法对硅片、玻璃、铜等材料进行抛光，抛光后这些工件的表面粗糙度由原来的10μm降低到几微米。

1989年，Suzuki等用这种方法对曲率半径为50mm的硬而脆的晶体进行抛光。经过30min的抛光，工件表面粗糙度从15nm降低到1nm，面形误差从0.4μm降低到0.3μm。这种方法虽然可以获得较大的抛光压力，但很不容易控制。1993年，Suzuki等又对直径为40mm的非球面Pyrex玻璃工件进行了试验，其材料去除率为2～4μm/h，但没有实现对工件边缘的有效控制。

2.2　磁性液体抛光技术

磁性液体抛光技术又被称为磁流体辅助抛光。磁性液体(Magnetic Fluid，MF)是由纳米级(10nm以下)的强磁性微粒高度弥散于某种液体之中所形成的稳定的胶体体系。磁性液体中的磁性微粒必须非常小，才能在基液中呈现混乱的布朗运动，这种热运动足以抵消重力的沉降作用并且削弱粒子间由于电磁相互作用而产生的凝聚现象，从而在重力和电磁场的作用下稳定存在，不产生沉淀和凝聚。磁性微粒和基液浑然一体，从而使磁性液体既具有普通磁性材料的磁性，同时又具有液体的流动性，因此具有许多独特的磁学、流体力学、光学和声学特性。磁性液体的特殊性质开拓了许多新的应用领域，一些过去难以解决的工程技术问题由于磁性液体的出现迎刃而解。磁性液体已经广泛应用到旋转轴动态密封、扬声器、阻尼器件、选矿分离、开关、精密研磨和抛光、传感器中。本节主要探讨磁性液体在精密研磨和抛光中的应用。

磁性液体抛光研磨将流体动力学理论引入光学加工中，利用磁性液体的浮力将微米级的磨料悬浮于液体表面，与待抛光的工件紧密接触。不论工件的表面形状多么特殊，均可用此技术精密抛光，获得高精度表面且不产生破坏层。

磁性液体技术在 20 世纪 60 年代首先由美国应用于宇航工业，后来逐渐转为民用，80 年代中期成为国内外学者公认的一门独立学科，现已成为很庞大的产业，在美国、日本、德国等发达国家都有磁性液体公司，全球每年要生产磁性液体数百万吨。

1984 年，Tain 和 Kawata 利用磁场对浸入磁性液体中的聚丙烯平片进行加工。他们将一些 N、S 极相间的长条形永久磁铁紧密相连排成一列，形成一个非均匀磁场(磁场强度大约为 0.1T)。将盛有非磁性抛光粉(碳化硅，直径为 4μm，体积含量为 40%)和磁性液体(直径为 100～150Å 的四氧化三铁磁性微粒均匀地混合在二十烷基萘基液中)均匀混合液的圆形容器放置在这个磁场中。磁场梯度使抛光粉浮起与浸在磁性液体中的工件相接触。在加工过程中，工件与容器同时旋转来实现对工件材料的去除，其材料去除率为 2μm/min。经过一小时的抛光，工件表面粗糙度降低了 1/10。

1987 年，Satio 等又在水基的磁性液体中对聚丙烯平片进行抛光。这种方法的缺点是抛光压力较小，不能对玻璃或其他较硬材料进行抛光，并且不能对工件面形进行较为有效的控制。

为了获得较大的抛光压力，1994 年 Umehara 等在磁性液体中放置了一个浮体，在磁场的作用下，磁性液体给浮体以力的作用，使其与工件相接触来进行抛光。这样，以整个浮体所受的力代替原来单个抛光粉颗粒所受的力，使抛光压力大大加强。这种方法比较适合陶瓷材料加工，他们用这种方法分别对氮化硅球、氮化硅圆柱和氧化铝平片进行抛光，取得了较好的效果。

2.3　磁力研磨技术

磁力研磨(Magnetic Abrasives Finishing，MAF)是一种把磁场能应用于传统研磨技术中而开发出的新兴磨削加工技术。磁力研磨技术将被加工工件与很多磁性抛光粉相接触，在外磁场的作用下，磁性抛光粉聚结在一起形成磁粉刷；当工件与磁粉刷有相对运动时，它们之间产生相互摩擦，从而实现对工件的加工和抛光。磁力研磨技术不仅应用于模具的精加工中，而且在制药业、航空航天业、大规模集成电路、精密仪器和精密量具等行业也有很好的应用前景，是一种有效的光整加工方法。这种加工方法具有高效率、高精度和高表面质量的特点，适合于平面、球面、圆柱面和其他复杂形状零件的加工，并能控制研磨效率和研磨精度。

1. 磁力研磨国内外发展概况和趋势

磁力研磨技术是在强磁场的作用下，用被磁化的磨粒对工件表面进行精密研磨的一种工艺。1938年，苏联工程师Kargolow首次正式提出这一概念。苏联自20世纪60年代起有不少学者致力于磁力研磨的研究和推广运用工作。磁力光整加工的基础是磁性磨料，因此苏联对磁性磨粒的制备方法进行了大量研究，并在磁性磨料的组成、配比和结构等方面取得了多项发明专利。保加利亚从70年代中期一直在发展磁力研磨技术(如Makedonsky)，并举办了多次国际性的专题学术会议。

日本从80年代初开始对磁力研磨进行研究，并开发了多种磁粒光整加工设备。其中有代表性的研究人员有日本东京宇都宫大学的 Shinmura、Aizawa，日本东京大学的 Anzai、Masaki 等。其中 Shinmura 研制开发了多种加工铁磁性工件和非铁磁性工件的磁粒光整加工装置，如平面、内外圆柱面和球面磁粒加工装置，并分别对它们的光整加工特性进行了研究。这些加工装置有的采用永磁体生产恒定磁场，有的采用电磁体形成强度可以控制的磁场，有的采用工件移动外加一定幅度和频率的振动实现磁粒光整加工，有的采用旋转磁场的办法实现磁粒光整加工。Shinmura 在研制各种形式磁粒加工设备的同时，对各种场合的加工工艺进行了较深入的理论分析和实验研究，如磁场强度、加工间隙、磨粒与工件的相对移动速度、磁性磨料的成分和粒度等因素对加工质量和效率的影响，以及它们之间的相互关系。

Anzai 和 Masaki 对磁性磨料的制备技术进行了研究，并开发了几种比较有应用价值的磁性磨料。他们采用的磁性磨料制备方法包括：①等离子粉末熔融法；②铁磁性金属材料与磨料纤维混合法；③液体磁性磨料。与高温烧结法相比，这些磁粒制备方法的特点是：制备方法简单、成本低，有较高的使用价值。

近几年韩国也在磁粒光整加工方面进行了不少深入的研究。前述的磁磨料喷射光整加工装置就是由韩国先进科学技术所的 Jeong-Du Kim 和 Youn-Ha Kang 等发明的，该装置为非圆截面管子内壁的光整加工提供了有效的方法。

我国对磁力研磨加工的研究起步较晚，开始于20世纪80年代初，目前仍处于实验研究阶段，实际推广应用极少，开展磁力研磨的加工技术的研究单位均自行研制开发出不同的磁力研磨装置，并对不同的工件(如轴承内环的外轨道、螺纹环规、丝锥、仪表、电机轴、仪表齿轮、阶梯轴、钢球等)进行实验研究，取得了较好的加工效果。

80年代后期,哈尔滨科学技术大学首先开始磁力研磨方面的研究,并于90年代初,完成了"仪器仪表零件磁力研磨加工技术的开发"项目,成功开发了针对于加工仪器仪表零件的磁力研磨装置,并进行了实验研究。

哈尔滨工业大学对液压伺服阀阀芯轴棱边毛刺的磁力研磨去除法进行可行性研究,开发了磁力研磨去毛刺的装置,毛刺去除后,阀芯棱边圆角半径均不超过5μm,阀芯表面粗糙度没有变大,工件圆柱度在 2μm 以下。

山东理工大学和大连理工大学合作研制出自由曲面数字化磁性磨粒光整加工机床;华侨大学、长春理工大学等几家高等院校也对磁粒研磨进行了一系列研究。此外,山东理工大学自行研制了三坐标数字化加工控制磁力研磨机床,该加工设备除了具有普通三坐标数控铣床控制系统的功能,还具有曲面示教方式三坐标数字化测量、曲面加工轨迹的自动编程和磁性磨料的自动更换等功能。

目前国内对磁力研磨的研究还局限于工艺实验方面,对其加工机理还缺乏深入系统的研究。磁力研磨加工技术未能在国内推广应用的原因在于磁性磨料制作成本较高,工件的装夹和去磁问题尚未得到解决,尤其是理论基础匮乏,可使用的参数很少,因此最终不能批量生产。另外研究单位不多,这也许是该技术未能在我国得到实际应用的原因之一。

磁力研磨加工优点很多,从原理上讲,它可对任何形状的表面进行精密光整加工,因此磁力研磨这一新工艺有着广阔的应用前景和很好的经济效益。然而,磁力研磨技术在我国发展的时间还不是很长,尽管已经有很多人在研究这项技术,但还有很多工作要做。

(1)磁力研磨加工机理研究。

(2)新型磁性磨料的研制开发。

(3)工艺研究。磁力研磨不仅受到工件材质、工件尺寸的影响,也受到形状的制约。对不同位置角度、不同曲率的表面,其去除规律是不同的。必须对此进行深入研究,以取得整个表面相同的表面粗糙度,不破坏工件原有的精度。

(4)磁力研磨自动化研究与面向模具型腔表面抛光的磁力研磨装置的开发。近年来,数控机床 CAD/CAM 系统的引进使得多数模具制造实现程序自动化,但模具型腔表面的精加工还必须由技术熟练的工人进行手工完成,仍未实现 3D 弯曲的模具表面的自动精加工。而磁力研磨精加工方法被认为是一种实现 3D 表面精加工自动化的可行方法。因此,致力于磁力研磨自动化研究与开发面向模具型腔表面抛光的磁力研磨装置具有十分重要的意义。

(5)解决批量生产问题。对于小件、薄件的倒边去毛刺与表面抛光,采用磁力研磨技术虽然能够解决,但由于存在装夹的困难,无法实现批量生产,而且加工后零件的去磁也存在一定的困难。为了使磁力研磨这项新工艺能够在实际生产中推广，应努力开展这方面的研究工作。

（6）交变或运动磁场的磁力研磨装置的开发。对于一些非轴对称零件，或者一些体积相对较大的容器内表面的加工，由于工件本身的运动比较困难，如果采用工件不动，靠磁场的变化带动磁性磨料运动的方式，整个的加工就比较容易进行。

2. 技术特点

磁力研磨的应用多种多样，主要用于零件表面的光整加工、棱边的倒角和去毛刺等。另外，可用于加工外圆表面，也可用于平面和内孔表面，甚至齿轮表面、螺纹和钻头等复杂形面的研磨抛光。利用磁力研磨方法去除精密零件的毛刺，通常用于液压元件和精密耦合件的去毛刺，效率高、质量好，棱边的倒角可以控制在 0.01mm 以下，这是其他工艺方法难以实现的。

与传统的研磨、抛光等加工工艺相比，磁力研磨光整加工工艺具有许多优点。

（1）具有很好的柔性和自适应性。在磁场中，磁化的磨粒靠磁场的作用力和彼此间的磁性吸引力非刚性的固结在一起形成磨料刷，这个磨料刷的形状在加工过程中能够随工件形状的变化而变化，表现出极好的柔性和自适应性。

（2）具有很好的自锐性。加工中相对运动的存在，使磨粒沿加工面滑动的同时出现滚动，磨粒间不断地更换位置，使其具有极好的自锐性。不像普通砂轮那样存在堵塞和磨粒钝化现象，这在很大程度上提高了加工的效率。

（3）研磨的压力可控性强。磁力研磨的加工压力可以通过改变励磁电流进行调节，所以控制起来比较容易。

（4）适用范围广。磁力加工不仅可以用来进行光整加工，而且可以用来去毛刺、倒角和去除 30μm 的锈。不仅可以加工平面、内外柱面和球面，还可以加工复杂的曲面，甚至能够加工普通加工手段无法加工的工件。

（5）加工效率高。当用于加工淬火钢工件表面时，如轴承环、轴瓦和圆棒等。在 30～60s 的时间里，表面粗糙度 Ra 可以从 0.5～0.6μm 减小到 0.05～0.06μm。

（6）可以强化工件的表面。在对工件进行光整加工的同时，不仅可以去除机械加工和磨削时产生的残留拉应力，还能够形成 160～210MPa 的预留压应力，从而大大提高工件的抗疲劳强度。

（7）加工装置简单、成本低。不需要砂轮、油石和传动带等预备加工设备。

另外该方法比较清洁，振动、噪声较小。如果采用旋转磁场，则加工的环境和加工的范围将更加优越。而且磁力研磨加工良好的柔性和自适应性，为其与数控技术结合起来进行复杂曲面(如空间自由面)的光整加工创造了条件。

3. 加工原理与机理

磁力研磨的加工是指在强磁场作用下，使填充在磁场中的磁性磨料沿着磁力线的方向排列起来，吸附在磁极上形成磨料刷，并对工件表面产生一定的压力，磁极在带动磨料刷旋转的同时，保持一定的间隙沿工件表面移动，从而实现对工件表面的光整加工。

磁力研磨示意图如图 2.1 所示，磨粒受到工件表面法向力 F_n 和切向力 F_m 的作用，作用力 F_m 使磨粒有向切线方向飞散的趋势，但由于磁场效应，磨粒同时还受到沿磁力线方向的一个压向工件的力 F_x 和沿磁等位线方向的作用力 F_y，F_y 可以防止磨粒向加工区域以外流动，从而保证研磨工作的正常进行。

在磁力研磨的过程中，磨粒基本上以三种状态存在，即滑动、滚动和切削。当磨粒所受磁场力大于切削力时，磁性磨料处于正常切削状态；当磨粒所受磁场力小于切削力时，磁性磨料就会产生滑动或滚动。根据精密切削理论和摩擦学理论，可以得知磁性磨料在加工过程中与工件表面产生接触滑擦、挤压、刻划和切削等状态现象。其磨削机理主要包括以下四个方面。

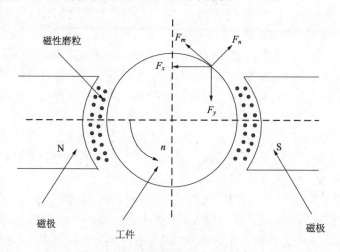

图 2.1　磁力研磨示意图

1) 微量切削与挤压作用

由磁性磨料的成分可知，磨粒硬度高于工件材料硬度。研磨加工时，工件与磁极做相对运动，磨粒刃尖在研磨压力作用下对工件表面产生微切削作用，同时磨粒中的铁基体还对工件表面起到一定的挤压作用。磨粒的微刃切削作用主要依靠磨粒上的不规则棱尖构成的比较锋利而又有一定圆角的切削刃来实现。一般磨粒切削刃形状可简化为以下几类：圆锥或棱锥形、球形(圆角半径为 10~20μm)、尖端带圆角的圆锥形、平顶圆锥形。

　　磨粒切削时，各自切削刃有不同形状，前刀面方向很不规则，而且负前角往往很大，因此在研磨压力作用下，只能对工件表面进行微刃切削作用。

　　暂且不考虑磁场保持力的作用，单个磨粒在工件表面的作用力可分为法向力 F_1 和切向力 F_2。法向力 F_1 使磨粒压向工件表面，如测试硬度一样，在工件表面形成压痕，对表面形成一定的挤压，可改变表面的应力状况。切向力 F_2 使磨粒向前推进，当磨粒的形状和方向适当时，磨粒就如刀具的切削刃一样，在零件表面进行切削而产生切屑。该切削作用的强弱与磁性磨粒的形状、位置、工作角度和磁场特性等工艺参数有关，通过合理选取工艺参数即可控制磨粒的切削作用，达到微量切除金属的目的。

　　同时由于磨粒在磁场中构成了弹性磁粒刷和磁场分布的不均匀性，磨粒随机地变换方位参与磨削。就每个磨粒而言，其切削过程是随机的和不连续的。假设磨粒切削刃为圆锥形，其切削挤压的模型如图 2.2 所示。在金属切削机理的研究中，占有重要地位的就是刀具的几何形状和切削角度，其中前角是影响刀具切削性能的关键因素。对于磁性磨料，它的切削刃前刀面很不规则，大都有很大的负前角，因此在磁场力 F_1 作用下吃刀量都很小，一般在 $1\mu m$ 数量级甚至更小，所以磁力研磨属于微量切削，切削力很小，产生的切削热也很小。这样，一方面使弹性变形区域很小；另一方面对切削过程影响表面粗糙度的主要因素(理论残留面积高度和切削刃复印性等)的影响也是非常小的。这种磨粒的微量切削加工可以获得非常好的零件表面，粗糙度可以到 $0.2\mu m$ 以下。

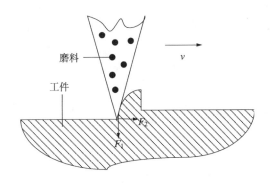

图 2.2　磨粒的微量切削挤压模型

　　以球形切削刃为例，由于磨削厚度很小，典型的磨削的形成过程可分为以下三个阶段。

　　（1）滑擦阶段。

　　如图2.3(a)所示，磨粒切削刃与工件开始接触，由于磨粒沿工件表面滑行并和表面发生挤压摩擦，摩擦能转化为热能，材料的屈服极限下降，当剪切应力超过屈服极限时，工件材料发生塑性变形。这一阶段摩擦力可以表示为

$$F = K_c W \mu_f \tag{2.1}$$

式中，K_c 为磨粒的形状、粒度的修整系数；μ_f 为摩擦系数；W 为磨粒所受法向载荷。

（2）耕犁阶段。

这时磨粒切削刃嵌入了金属基体，金属材料由于发生滑移而被推到切削刃的前方和两侧，导致材料的流动和表面隆起。根据球形切削刃表面金属材料的分析，如图2.3(b)所示，在球形磨粒的前方有一区域(半锥角为摩擦角的圆锥体)，材料静止不动，称为死区。死区以外的材料按最小阻力方向流动，即死区上的材料向上流动，死区以下的材料向已加工表面流动，死区左右的材料向两侧流动。耕犁阶段的特点是产生材料的塑性流动与隆起，最后在表面上形成沟纹或刻痕，但并不形成切屑。

（3）切削阶段。

随着切削深度的增加，磨削温度升高，死区前方隆起的材料直接和磨粒接触，没有死区的缓冲作用，一般情况下脱落形成磨屑，这时材料的流动变成切削，研磨进入切削阶段，如图 2.3(c)所示。

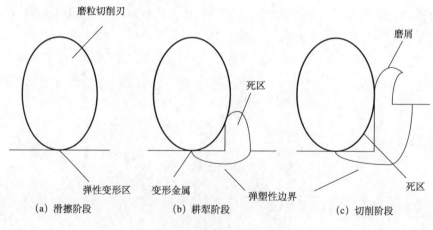

图 2.3　磨削的形成过程

以上三个阶段是研磨加工的典型阶段，在研磨加工中，还会发生磨粒与工件表面的黏结磨损，由于振动和进给，磨粒会发生转动，从而对工件表面产生滚压作用。此外，研磨力一般不会很大，且研磨刷具有很好的弹性，故磨粒往往不能一次将隆起的材料切下，疲劳磨损也将在研磨中起到一定的作用。

2）多次塑变磨损机理

由磁性磨粒群形成的弹性磨具受磁场作用而吸附在被加工工件表面，磨粒与工件表面始终处于接触状态，磨粒除了对工件表面产生切削作用，有时还会对其产生其他磨削作用，如一带而过的滑擦摩擦，在工件表面仅留下一条痕迹；当磨粒形状较圆钝时，工件表面或发生塑性变形，擦出一条两边隆起的沟纹，或犁出一条翻出飞边的沟槽，如图 2.4 所示。当磨粒形状较圆钝，或磨粒的棱角而不是棱边对着运动方向，或磨粒和零件表面间的夹角太小，以及零件表面材料的塑性很高，磨粒在表面滑移时，经常发生图 2.4 所示的后两种磨削现象。

磨粒的多次塑变磨损机理为：一方面在磁性磨粒的连续加工过程中，已出现塑性变形或飞边堆积的表面金属层将发生反复塑变，产生加工表面硬化作用，最后剥落成为磨屑，这是擦伤式犁刨现象与碾压式滚擦现象共同作用的结果；另一方面由于磁力研磨时磨粒一般集中在磁力线较密集的表面，凸起的微小轮廓峰附近，所以表面不平的微凸体处的塑变磨损相对较大，从而使该微凸体的不平度下降加快。因此磨粒的多次塑变磨损作用可以较快地获得光滑的工件表面，而不影响工件的尺寸和形状精度。

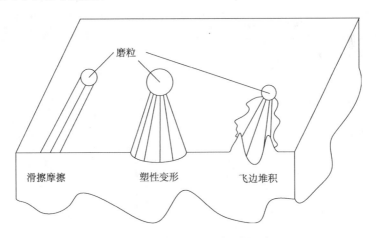

图 2.4　磨粒的其他几种磨削现象

3）化学腐蚀作用

如图 2.4 所示，磨粒在工件表面除了切削和产生塑性变形作用，还存在着一带而过的滑擦摩擦现象，使金属表面产生腐蚀磨损。由腐蚀磨损机理可知，腐蚀是和其存在的环境有关的化学作用，它在很大程度上取决于环境条件和周围介质。工件表面被磨粒摩擦，纯净金属表面裸露而受环境和介质腐蚀迅速形成一层极薄的氧化膜。由于氧化膜与工件材料的膨胀系数不同，以及加工过程中温度变化等原因，在随后的滑擦摩擦中脱落。连续加工过程中，工件表面层金属不断氧化——

脱落—再氧化—再脱落,从而提高了研磨效率。

在磁力研磨过程中,为了提高加工的效率,经常加一些研磨液。研磨液中含有硬脂酸、油酸等活性物质,能使工件表面形成一层化合物薄膜。这些薄膜具有厚度薄、形成快、吸附磨粒性能强和容易去除等特性,增加了工件表面凸峰的去除速度,从而可以达到提高加工效率的目的。

4)电化学腐蚀作用

由于工件的回转,在加工过程中沿磁力线排列的导电磨料链产生运动而偏离磁力线,形成磁场梯度。在这一磁场梯度的作用下,磨粒链两端产生一个微小的电动势,在工件表面产生微小电流,工件在磁极的两极间受一个交变励磁作用,强化了表面金属的化学过程,进一步提高研磨效果。

4. 磁力研磨的加工装置

1)外圆磁力研磨装置

图 2.5 所示为外圆磁力研磨装置示意图,工件安装在立式铣床上,在工件与磁极之间的间隙内填入磁性磨料,主轴使工件产生回转和上下进给运动。向线圈通入直流电,即可产生有一定磁感应强度的磁场。实验表明,此方法研磨外圆可使工件表面粗糙度值 Ra 由 1.6μm 降至 0.2μm。磨料种类和磁感应强度对研磨效果有较大影响,增加磁感应强度或采用烧结磨料可以提高研磨效率。

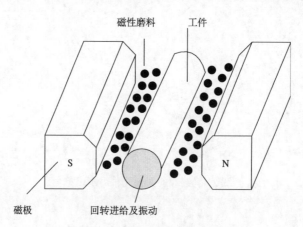

图 2.5　外圆磁力研磨装置示意图

2)内圆表面磁力研磨装置

图 2.6 所示为内圆表面磁力研磨装置示意图,该装置适用于非磁性物质(如黄铜)圆管等的内表面光整加工。圆管内部装有永磁铁和磁性磨料,磁性磨料吸附在永磁铁的周围,当圆管外部加上永磁铁时,磁性磨料在磁场的作用下对圆管内表

面产生一定的压力。该装置的本体可以安装到车床的拖板上，工件由主轴带动做回转运动，永磁铁沿工件轴线方向振动，拖板带动工件做进给运动。黄铜圆管内表面加工后，表面粗糙度值 Ra 可从 7μm 降至 1.3μm。

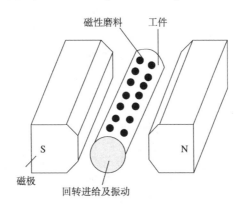

图 2.6　内圆表面磁力研磨装置示意图

3）平面磁力研磨装置

图 2.7 所示为平面磁力研磨装置示意图，回转磁极与工件下的强磁性体之间形成磁路，回转磁极的一端充满了铁粉混合磁性磨料，铁粉沿磁力线方向形成磁力刷，磁极在旋转的同时工件做进给运动，从而使磨料对工件进行研磨加工。研磨后工件的表面粗糙度值 Ra 可由 0.7μm 降至 0.05μm。

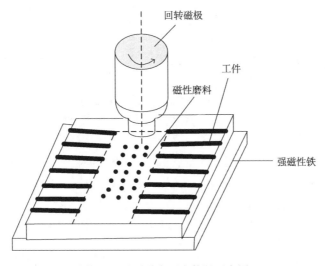

图 2.7　平面磁力研磨装置示意图

4）狭小开口容器内表面的磁力研磨

图 2.8 所示为狭小开口容器内表面的磁力研磨装置示意图，由于容器的开口狭小，一般的研具无法进入，容器的内表面要求表面粗糙度值 Ra 在 0.2μm 以下，所以将铁粉混合磁性磨料投入到容器中，外侧放置 Fe-Nd-B 永磁铁，永磁铁附近产生不均匀磁场，混合磁性磨料在磁场的作用下对容器内表面产生一定的压力。容器与磁极旋转方向相反，容器内表面与磁性磨料间的相对运动实现了对内表面的精密研磨。

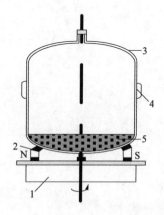

图 2.8　狭小开口容器内表面的磁力研磨装置示意图

1—强磁性铁；2—永磁铁；3—非磁性容器；4—容器支撑；5—磁性磨料

参 考 文 献

高传玉, 倪秀付, 袁润, 等. 2011. 旋转磁场在微小工件磁力研磨加工中的应用[J]. 机械设计与制造, 2:64-66.

韩秀琴, 高云峰. 2000. 型面研磨新方法——磁力研磨法[J]. 机械工艺, 7:15-16.

金东燮, 陈玉泉, 张同林. 1993. 电解磁力研磨技术的开发及其机理的研究[J]. 磨料磨具与磨削, 2:26-29.

李德才. 2003. 磁性液体理论及应用[M]. 北京:科学出版社.

李剑. 2002. 基于激光测量的自由曲面数字制造基础技术研究[D]. 杭州:浙江大学.

李学全. 2000. 物流管道内表面磁力研磨加工[J]. 电加工与模具, 2:21-22.

李益民, 杨曙光, 孙允臣. 1991. 阀芯棱边毛刺的控制与磁力研磨去除法[J]. 磨料磨具与磨削, 2(62):2-6.

刘海山. 2008. 磁力研磨技术的研究与应用[D]. 淄博:山东理工大学.

王恒奎. 2000. 激光测量曲面数字化基础技术研究[D]. 杭州:浙江大学.

王慧敏, 铁维麟. 1999. 内圆磁力研磨新工艺的研究[J]. 机械设计与制造, 2:48-51.

徐立军, 王文, 杨诚. 2003. 磁力研磨加工技术综述[J]. 组合机床与自动化加工技术, 1:41-43.

张雷, 周锦进. 1998. 磁力研磨加工技术[J]. 电加工, 1:38-43.

赵玉刚, 江世成, 周锦进. 1999. 自由曲面数字化磁性磨粒光整加工机床[J]. 制造技术与机床, 10:1-3.

赵玉刚, 江世成, 周锦进. 2000. 新型的复杂曲面磁粒光整加工机床[J]. 械工程学报, 3.

Jayswal S C, Jaill V K, Dixit P M. 2005. Modeling and simulation of magnetic abrasive finishing process[J]. International Journal of Advanced Manufacturing Technology, 126(5):477-490.

Kurobe T, Imanaka O. 1984. Magnetic field-assisted fine finishing [J]. Precision Engineering, 6:119-124.

Rosensweig R E. 1985. Ferrohydrodynamics [M]. Cambridge:Cambridge University Press.

Satio Y, Niikura H, Oshio T, et al. 1987. Float polishing using magnetic fluid with abrasive grains [J]. Proc 6th Intl Conf Prod Eng Osaka, 335-340.

Suzuki H, Kodera S, et al. 1993. Study on magnetic field-assisted polishing (2nd report): effect of magnetic field distribution on removal distribution [J]. Bull Jap Soc Precision Engineering, 59:83-88.

Suzuki H, Kodera S, Hara S, et al. 1989. Magnetic field-assisted polishing: application to a curved surface [J]. Precision Engineering, 4:197-202.

Tain Y, Kawata K. 1984. Development of high-efficiency fine finishing process using magnetic fluid [J]. Annals of the CIRP, 33:217-220.

Umehara N. 1994. Magnetic fluid grinding-a new technique for finishing advanced ceramics [J]. Annals of the CIRP, 43:185-188.

Voulgaris P G, Dahleh M, Valavani L. 1994. Robust adaptive control: a slowly varying system approach [J]. Automatica, 30(9):1455-1461.

Yin S H, Shinmura T. 2004. Vertical vibration-assisted magnetic abrasive finishing and deburring for magnesium alloy [J]. International Journal of Machine Tools & Manufacturing, 44:1297-1303.

第 3 章 磁流变抛光

3.1 概 述

磁流变技术的理论基础是电磁学和流体动力学，涉及的研究内容包括磁流变效应的机理、磁流变液体材料和磁流变效应的工程应用。早在 20 世纪 40 年代，Rabinow 即开始了磁流变技术领域的研究工作，在 1948 年首先发明了磁流变液并将其应用于离合器装置中，同时发表和申请了一些有关磁流变效应和工程应用方面的论文和专利。磁流变技术问世之初，曾掀起了一股对其研究和应用的热潮，并在一段时期内出现了很多关于磁流变技术科学研究和工程应用的文章和专利。

磁流变效应是指特殊功能材料配制的液体受到外施磁场的作用或控制，在一定的剪切速率条件下，表征液体流动属性的黏度将会发生显著变化的现象，其黏滞性明显增强，即液体的场致流变特性，这种变化能够使流动的液体变为具有黏塑性的宾汉(Bingham)流体甚至达到固态，如图 3.1(a)所示，即保持形状并具有明显的抗剪切屈服应力。当外施磁场消失时，磁流变液重新恢复成初始的液体状态，如图 3.1(b)所示。磁流变效应的可逆特性，为其工程应用提供了广阔的前景。

(a) 施加磁场　　　　　　　　　　　(b) 撤去磁场

图 3.1　磁流变效应

进入20世纪90年代，磁流变技术的研制和应用达到了空前的规模。Shtarkman、Carlson和Kordonsky等获得了关于磁流变技术的研究与应用领域的多项专利，特别是在磁流变液的配制、磁流变液的流变理论模型、磁流变液的特性和磁流变液的场致微观结构等方面的研究均取得很大进展，直接推动了磁流变液在工程技术领域的应用。

在磁流变液的配制方面，一些研究人员通过采用往磁流变液中加入添加剂或对磁流变液的各种参数进行优化的方法提高磁流变液的流变性。还有一些学者用铁基合金代替铁粉作为磁性微粒配制磁流变液，并且配制出的磁流变液的流变性显著提高。

在磁流变液的流变理论模型的研究方面，Shulman、Rosenswing、Bossis 和 Ginder 等分别在不同假设的前提条件下，通过一定的近似，推导出各自的磁流变液流变模型。这些模型都在一定程度上反映出磁流变液的特性，主要是指其磁特性、流变性和稳定性。磁流变液的磁特性是指磁流变液在外磁场中被磁化的规律。Phulé 等的研究表明，当外磁场强度增加时，磁流变液的磁化强度首先迅速增加，随着磁场强度的进一步增加，磁化强度的增加趋于缓慢，最后完全饱和。Kordonski 等用实验证明了磁流变液的磁化强度随磁场强度和磁性微粒的尺寸的增加而增大，但最终都达到了饱和。Felt、Lemaire 和 Kordonski 等在磁性微粒的尺寸和浓度对磁流变液流变性的影响方面做了许多工作。他们发现，磁流变液的屈服应力随磁性微粒的体积分数的增加而线性增加。磁性微粒的尺寸对磁流变液的流变性影响比较复杂：当磁性微粒的尺寸较大时，热运动对其影响不大，此时磁性微粒的尺寸变化对磁流变液的流变性影响不大；当磁性微粒的尺寸较小时，热运动对其影响较大，此时磁性微粒的尺寸变化对磁流变液的流变性影响很大，磁流变液的流变性随着磁性微粒尺寸的增大而增大。复旦大学相关研究人员的研究表明，磁流变液的流变性具有较大温度范围内的稳定性。

在磁流变液场致微结构研究方面，Promislow、Jolly、Gross、Mohebi 和 Tang 等分别研究了不同条件下磁流变液在磁场中的微观结构变化情况，研究表明磁流变液的磁性微粒在磁场中首先沿磁场方向形成链状结构，随着磁场强度的增加或者磁流变液浓度的增大，链状结构迅速变为迷宫状直至粗柱状结构。

由于磁流变液在外磁场中具有可控的流变性，即屈服应力的可控性，所以深受人们的青睐，并得到了广泛的应用。在液压和机电系统中，磁流变液被用于很多装置中，如磁流变阀门、磁流变阻尼器、磁流变减震器、磁流变致动器、磁流变震动隔离器、磁流变离合器、磁流变制动器，以及磁流变夹具和锁扣装置等。这些利用磁流变液制作的装置具有结构简单、转换速度快、耗能小、连续可调、无噪声、寿命长等优点。因此这类磁流变装置被大量地应用于建筑、桥梁、汽车工业、航空、航海和健身设备等。以磁流变减震器在汽车上的应用为例，在试验场的正弦型的特制道路上，普通轿车的速度超过56km/h时，车子颠簸不已，无法继续行驶，装备有磁流变液或电流变液这类灵巧液体的减震器的轿车却行驶平稳，速度可达96km/h。另外有一些学者对磁流变液的光学和声学特性进行了研究，这为磁流变液在光控和声控器件上的应用打下了基础。

20世纪90年代初，Kordonski、Prokhorov和合作者将电磁学和流体动力学理论应用于光学加工，发明了磁流变抛光技术。磁流变抛光利用磁流变抛光液在磁场中的流变性进行抛光，磁流变抛光液主要由尺寸为微米级的磁性颗粒分散于非磁性绝缘基载液中，并加入少量的稳定剂，形成非胶体悬浮液，在其中加入一定比例的非磁性抛光磨料从而形成了磁流变抛光液，如图3.2(a)所示。当磁流变抛光液处于梯度磁场时，其黏滞性明显增强，成为具有黏塑性的Bingham流体，并且形成软固体凸起，如图3.2(b)所示，凸起相当于小柔性磨头，而一旦离开磁场，又立即变成流动的液体。当柔性磨头和被加工的光学零件表面接触并有相对运动时，就会在工件表面与之接触的区域产生剪切力，从而去除工件表面材料，对工件进行抛光。磁流变抛光中实际抛光的小磨头的形状、硬度完全由磁场控制，而且由于磁流变液的流动，小磨头不断被更新，所以不存在磨损或是变形的问题，从而保证在整个抛光过程中工作特性函数的一致性，从而可以准确控制材料的去除。磁流变抛光是一种柔性抛光，抛光后的工件不存在下表面破坏层，而且磁流变抛光依靠发生流变后变硬的磁流变抛光液进行抛光，所以抛光效率很高。1994年，Kordonski和Prokhorov对磁流变抛光液进行了研究，得出磁流变抛光液黏度随磁场强度的变化规律，对磁流变抛光液在抛光过程中的特性进行了微观解释，并在他们研制的磁流变抛光样机上对一些玻璃元件进行初步的抛光试验。1995年，美国Rochester大学的光学加工中心(Center of Optical Manufacturing，COM)利用磁流变抛光方法对一批直径小于50mm的球面和非球面光学元件进行加工，其中熔石英材料的球面元件表面粗糙度降到8Å(RMS)、面形误差为0.09μm(PV)，SK7材料的球面光学元件面形误差达到0.07μm(PV)。BK7材料的非球面元件表面粗糙度降到10Å(RMS)、面形误差为0.86μm(PV)。1996年，Kordonski等用流体动力学的润滑理论对磁流变抛光进行初步的理论分析，发现磁流变抛光过程中磁流变抛光液的运动形式类似于轴承润滑中润滑脂的运动形式，并对磁流变抛光中磁流变抛光液的剪切应力进行理论推导，对磁流变抛光的机械机理进行了分析。同时他们又制造出垂直轮式磁流变抛光机，该机床可对平面、凸面和凹面等各种面形的光学元件进行加工。之后他们建立了一套完整的磁流变抛光液循环、搅拌、散热系统，并做了大量实验，将工件轴在不同角度时与不同面形和材料的试验件形成的抛光区编成代码储存起来，以便实现数控。1997年，Rochester大学的光学加工中心的研究人员对初始表面粗糙度为30nm(RMS)左右的熔石英和其他六种玻璃材料光学元件进行试验，经过5~10min的抛光，表面粗糙度达到了1nm左右。同时他们又对磁流变抛光液成分进行化学分析，通过以氧化铝或金刚石微粉等非磁性抛光粉代替原磁流变抛光液中的非磁性抛光粉氧化铈，较为成功地对一些红外材料进行抛光。1999年，Rochester大学光学加工中心的研究人员对磁流变抛光的机械和化学原理进行研究，确定了一系列不同硬度的非磁性抛光粉与不同硬度的光学玻璃的去除关系，并对磁流变抛光的抛光区展开研究，分析几种材料的抛光区的特性，同时将快速文本编辑程序技术引入Q22型磁流体抛光机中，使磁流变抛光技术商业化程度进一步提高和完善。对一批直径为35mm，曲率半径分别为-20mm、60mm、200mm的球形光学件进行抛光实验，平均面形误差从$\lambda/4$(PV)降为$\lambda/20$(PV)，而每个工件的平均加工时间仅为2min。在对一直径为38mm的熔石英进行两轮磁流变抛光，仅用了6min，工件的面形精度从$\lambda/3$(PV)和$\lambda/14$(RMS)降为$\lambda/30$(PV)和$\lambda/250$(RMS)。此外，日本学者Sakaya等利用磁流变对硅片进行抛光。通过实验，他们对工件材料去除深度，以及工件表面粗糙度和各种参数的关系进行了阐述。

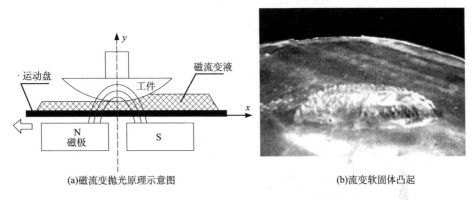

(a)磁流变抛光原理示意图　　　　　　　　　　　　　　(b)流变软固体凸起

图 3.2　磁流变抛光原理示意图和流变软固体凸起

3.2　磁学理论基础

磁流变抛光是一个十分复杂的过程，借助的磁场能否使磁流变抛光液产生黏度适中的变化并形成稳定的单一有序缎带凸起，是决定磁流变抛光能否成功实施的关键。因此设计出合理磁路结构的磁场十分重要。下面介绍在磁流变抛光装置中所采用的磁场，从分析磁场的标量磁位开始，推导出磁场强度空间分布的公式。

3.2.1　磁路结构模型

磁流变抛光是一种柔性抛光技术，即抛光工具自身与被加工工件表面并不发生直接物理接触，二者之间存在着一个狭小的间隙空间。因此在磁场设计过程中，要考虑在这个间隙区域内产生一个高梯度的磁场，并且磁场的梯度方向应尽可能地垂直于工件表面，使得在工作区内，磁力线穿过加工工具与工件间的小间隙。基于上述要求，提出基本的磁路结构如图3.3所示。从图中可以看出，两个磁极以及与它们各自相连的两个上磁轭之间由防磁隔板隔开，下磁轭为一整体。

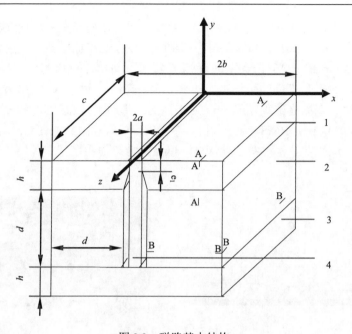

图 3.3　磁路基本结构

1—上磁轭；2—磁极；3—下磁轭；4—隔板

两个上磁轭被不导磁隔板隔开，保证在两个上磁轭之间形成一个大小为隔板厚度的气隙。根据静态磁路基本方程，可以得到气隙的磁通密度 B_g 的表达式，即

$$\phi = B_m \cdot S_m = K_f \cdot B_g \cdot S_g \Rightarrow B_g = \frac{B_m \cdot S_m}{K_f \cdot S_g} \tag{3.1}$$

式中，ϕ 为磁通；B_m 为磁铁工作部位的磁感应强度；$S_m = c \cdot d$ 为磁铁工作面积；$S_g = c \cdot e_1$ 为气隙侧表面面积；K_f 为漏磁系数，由具体的磁路结构决定，在上述简单条形磁路结构中表达式为

$$K_f = 1 + \frac{2a}{S_g}\left(1.7U_a\frac{b-a}{a+b} + 1.4h + 0.94f\sqrt{\frac{U_b}{2b} + 0.25}\right) \tag{3.2}$$

式中，$U_a = 2(h+c)$ 为 A-A 截面的周长；$U_b = 2(d+c)$ 为 B-B 截面的周长。

因为磁场中某点的场强等于该点标量磁位的负梯度，所以首先对磁场标量磁位方程进行推导，再由磁场标量磁位方程进一步推导出磁场强度的空间分布。

3.2.2　标量磁位方程

无源恒定磁场的标量磁位 u 满足拉普拉斯方程，即

$$\nabla^2 u = 0 \tag{3.3}$$

　　图 3.4 所示为磁力线分布二维示意图，将会有一部分磁力线穿过上磁轭的表面并在其上方形成一高梯度磁场，而这个高梯度磁场正是磁流变抛光所需要的。对该磁场进行二维分析，忽略磁场端部效应的影响，在区间 $y \geqslant 0,\ -a \leqslant x \leqslant a$ 上，式(3.3)可简化为二维拉普拉斯方程，即

$$\frac{\partial^2 u}{\partial x^2} + \frac{\partial^2 u}{\partial y^2} = 0 \tag{3.4}$$

以分离变量法解出式(3.4)通解并化为指数形式，得

$$u(x, y) = \sum_{n=1}^{\infty} (K_{1n} \cos \beta x + K_{2n} \sin \beta x)(K_{3n}\, \mathrm{e}^{\beta y} + K_{4n}\, \mathrm{e}^{-\beta y}) \tag{3.5}$$

式中，K_{1n}，K_{2n}，K_{3n}，K_{4n}，β 为待定系数。

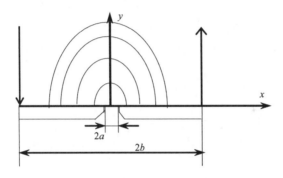

图 3.4　磁力线分布二维示意图

　　根据电磁场理论，通常借助于磁荷法将静磁场问题转化成静电场问题来处理，其处理的方法、思路、基本公式，乃至最后所得结果都完全相似。因此只需要把磁荷观点中引出的物理量和对应的静电场中的物理量加以调换，就可借助磁荷法求解式(3.5)。根据与设计的磁场相类似的电场分析图 3.4 的反对称式分布，可以确定无穷远点为磁位零点，x 轴上间隙区域内的磁场近似均匀分布，即标量磁位近似于线性变化，两个上磁轭中磁位均为定常量并且保持连续性。以 μ_0 表示真空磁导率，由此可得边界条件为

$$u(x, y) = \begin{cases} 0, & y = \infty \\ 0, & x = 0 \\ B_g / \mu_0 \cdot x, & y = 0, -a \leqslant x \leqslant a \\ B_g / \mu_0 \cdot x, & y = 0, -a \leqslant x \leqslant a \\ B_g / \mu_0 \cdot a, & y = 0, a \leqslant x \leqslant b \\ -B_g / \mu_0 \cdot a, & y = 0, -b \leqslant x \leqslant -a \end{cases} \tag{3.6}$$

并且在 $x = \pm a$ 处，磁力线平行于 y 轴延伸向无穷远，因此有 $\left.\dfrac{\partial u}{\partial x}\right|_{x=\pm b} = 0$。

利用边界条件，可以得到 $K_{1n} = K_{3n} = 0$，则两个上磁轭产生的标量磁位可以表示为

$$
\begin{cases}
u(x,0) = \displaystyle\sum_{n=1}^{\infty} K_n \sin(\beta x) \\[2mm]
K_n = K_{2n} \cdot K_{4n} \\[2mm]
\beta = \dfrac{2n-1}{2b}\pi
\end{cases}
\tag{3.7}
$$

$u(x,0)$ 右侧视为傅里叶级数的展开式，可以考虑利用正弦函数的正交性求解待定系数 K_n 的表达式，将式(3.7)两端同时乘以正弦函数 $\sin((2m-1)\pi x/2b)$ 并在 $[-2b, 2b]$ 区间上积分，由于 $u(x,0) \cdot \sin((2m-1)\pi x/(2b))$ 为偶函数，且 $u(x,0)$ 在 $[-2b, -b]$ 和 $[b, 2b]$ 区间上等于零，则两端积分后，得

$$
\begin{cases}
\displaystyle\int_{-2b}^{2b} u(x,0) \cdot \sin\left(\dfrac{2m-1}{2b}\pi x\right) \mathrm{d}x \\[3mm]
= 2\left[\displaystyle\int_{0}^{a} \dfrac{B_g x}{\mu_0} \cdot \sin\left(\dfrac{2m-1}{2b}\pi x\right)\mathrm{d}x + \int_{a}^{a}\dfrac{B_g a}{\mu_0}\cdot \sin\left(\dfrac{2m-1}{2b}\pi x\right)\mathrm{d}x\right] \\[4mm]
= \dfrac{8b^2 B_g \sin\left(\dfrac{2m-1}{2b}\pi a\right)}{\pi^2 (2m-1)^2 \mu_0} \\[6mm]
\displaystyle\int_{-2b}^{2b}\sum_{n=1}^{\infty} k_n \sin\left(\dfrac{2n-1}{2b}\pi x\right)\cdot \sin\left(\dfrac{2m-1}{2b}\pi x\right)\mathrm{d}x \\[4mm]
= \displaystyle\sum_{n=1}^{\infty} k_n \int_{-2b}^{2b}\sin\left(\dfrac{2n-1}{2b}\pi x\right)\cdot \sin\left(\dfrac{2m-1}{2b}\pi x\right)\mathrm{d}x \\[4mm]
= \begin{cases} 0, & m \neq n \\ 2k_n \cdot b, & m = n \neq 0 \end{cases}
\end{cases}
\tag{3.8}
$$

代入式(3.7)中，即可得到标量磁位的特解为

$$
u(x,y) = \sum_{n=1}^{\infty}\dfrac{4bB_g}{\pi^2 (2n-1)^2 \mu_0}\sin\left(\dfrac{2n-1}{2b}\pi a\right)\sin\left(\dfrac{2n-1}{2b}\pi x\right)\mathrm{e}^{-\frac{2n-1}{2b}\pi y}
\tag{3.9}
$$

3.2.3 磁场强度

磁场中某点的场强 H 等于该点标量磁位的负梯度，则上述平行条状简化磁路模型的磁场强度为

$$H = -\text{grad}(u) = -\left(\frac{\partial u}{\partial x} \boldsymbol{i} + \frac{\partial u}{\partial y} \boldsymbol{j} \right) \tag{3.10}$$

结合式(3.9)分别对 x 和 y 取偏微分，得

$$\begin{cases} \boldsymbol{H} = \sum_{n=1}^{\infty} -A_n \cos(\beta x) \cdot \mathrm{e}^{-\beta y} \boldsymbol{i} + \sum_{n=1}^{\infty} A_n \sin(\beta x) \cdot \mathrm{e}^{-\beta y} \boldsymbol{j} \\ A_n = K_n \cdot \beta = \dfrac{2B_g \sin(\beta a)}{\pi(2n-1)\mu_0} \end{cases} \tag{3.11}$$

3.3 抛光系统与模型

3.3.1 磁流变抛光机理

根据 Kordonski 等的论证，磁流变抛光过程中抛光液在抛光区域附近的运动类似轴承润滑中润滑脂的流动，这种润滑脂可以认为是 Bingham 介质。在流体动力润滑理论中，Bingham 介质是一种非牛顿流体，在剪切时有一屈服应力值，且剪切力与剪切率之间表现出线性关系。此外，Bingham 介质只有在受到的剪切应力超过屈服应力的时候，才会发生流动，否则 Bingham 介质将形成称为核心的停滞部分。图 3.5 所示为滑块轴承润滑中润滑脂在不同润滑区域形成核心情况的示意图，h 表示沿 y 轴方向上，轴承表面到运动件的距离，h_a 和 h_b 分别为润滑脂形成的停滞核心的下限和上限，即形成三个区域：流入区域 1，核心上限 $h_b=h$，表示核心附着于静止的轴承表面。核心下限 h_a 的值由润滑轴承的类型与润滑条件决定。中间区域 2，h_a =常数，没有核心形成，润滑情况等同于常规的流体动力润滑。流出区域 3，核心下限 h_a =0，核心附着于运动件表面，并具有与运动件相同的速度。核心上限 h_b 的值由润滑轴承的类型与润滑条件决定。图 3.5 所示的滑块轴承润滑中，h_b =常数-2h。

从以上对轴承润滑理论的阐述可知，轴承润滑中形成什么样的核心是由具体条件决定的。在磁流变抛光中，磁流变抛光液是形成游离于磁流变抛光液中的核心呢？还是形成类似于图 3.5 所示的在流入区附着于工件上，在流出区附着于运动盘上的核心呢？用磁流变抛光的实验说明这个问题。调节工件到运动盘的距离，使工件与运动盘之间的间隙约为 1mm。抛光时，工件完全浸入抛光液中。这样，

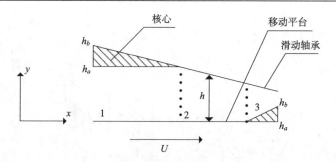

图 3.5　滑块轴承润滑作用中核心的形式

1—入口区；2—中间区；3—出口区

整个工件表面都与磁流变抛光液相接触。经过几分钟的抛光，仅在工件中间部分区域(磁流变抛光液的流出区)上的材料被去除，并且材料去除率要比用普通流体抛光得到的材料去除率高得多。而工件上的其他部分(包括流入区)的表面材料未被去除。在磁流变抛光液的流入区，工件表面材料未被去除，说明这里确实有附着于工件表面的停滞核心形成。正是由于该停滞核心与工件表面无相对运动，才使得流入区工件表面上的材料未被去除。在流出区，磁流变抛光液比普通流体抛光效率高，证明有停滞的核心附着于运动盘上。这是因为附着于运动盘上的核心与运动盘具有相同的速度，核心的上表面与工件表面形成一个更为狭小的间隙。在这个更小的间隙内，磁流变抛光液以牛顿流体的形式流动。这样，在核心的上表面和工件表面之间就产生一个极薄牛顿流体层。由流体动力润滑理论可知，工件表面受到的流体动压力与流体薄层的厚度的平方成反比。因此，由于流体薄层的出现，磁流变抛光液会对工件表面产生更大的压力，使抛光效率提高。这就证明了在磁流变抛光液的流出区域有附着于运动盘上的核心形成。因此磁流变抛光中，磁流变抛光液在与工件的接触区域内的流动情况可用图 3.6 来描述。

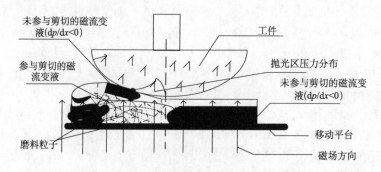

图 3.6　磁流变抛光中接触区的流动示意图

在磁流变抛光过程中，磁流变液在磁场中发生流变成为 Bingham 流体，其性质可以用 Bingham 方程来描述，即

$$\begin{cases} \tau = \eta_0 \dot{\gamma} + \tau_0(H)\operatorname{sign}(\dot{\gamma}), & |\tau| > |\tau_0(H)| \\ \dot{\gamma} = 0, & |\tau| \leqslant |\tau_0(H)| \end{cases} \tag{3.12}$$

式中，τ 为磁流变液在磁场中的剪切应力；η_0 为磁流变抛光液的初始黏度；$\dot{\gamma} = \partial u / \partial y$ 为剪切应变速率；$\tau_0(H)$ 为磁流变液在磁场中的屈服应力。当 $\dot{\gamma} > 0$ 时，则符号函数 $\operatorname{sign}(\dot{\gamma})$ 取正号，反之取负号。当介质受到的剪切应力超过屈服应力时，抛光液发生 Bingham 介质流动，当 $\dot{\gamma} = 0$ 时，Bingham 介质形成停滞的核心。

3.3.2　抛光设备简介

磁流变抛光技术问世以后，各相关研究机构积极致力于机器装备的研制，其中以美国 Rochester 大学的光学加工中心的研究最为显著。图 3.7 所示为 Rochester 大学的光学加工中心研制的初期磁流变抛光机原理图。图中带有环形槽的运动盘可以随主轴一起旋转，环形槽内盛有磁流变抛光液；工件浸入磁流变抛光液中，工件和运动盘底形成一个固定不变的小间隙，工件可以旋转和摆动；永磁铁位于运动盘的下方，在工件和运动盘形成的小间隙附近产生一个高梯度磁场。抛光过程中，运动盘随主轴一起旋转，于是运动盘环形槽内的磁流变抛光液被送到工件和运动盘形成的小间隙中，在高梯度磁场中，磁流变液中的磁性颗粒聚集成团簇状的结构，转变为具有黏塑性的 Bingham 流体，并且形成凸起，而磨料就在凸起的表面，从而实现对工件表面的抛光。

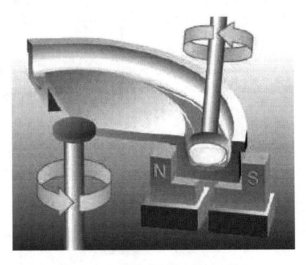

图 3.7　初期磁流变抛光机原理图

基于上述的原型系统，QED公司先后成功研制了一系列的磁流变抛光机床，如Q22-X、Q22-Y、Q22-750P2和Q22-950F等。例如，图3.8所示的Q22-X磁流变抛光机床，其工作方式是被加工工件姿态可控，并按照设定的轨迹和姿态参量主动接触下部的抛光轮，这是QED公司研制开发的第一台磁流变抛光机床，特别适用于小口径回转对称式的光学零件的抛光制造。早期的Q22-X、Q22-Y系列抛光机床的工作原理可参考图3.9进行说明，被加工工件位于运动盘上方，并与运动盘保持很小的距离，使工件表面与运动盘表面保持一定间隙。磁极(electromagnet)置于运动盘下方，并在工件和运动盘所形成的间隙区域附近形成高梯度磁场。借助于循环泵，将盛液器皿中的磁流变抛光液吸出，并经由特定的喷嘴头将抛光液喷于运动盘表面，随着运动盘的旋转运动，抛光液被输送到工件与运动盘形成的小间隙内，在梯度磁场作用下聚结、变硬，从而形成一凸起缎带(fluid ribbon)，并呈现出黏塑性的Bingham介质特点。根据Preston假设，以一定相对速度运动的Bingham介质通过小间隙时，将会对工件表面与之接触的区域产生很大的剪切力，从而使工件表面材料被去除。随着运动盘的旋转运动，抛光液离开工件与盘面之间的小间隙，在液体回收装置的作用下，流经回收泵回流进入盛液器皿中，如此循环。在抛光过程中，工件轴绕其轴线做旋转运动的同时可绕其轴上某点进行摆动，通过控制工件表面不同误差带区的抛光驻留时间，控制各带区材料的去除量，实现对整个工件表面的确定性抛光。随着磁流变抛光技术研究的深入发展，QED公司不但在抛光机床加工工件的口径范围上进行了扩大，也对抛光机床的功能进行了积极的扩充。例如，2005年研制的Q22-750P2抛光机床，加工能力达到750mm×1000mm，为了对不同口径、形状、面形精度要求的光学元件进行有效的加工，这套机床设计安装了两个直径分别为370mm和50mm的抛光盘。

图 3.8　Q22-X 磁流变抛光机床

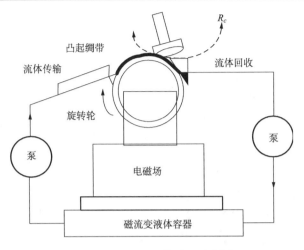

图 3.9　Q22-X 工作原理示意图

　　磁流变抛光技术作为先进光学制造技术领域的一个新生加工方法，在加工机理、装备实现和工艺规范方面具有其独特性。纵观QED公司磁流变抛光机床的研究进程，对加工装备整体结构的变动并不大，主要的技术创新体现在工具头设计方案的突破与工艺匹配方面。这一特点促使对磁流变抛光技术的研究必须着眼于装备系统，并基于装备平台探索工艺规范，突破技术封闭和工艺传播不流畅的局限性。鉴于此，中国在20世纪90年代后期开始磁流变抛光技术的研究，最初以双轴透镜研磨机为主体，利用其某一个轴为主轴，通过增加一些辅助磁场结构改装而成。设计的磁场的磁极位于运动盘的底部，并且在运动盘环形槽的正下方，借助于一个调整架将其固定在双轴透镜研磨机主轴旁边的一个支梁上，调整架用来调整磁极到运动盘之间的距离。工件和运动盘形成的小间隙附近形成一个高梯度磁场，这个磁场的梯度方向应尽可能地垂直于运动盘表面，使在工作区内磁力线穿过运动盘与工件形成的小间隙，并与运动盘环形槽的切线方向相垂直。经过设计和改装，形成了简易的磁流变抛光装置，主要组成部分如图3.10所示：带有环形槽的运动盘2可以随主轴1一起旋转，环形槽内盛有少量的磁流变液3；工件5浸入环形槽内的磁流变液中，这样工件与运动盘底形成一个固定不变的小间隙，工件既可以随垂直轴6一起旋转，又可以随轴6一起绕水平轴7沿环形槽的切向摆动，轴7可以沿轴6在竖直方向上运动，以确保工件的曲率中心能位于轴7的轴心上，这样工件绕轴7摆动，实际上就是沿其曲率中心摆动；磁极4置于运动盘的环形槽下面，并位于工件的正下方。这样的实验装置虽然结构简单、精度有限，但是可以帮助获得磁流变效应的直观感受，并且可以在一定程度上实现磁流变抛光中的材料去除。为了对磁流变抛光技术进行全面的研究，包括抛光设备、工艺规范和抛光液配制，甚至实现工程应用的目的，有必要系统地开发磁流变抛光技术。2000年以来，这项技术得到了全面系统的发展。

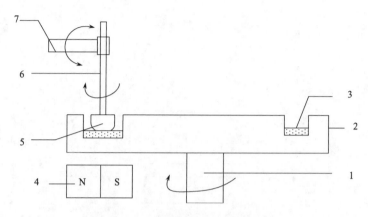

图 3.10　简易磁流变抛光装置示意图

1—主轴；2—运动盘；3—磁流变液；4—磁极；5—工作；6—工作轴；7—调整架

图 3.11 所示为第一代磁流变抛光系统 MRF-1 型磁流变抛光机，抛光机具有三轴联动功能，主体结构采用工具头悬挂式，即由一立柱承载磁流变抛光工具头，并实现工具头沿垂直方向上的往复运动，达到控制与被加工工件表面距离的目的。其结构上一个突出的特色就是设计了公自转组合运动形式的磁性抛光轮，其自转运动通过皮带传动实现，可以使被抛光区域获得很高的线速度，对工件表面材料实现快速去除；绕主轴的公转运动又可以不断地改变抛光纹路的进给方向，有利于提高工件表面加工质量。

图 3.11　MRF-1 型磁流变抛光机

图 3.12 所示为 MRF-2 型磁流变抛光设备。整套装置由 6CNC 轴控制实现多自由度的精密运动，包括三个直线运动(X 轴、Y 轴和 Z 轴)和三个旋转自由度(C

转台旋转、A 工具头公转和 B 工具头自转）。结构上采用龙门结构，X 轴和 Z 轴固定于龙门架台上实现正交运动，Y 轴位于底座上；工具头固定在 Z 轴溜板上，转台安装在 Y 轴溜板上。工具头仍然沿用抛光轮公自转运动方式，磁场由两面对称布置的永磁体产生。

图 3.12　MRF-2 型磁流变抛光机

3.3.3　抛光工具设计

磁流变工具头是整个设备的核心部分，它决定着抛光去除的特性，在此对其单独进行介绍。

实施磁流变抛光的前提条件之一首先是提供强度适合的梯度磁场。美国 Rochester 大学初期研制开发的立式带传输磁流变抛光机的磁场是固定不动的，由位于磁场上方的工件旋转运动和磁流变抛光液的流动实现二者间的相对运动，因此在加工尺寸较大的零件时摆轴惯量过大从而影响定位精度。同时考虑到加工控制的自由度因素和工具头姿态可控性，在轮式小磨头的基础上，研究开发了永磁场和电磁场磁流变抛光轮，这种抛光轮结构精巧、运动形式新颖，具备公自转组合运动功能。

1. 永磁式抛光轮设计

图 3.13 所示为永磁式抛光轮结构简图，抛光轮中的隔磁板由不导磁材料制造，扇形磁铁沿径向排列并分布于隔磁板的两侧，一侧磁铁的 N 极位于外圆周，另一侧磁铁的 S 极位于外圆周，轮心、轮心套、磁铁和磁轭形成了一个闭合磁路，而仅在两个磁轭之间由隔磁板隔开并沿圆周方向形成气隙，漏磁形成一个梯度磁场。图 3.14 为磁性抛光轮在加工时的运动示意图，w_1 为抛光轮的公转角速度，w_2 为自转角速度。在抛光轮和工件之间有一定的间隙，在间隙内形成了一个高梯度的

磁场,进入梯度磁场的磁性抛光液就会发生流变成为具有黏塑性的 Bingham 介质,并产生凸起形成柔性抛光带,由于工件和柔性抛光带之间存在相对运动,当两者接触时会有剪切力产生从而实现材料去除,对工件进行抛光。这种公自转的工具运动形式能够使加工的路径更加复杂,有利于降低工件的表面粗糙度。在抛光中,实际上是利用一个运动的梯度磁场对工件进行加工,实现了在机床的加工范围内加工任意形状、任意尺寸的工件。

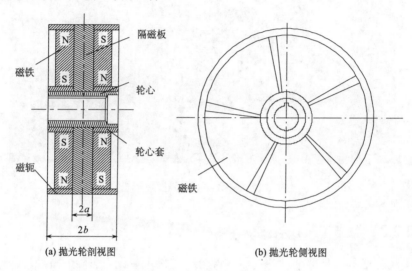

(a) 抛光轮剖视图　　　　　　　　　　(b) 抛光轮侧视图

图 3.13　永磁式抛光轮结构简图

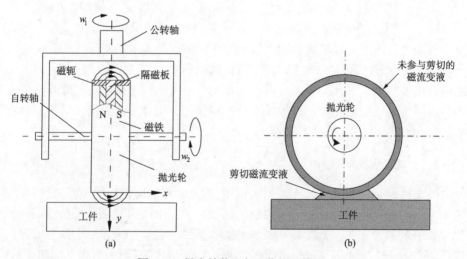

(a)　　　　　　　　　　(b)

图 3.14　抛光轮装配与工作机理简图

　　磁链重组型双磁路抛光工具对原有的公自转组合运动永磁式抛光轮的设计思想进行创造性的改进：在新型抛光头中，抛光区域的磁场强度保持在一个相对较高的程度，用以实现工件表面材料较高去除率的需要；而在抛光区域以外的位置，设计一强度相对弱的梯度磁场，确保抛光液吸附在抛光轮表面的同时，以相对低的黏度保持良好的流动性，有利于抛光液中的非磁性微粒与磁性微粒进行重新混合。

　　如图 3.15 所示，新型工具可以实现公转和自转结合的运动方式，用以产生中心对称的抛光斑。支撑抛光液的抛光轮截面为工字型，由不导磁材料制成，避免抛光液与永磁体之间的直接物理接触，同时不会对工具的磁场分布产生影响。磁流变抛光液附着在抛光轮上，其截面形状根据抛光要求可以进行塑形调整。抛光作用区域的强磁场由一组放置在抛光区域附近的磁组 A(A1、A2)形成，一方磁体的 N 极位于外侧，另一方磁体的 S 极位于外侧，由于磁体的支撑和抛光轮均为不导磁材料，这样这组磁体本身便和气隙构成一个闭合回路，虽然磁路中有两个气隙，但所使用的磁体由钕铁硼材料制成，具有高剩磁的特性，所以在抛光作用区域部分的磁场仍旧相当强，完全能够满足有效加工去除的需要。磁组 B(B1、B2)放置在抛光轮外缘，其主要作用在于吸附抛光液不致受离心力作用脱离抛光轮而流失，保证抛光液质量的稳定。利用软磁材料制成的导磁体将控制影响磁组 B 的磁力线分布，从而在抛光轮的其他位置构造所需要的相对较弱的磁场，保证磁流

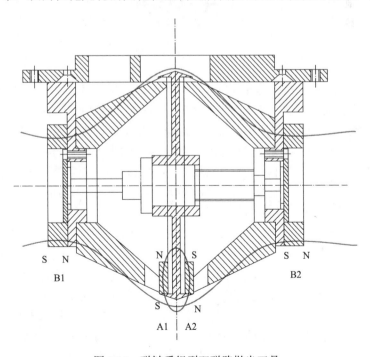

图 3.15　磁链重组型双磁路抛光工具

变液流动性优良。另外抛光工具的轴、支架等其他部件均选用不导磁材料制成，故不会对磁体磁场分布产生影响。

对新型抛光工具的磁场进行有限元分析。图 3.16 的仿真结果表明，在抛光工作区域内，磁力线密集，磁场强度高，而在其他区域内，磁力线分布稀疏，磁场强度低。

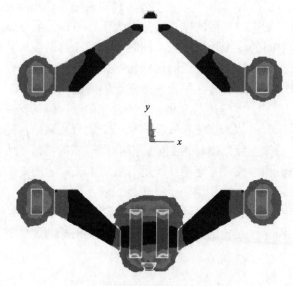

图 3.16　抛光微粒工作状态照片

当磁流变抛光液随着抛光轮的旋转处于抛光作用区域内时，其受作用磁场将主要由磁组 A 提供，磁场强度高，抛光液中将形成强磁链结构（图 3.17(b) 状态），抛光液黏度大，抛光去除有效。当抛光轮继续转动，抛光液位于其他区域时，作用磁场将主要由磁组 B 提供，磁场低，抛光液中的强磁链结构将受到公转和自转离心力等因素的影响而受到破坏，而处于图 3.17(c) 状态。当磁流变液再次被送入抛光区域强磁场内，磁流变液中的磁链将重新组合（图 3.17(d) 状态），实现了磁流变抛光液内部磁链的重组更新。

具体来讲，磁链的重组、更新全过程是：①磁流变抛光液在没有磁场作用状态下，其中的磁性颗粒将处于离散状态（图 3.17(a)），即便在抛光液混合不十分充分时，也只会出现部分无序的局部小聚团，且聚力不强，极易在外力作用下被破坏，此时抛光液黏度低、流动性好；②将强磁场作用到抛光液，其中的磁性微粒将沿磁力线方向有序排列，磁性越强，所形成的磁链也越长（图 3.17(b)），磁链结构液越稳固，此时磁流变液黏度高、流动性差；③当磁场强度渐弱时，磁性微粒将无法维持在强磁场下形成的长磁链，进而发生断裂，逐渐呈现相对短的磁链

（图 3. 17(c)）；④再次向抛光液施加强磁场时，磁链将发生重组而形成新的长磁链(图 3.17(d))。重复上述过程，磁流体抛光液内部的磁链便可充分重组，从而实现抛光液的更新。抛光液重组、塑型临界区域状态照片如图 3.18 所示。

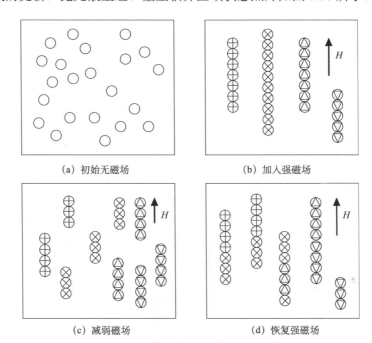

(a) 初始无磁场　　　　　　　　　　　　(b) 加入强磁场

(c) 减弱磁场　　　　　　　　　　　　(d) 恢复强磁场

图 3.17　磁流体受磁场作用示意图

图 3.18　抛光液重组、塑型临界区域状态照片

2. 电磁式抛光轮设计

相对于永磁式磁流变抛光技术，借助于电磁效应产生辅助磁场实现磁流变抛光更具有灵活性，可以通过控制电流的强弱来控制发生流变的磁流变抛光带的硬度。例如，将磁流变抛光带的硬度降低一些可以消除残留在工件表面上的中高频误差，而在低频误差为主的区域可以适当增加电场强度使抛光带硬度增加，而且可以通过控制电场的有无实现抛光液的组合与更新。

抛光轮结构的设计是研制电磁式抛光轮的关键技术。

1）电源供给方案

由于抛光轮同时进行公转和自转的复合运动，电源的供给是需要解决的一个重要问题。设计不同的导电方案如下。

方案一：传统电刷导电方案。

虽然抛光轮进行自转和公转的复合运动，但是在布局上，仍旧可以分解为自转或公转的单一运动，故可以使用电刷分级导电。存在的问题在于，线圈需要两极电源，又需要通过自转和公转两级电刷，这样导电系统势必变得十分臃肿。特别是在自转电刷位置处，空间已经十分狭小，难以在轴上增加两个电刷，另外需要考虑运动系统的干涉问题。

方案二：电磁感应导电方案。

由于在机械结构上，抛光轮自转轴的两端都可以悬空到外端，所以可以考虑利用电磁感应原理，通过转轴的导磁作用构造导磁回路，以达到电源供给的目的，电磁感应电源供给示意图如图 3.19 所示。初级线圈固定在机架上，输入驱动交流

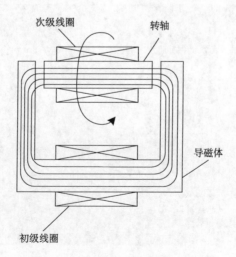

图 3.19　电磁感应电源供给示意图

电源，通过导磁体和轮心转轴形成导磁回路。次级线圈安装在轮心上，轮心转轴的两端与导磁体之间存在小间隙，故不会影响相对运动。通过电磁感应效应，就可以将交流电源导入存在相对运动的抛光轮中，将交流电源整流即可得到直流电源，也可直接使用交流电源供给电磁线圈。

分析比较两种方案，电刷方案简单易行，结构明了。电磁感应方案具有一定的创新性，需要进行一定的布局设计工作，但能量传输效率没有保证，次级线圈安装在转轴上，会使抛光轮内部空间紧张，另外由于电磁感应需要使用交流电，电磁抛光轮的工作状态将受到限制。因此选定电刷方案，但只通过电刷导入一极电源，线圈的另一极由机座接地提供，这样在一定程度上简化了设计。

2）电磁头内部结构

由于磁流变抛光系统为基于现有抛光系统搭建，在抛光轮位置处，空间比较紧张，需要考虑有效的线圈布局方式，使线圈能够提供尽可能多的有效磁场作用于磁流变抛光液，提高抛光效率。

方案一：线圈径向布局。

为了替代现有永磁抛光轮，即用电磁线圈替代永磁体的思维，得出此线圈布局方案。参照永磁抛光轮的磁体布局设计，在另一侧同样需要对应的分布上磁极相反的磁块，磁极的方向由电流的方向控制，如图 3.20 所示。为了达到良好的抛光质量，需要保证抛光轮形成磁场的对称性。为此相对的两个磁块可以将线圈串联起来组成一组，保证电流相同，工作状态相近，有利于磁场的对称性。此方案的优点在于可以分划电刷环，控制电磁头的不同部分在一定的位置处于不导电状态，不产生磁场，利于磁流变液的更新。

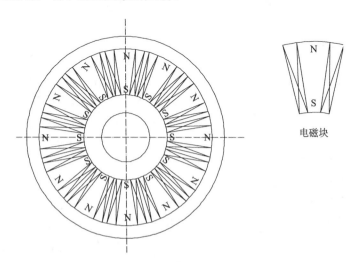

电磁块

图 3.20　电磁线圈径向布局方案

方案二：线圈轴向布局。

为了在电磁轮外缘产生磁场分布，简单使用一个轴向线圈即可。图 3.21 是其结构设计，实际上就是将长直螺线管变短、加粗，从而在外缘方向上产生磁场分布。此种线圈布局方案十分简单，制作起来也十分方便。缺点在于：由于整体只有一个线圈，只能控制磁场强弱等相关参数，而不能根据实际情况控制电磁轮的磁场分布，实现更灵活的加工。图 3.22 是基于此线圈分布的定性仿真分析，由于结构具有很好的对称性，所以只分析了其中一半结构。图 3.22 中最外圈方框为

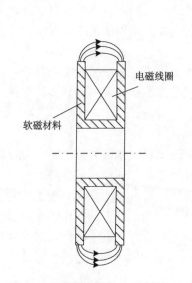

图 3.21 电磁线圈轴向布局方案   图 3.22   ANSYS 仿真分析磁场分布

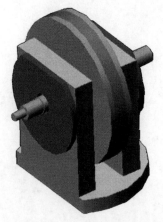

图 3.23   抛光工具的 3D 效果图

约束边界，内部轮廓为抛光轮结构，中心部分为线圈位置，仿真时用电流密度模拟。通过仿真分析，发现只使用一组轴向线圈就完全能够在外缘产生磁场分布，应用到磁流变抛光加工中。同时从仿真分析中注意到，磁力线分布在外缘位置不够集中，所以需要减小外缘位置的软磁材料间隔，在实际应用中设计了一个导磁台阶解决这个问题。

对比分析以上两个方案可以发现，在第一个线圈布局方案中，同侧相邻的电磁块单元之间的线圈电流流向相反，其实际作用将相互抵消。这样的结果使得只有沿圆周方向

上的导线电流起作用。其作用实际上等同于一个径向线圈。也就是说，在磁场产生方面，两个方案的效果基本相同。不同之处在于第一种方案可以实现电磁抛光轮的分区供电，以实现磁流变抛光液的更新。第二种方案的抛光轮内线圈为自绕制线圈，线径为 0.2mm，线圈匝数 N=1200，线圈外径 D_c=64mm，内径 d_c=30mm，厚度 h_c=6mm，电阻 R_c=92 Ω，导磁材料为软铁，磁导率 $\mu_r \leqslant 5 \times 10^3$，自感系数 $L \approx 0.5$H，线圈时间常数 τ_c=$L/R_c \approx 5$ms。轴承支座和其他主要部件都为铝合金，中轴为不锈钢材料，以防止对磁路产生影响。导磁片使用玻莫合金，图 3.23 为抛光工具的 3D 效果图，实物图如图 3.24 所示。

图 3.24 轮形工具头(由左至右：永磁式、无磁式、电磁式)

3.3.4 磁流变抛光模型

磁流变抛光作为一种前沿的光学表面成形技术，其材料去除模型的建立依据是 1927 年提出的 Preston 假设，即在很大的数值范围内，材料的去除可以描述为一阶线性方程，即

$$R(x,y) = K \cdot P(x,y) \cdot V(x,y) = K \cdot \frac{\tau(x,y)}{\mu_f} \cdot V(x,y) \tag{3.13}$$

式中，$R(x,y)$ 为加工区域中点 (x,y) 在单位时间内的材料去除量，即去除函数；K 为 Preston 常数；$P(x,y)$ 为工件表面受到的相对压力；$\tau(x,y)$ 为工件表面点 (x,y) 处受到的剪切力；μ_f 为摩擦系数；$V(x,y)$ 为流体薄层内抛光液与工件之间的相对运动速度。

1. 简化模型

美国 Rochester 大学根据常规润滑理论，基于直角坐标系，着眼于分析加工区

域内接触间隙的变化，建立磁流变抛光模型，将沿 X 方向流动的流体表示为

$$\frac{\partial P}{\partial x} = \frac{\partial \tau}{\partial y} \tag{3.14}$$

式中，流体受到的压力 P 对 x 的偏导数等于流变受到的剪切力 τ 对 y 的偏导数，进一步对 y 积分可以得到剪切力的表达式为

$$\tau = \frac{\partial P}{\partial x} y + C_1 \tag{3.15}$$

式中，C_1 表示积分常数，对于磁流变抛光液被剪切的区域，亦即无核心形成的区域，将式(3.15)代入式(3.12)中，并对 y 积分，得

$$\frac{1}{2}\frac{\partial P}{\partial x} y^2 - \eta_0 u \pm \tau_0 y + C_1 y + C_2 = 0, \qquad |\tau| > |\tau_0| \tag{3.16}$$

式中，C_2 为积分常数。根据具体的抛光边界条件，从式(3.16)中解出 C_1，代入式(3.15)中，求得剪切力 τ。下面以 Rochester 大学磁流变抛光装置抛光凸面元件的工况为例，建立边界条件，分析剪切力推导过程。

图 3.25 所示为工件与抛光盘几何关系，运动盘以速度 v 沿 x 轴方向运动，曲率半径为 r 的凸面元件与运动盘形成固定不变的间隙，最小间隙为 h_0，h 为凸面上任意一点到运动盘的距离，可推导近似表达式为

$$h = h_0 \left(1 + \frac{x^2}{2h_0 r} \right) \tag{3.17}$$

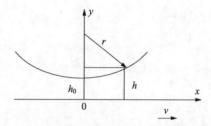

图 3.25　工件与抛光盘几何关系(在 Rochester 大学)

假设工件是静止的，则可以得到边界条件为

$$\begin{cases} u = v, & y = 0 \\ u = 0, & y = h \end{cases} \tag{3.18}$$

将式(3.18)代入式(3.16)可以得出积分常数 C_1、C_2 为

$$\begin{cases} C_1 = -\dfrac{1}{2}\dfrac{\mathrm{d}P}{\mathrm{d}x}h - \tau_0 - \dfrac{\eta_0 v}{h} \\ C_2 = \eta_0 v \end{cases} \tag{3.19}$$

将式(3.19)代入式(3.15)便可得出剪切应力的表达式为

$$\tau = \frac{\mathrm{d}P}{\mathrm{d}x}\left(y - \frac{h}{2}\right) - \frac{\eta_0 v}{h} - \tau_0 \tag{3.20}$$

当压力梯度 $\mathrm{d}P/\mathrm{d}x = 0$ 时，$\tau = -\eta_0 v/h - \tau_0$，表明 $|\tau| > |\tau_0|$，此时磁流变抛光液以牛顿流体的形式运动，不形成核心。Rochester 大学的研究人员得出的磁流变抛光材料去除函数曲线如图 3.26 所示。图中的实线是从他们建立的数学模型中得出的去除函数曲线，虚线表示从磁流变抛光实验中获得的去除函数曲线。可以观察到，理论模型获得的去除函数与实际抛光得到的去除函数符合得较好，仅在抛光区边缘有些偏差，且存在上翘拐点。

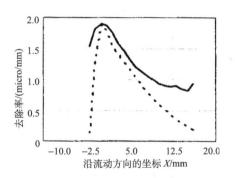

图 3.26　磁流变抛光材料去除函数曲线

2. 修正模型

对磁流变控制模型进行修正的前提是要掌握去除函数的分布情况。在施加外磁场作用之前，磁性微粒、非磁性磨粒和表面活性剂均匀分散在基载液中，呈现游离态，如图3.27(a)所示。在外加磁场的作用下，根据流变学理论，磁性微粒被磁化而产生偶极矩，为使能量最小，磁性微粒连接成链，如果强度增大，则链状结构进一步聚集，形成柱状或复杂的团簇状结构，同时高梯度磁场会对磁流变液中的非磁性磨粒产生磁性浮力，促使非磁性磨粒从磁流变液中析出，浮于表面，这相当于将磨粒镶嵌于磁流变液缎带凸起中，形成柔性抛光盘，如图3.27(b)所示。加工过程中，运动盘高速旋转，工件与运动盘之间形成很小的狭缝(1~2mm)。磁流变抛光液在抛光时的流动类似于轴承润滑中润滑脂的流动，在磁流变液流入区，形成附着于工件表面的停滞核心区，该停滞核心区与工件表面无相对运动；

在流出区，形成附着在运动盘表面的停滞核心区，与运动盘具有相同的速度，停滞核心的上表面与工件表面形成一个更为狭小的间隙。在该间隙内，磁流变抛光液以牛顿流体的形式流动，这样在核心的上表面和工件表面之间就产生了一个极薄的牛顿流体层，此时工件表面受到与流体薄层厚度的平方成反比的流体动压力，如图3.27(c)所示。

在磁流变抛光中，抛光颗粒受到的垂直于工件表面方向的力有重力、浮力、液体动压力和工件表面对抛光颗粒的反作用力，重力远小于其他三个力，因此可以忽略。在抛光区内由于磁流变抛光液流过楔形区，将会有流体动压力存在，且动压力的值约为 $10^{-7}\,\mathrm{N}$，磁流变抛光中抛光颗粒对工件的正压力远小于在古典抛光技术中引起材料去除的单颗粒抛光粒子对工件表面的正压力($0.007 \sim 0.65\,\mathrm{N}$)，所以磁流变抛光液中机械切削作用机理不占主导地位。抛光颗粒受磁浮力和液压动力作用分布在凸起缎带表面，与光学零件表面发生相互作用。当磁流变液的剪切应力大于屈服应力(在磁流变抛光液的流动区域内)时，抛光颗粒随流动的磁流变液往前运动，并对工件表面产生剪切力。在流体动压力和磁流变液的剪切应力作用下，切深很小，因此使光学零件产生微小的塑性去除。

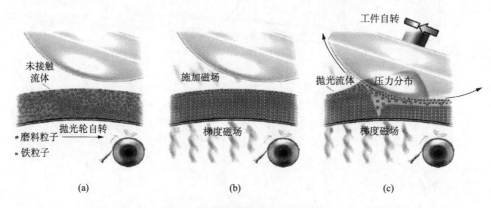

图 3.27　磁流变液与工件间作用

与传统的光学加工技术不同，磁流变抛光过程中的相对作用压力是比较复杂的参数，主要由流体动压力 P_d 和磁场产生的压力两部分组成。磁场产生的压力包括磁化压力和磁致伸缩压力，由于磁流变液是不可压缩的，所以其在磁场中由于体积变化而引起的磁致伸缩压力近似为零，只考虑磁化压力 P_m，根据 Reynolds 方程得

$$P = P_d + P_m \tag{3.21}$$

1）流体动压力 P_d 的求解

在流体润滑理论中，Bingham 介质被认为是一种非牛顿流体，两者在性能上的明显区别是，Bingham 介质在受剪切力时有屈服应力值，而牛顿流体没有屈服

应力值。针对上述修正模型，由于抛光区域比较小，所以公转速度比较小，在分析流体动压力时，可以仅考虑工具的自转，而不考虑工具的公转。在梯度磁场中发生流变后的磁流变抛光液成为 Bingham 介质，只有当它受到的剪切应力超过屈服应力时，才会像牛顿流体一样进行流动，否则 Bingham 介质将保持原有的停滞状态。所以，当剪切应力小于屈服应力时，磁流变抛光液就会和磁性抛光轮保持同一速度进行旋转。对于不流动的磁流变抛光液，可以称为非剪切磁流变液，它对材料的去除作用几乎可以忽略。而在磁流变液和工件的接触区域有非常明显的材料去除，原因在于磁流变抛光液在这一区域受到的剪切力大于 Bingham 介质的屈服应力，成为剪切磁流变液，形成了一个剪切流薄层，薄层以牛顿流体的形式流动。

可以对抛光区域的剪切流薄层的形式进行简化假设，假设抛光区域内的剪切流薄层上方的几何边界是圆形，如图 3.28 所示，在非剪切磁流变液的表面和工件的表面之间形成一个狭小的间隙，在这个间隙内磁流变抛光液受到的剪切力大于 Bingham 介质的屈服应力，磁流变抛光液就以牛顿流体的形式流动。

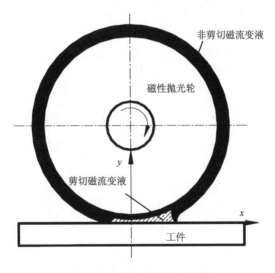

图 3.28　磁流变抛光示意图

设剪切磁流变液的最小厚度为 h_0，根据刚性圆柱润滑理论中的 Reynolds 方程得

$$\frac{\mathrm{d}P_d}{\mathrm{d}x} = 6\eta v \frac{h-h^*}{h^3} \tag{3.22}$$

式中，$\mathrm{d}P_d / \mathrm{d}x$ 为工件表面受到的压力梯度；η 为磁流变液的初始黏度；h^* 为工件表面压力最大处，即压力梯度为零处的剪切磁流变液的厚度；v 为抛光轮的线速

度；h为抛光区域内不同点的剪切磁流变液的厚度。

$$h = h_0 \left(1 + \frac{x^2}{2h_0 d_w} \right) \tag{3.23}$$

式中，d_w为抛光轮中心和工件之间的距离减去h_0。令$\tan \gamma = x / \sqrt{2d_w h_0}$，对式(3.22)进行变换后得

$$\mathrm{d}P_d = 6\eta v \frac{h_0 \sec^2 \gamma - h_0 \sec^2 \gamma^*}{h_0^3 \sec^6 \gamma} \sqrt{2d_w h_0} \sec^2 \gamma \, \mathrm{d}\gamma \tag{3.24}$$

式中，γ^*对应于h^*，定义无量纲压力$\overline{P}_d = h_0^2 P_d / 6\eta v \sqrt{2d_w h_0}$，则有

$$\mathrm{d}\overline{P}_d = \cos^2 \gamma \, \mathrm{d}\gamma - \frac{\cos^4 \gamma \, \mathrm{d}\gamma}{\cos^2 \gamma} \tag{3.25}$$

对式(3.25)两端积分，并给定边界条件，当$\gamma = -\pi/2$ $(x = -\infty)$时，$p = 0$，则有

$$\overline{P}_d = \frac{\gamma}{2} + \frac{\pi}{4} + \frac{\sin 2\gamma}{4} - \frac{1}{\cos^2 \gamma^*} \left[\frac{3}{8} \left(\gamma + \frac{\pi}{2} \right) + \frac{\sin 2\gamma}{4} + \frac{\sin 4\gamma}{32} \right] \tag{3.26}$$

根据 Reynolds 边界条件，在$x = x^*$ $(h = h^*, \gamma = \gamma^*)$处有

$$P_d = 0, \quad \frac{\mathrm{d}P_d}{\mathrm{d}x} = 0 \tag{3.27}$$

将式(3.27)代入式(3.26)得到$\gamma^* = 25°25'$，进而得到流体动压力表达式为

$$\overline{P}_d = \frac{0.32275}{8} \left(\gamma + \frac{\pi}{2} \right) - \frac{0.22575 \sin 2\gamma}{4} - \frac{1.22575 \sin 4\gamma}{32} \tag{3.28}$$

流体动压力X方向上的分布如图 3.29 所示，X轴表示距离回转中心的距离。显然流体动压力的最大值并不在回转中心，而是位于X轴负向的某一点，鉴于此，可在实际抛光中适当调整偏心量，以获得最佳去除效果。

2）磁化压力P_m的求解

在磁场的作用下，磁流变抛光液中的磁性微粒间发生聚集。由于实验所用的羰基铁微粒是近似球形的，所以磁性微粒在磁场中的磁矩可表示为

$$m = 4\pi \mu_0 \mu_f r^3 \frac{\mu_p - \mu_f}{\mu_p + 2\mu_f} H \tag{3.29}$$

式中，μ_f为基载液的磁导率；μ_p为磁性微粒的磁导率；r为球形羰基铁微粒的半径。磁性微粒的磁化强度M为磁性微粒受到的磁矩与其体积的比值，所以有

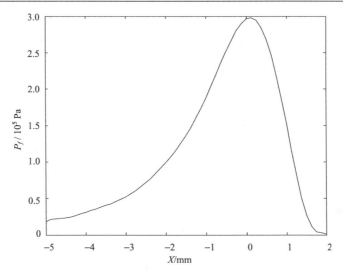

图 3.29　流体动压力分布

$$M = \frac{m}{V} = \frac{3m}{4\pi r^3} \tag{3.30}$$

设抛光液中磁性微粒的体积比为 ϕ，则磁流变抛光液的磁化强度 M_f 可表示为

$$M_f = \phi M = \frac{3\phi \cdot m}{4\pi r^3} \tag{3.31}$$

进而推导出磁化压力的表达式为

$$P_m = \mu_0 \int_0^H M_f \, dH = 3\phi\mu_0\mu_f \frac{\mu_p - \mu_f}{\mu_p + 2\mu_f} \int_0^H H \, dH \tag{3.32}$$

如图 3.30 所示，在相同响应条件下，磁化压力呈对称分布特征，但流体动压力比其值大约 10^7 倍，因此在实际抛光模型中，可以进行相应简化处理，将磁化压力忽略不计，着重分析磁性抛光流体产生的流体动压力对被加工工件表面材料的去除作用，并可以据此建立基于流体动压力的磁流变数控抛光模型。

3. 工作函数模型

从根本工作原理上讲，磁流变抛光与计算机控制小工具头加工的思想是一致的，区别在于磁流变抛光过程中的压力为合成参量，材料去除过程相对复杂。为了能够更好地研究磁流变抛光的机理，首先要对其工作函数进行分析，选择压力 P 作为一个新的突破口，从被加工工件表面材料的去除率 r 与工件表面受到的正压力 P 的关系出发，建立磁流变抛光的数学模型。根据 Preston 假设，将除速度

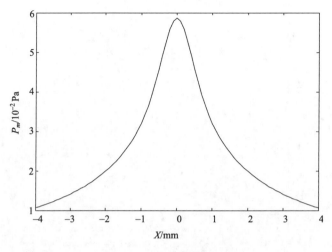

图 3.30　磁化压力分布图

和压力以外的所有因素归结为比例系数 K，这样就建立了一个关于材料去除量、压力和瞬时速度之间的线性关系参见式(3.13)。

通过 Preston 假设，光学抛光过程顺利简化了，计算机控制小工具抛光技术就是以此为基本理论的。假设磨头的工作函数（去除函数）是单位工作时间内工件和磨头相互作用区域内材料平均去除量的分布函数，用 $R(x,y)$ 表示，则有

$$R(x,y) = \frac{1}{T}\int_0^T \Delta Z(x,y)\mathrm{d}t \tag{3.33}$$

式中，T 为加工周期。

再假设 $D(x,y)$ 为磨头的驻留时间函数，其表示磨头中心在点 (x,y) 处的停留时间。这样，如果磨头在工件表面上移动并且在表面各区域停留相应的时间，然后将每一区域材料的去除量进行叠加，即可确定整个工件表面的材料去除量的分布函数 $E(x,y)$，即

$$E(x,y) = \iint\limits_{\mathrm{path}} R(x,y) \cdot D(x-\xi)(y-\eta)\mathrm{d}\xi\,\mathrm{d}\eta \tag{3.34}$$

式(3.34)表明在 CCOS 加工过程中，材料的去除量等于小磨头的工作函数 $R(x,y)$ 与其停留时间函数 $D(x,y)$ 沿其运动路径的卷积，这就是 CCOS 过程中最重要的理论依据。通常式(3.34)写为

$$E(x,y) = R(x,y) ** D(x,y) \tag{3.35}$$

式中，** 为两维卷积；$R(x,y)$ 与磨头的尺寸、材料、相对压力和速度等因素有关，可以通过计算机模拟与工艺实验求得；$E(x,y)$ 是通常测得的面形误差分布函数，它们都可以看成已知量；这里所关心的是如何求得磨头的驻留时间函数 $D(x,y)$，并

在此基础上生成控制文件以指导CCOS加工。这是一个反卷积的过程，可以利用卷积迭代法实现。

设 W_i 为实际去除量与期望去除量之差，即

$$W_i = E - D_i ** R \tag{3.36}$$

驻留时间函数可以通过迭代的方式求出，其迭代初值取期望的材料去除量（原始面形误差）E，则有

$$D_1 = E, \quad W_1 = E - E ** R \tag{3.37}$$

设第一次校正后的驻留时间函数 D_2 等于初始驻留时间函数 D_1 与残留误差 W_1 之和，即

$$D_2 = E + W_1, \quad W_2 = E - E ** (2\delta - R) ** R \tag{3.38}$$

δ 为 Drac 函数，对于第 i 次迭代，有

$$\begin{cases} D_i = D_{i-1} + W_{i\text{-}1} = E ** G_i(R) \\ W_i = E - E ** G_i(R) ** R \end{cases} \tag{3.39}$$

式中

$$\begin{cases} G_i = G_{i-1} + \delta - G_{i-1} ** R \\ G_1 = \delta \end{cases} \tag{3.40}$$

通过判断残余误差 W_i 是否足够小来决定是否停止迭代，这时的 D_i 即为所求的驻留时间函数。理论分析可知，迭代过程收敛的条件是 $G_i ** R$ 趋近于 δ 函数，而要满足这一条件，工作函数必须是具有强中心峰值的高斯分布函数。

如图 3.31 所示，在抛光区域中，被抛光工件表面上任意一点所受到的抛光正压力 P 与流体动压力和磁化压力之间的关系可表示为

$$P = (P_d + P_m) \cdot \cos\alpha \tag{3.41}$$

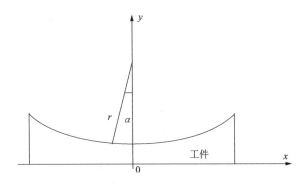

图 3.31　抛光正压力分析示意图

式中，α 为工件表面上某点与工件曲率中心的连线和 y 轴的夹角，根据图中的几何关系，推导 α 角的余弦表达式为

$$\cos\alpha = \frac{\sqrt{r^2 - x^2}}{r} \tag{3.42}$$

抛光区域较小，故设工件表面的抛光区域附近的磁流变抛光液的运动速度 V 近似相同，并且随着抛光轮的运动速度 V_w 增大而增大。下面讨论抛光轮的运动速度保持恒定情况下，加工区域中某点的材料去除量 E_p 的表达式。保持磁流变抛光的其他条件不变，总能找到一个数值 K_1，使得

$$V = K_1 \cdot V_w \tag{3.43}$$

综合磁流变抛光的压力和速度因素，得

$$E_p = K \cdot K_1 \cdot (P_d + P_m) \cdot \frac{\sqrt{r^2 - x^2}}{r} \cdot V_w = K_T \cdot (P_d + P_m) \cdot \frac{\sqrt{r^2 - x^2}}{r} \cdot V_w \tag{3.44}$$

拟定在抛光 K9 玻璃元件时 $K_T = 4.8 \times 10^{-13}\ \mathrm{m^2/N}$，抛光实验选用曲率半径 $r = 900\ \mathrm{mm}$，口径 $D = 66\ \mathrm{mm}$ 的抛物面 K9 材料光学元件，根据式(3.44)进行模型去除率模拟和实验研究。得到如图 3.32 所示的材料去除率曲线，实线表示模型模拟出的材料去除率函数，虚线表示抛光实验得到的材料去除率曲线。对比两条曲线发现，在 $x=-6\sim0\mathrm{mm}$ 这个区间内，即抛光区内两条曲线符合得很好。当 $x\leqslant-6.5\mathrm{mm}$ 时，即在抛光区的边缘，两条曲线有些偏差。

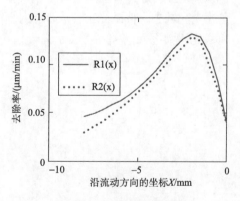

图 3.32　材料去除率曲线

比较基于合成压力和速度因素建立的磁流变抛光数学模型与Rochester大学的磁流变抛光数学模型，虽然建立模型的出发点不同，但在抛光区内，结果都较好地符合了高斯去除的特性。在抛光区边缘，两个模型都有一些误差。与图3.25中

Rochester大学模型模拟出的材料去除率曲线相比，该模型得到的去除率函数曲线虽在抛光区边缘也有一些偏差，但不存在向上翘的拐点，边缘较为平滑。在这一点上，该模型更真实地反映出抛光情况。

基于建立的工作函数模型，可以开发加工程序，建立磁流变抛光的控制模型，基本的控制流程如图 3.33 所示。

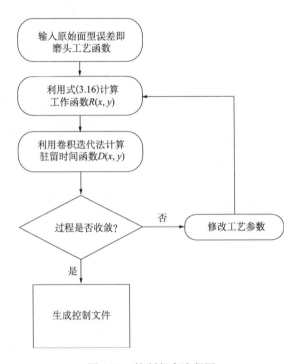

图 3.33　控制程序流程图

3.4　磁流变抛光液

磁流变液与电流变液相比，比较显著的优点就是其具有较强的屈服应力。与电流变液相比，在通常情况下，由于磁性微粒本身具有固有磁矩，磁流变液的剪切应力比电流变液大一个数量级。电流变液在工作中需要很高的电压，往往超过上千伏，而磁流变液需要产生磁场的工作电压一般非常低，甚至 12V 的汽车电瓶就够了，所以从安全节能方面磁流变液也优于电流变液。电流变液对其中悬浮颗粒的纯度要求也比磁流变液高，这对电流变液的制作和应用都是十分不利的。磁流变液比电流变液具有更广的温度适应范围。与电流变液相比，磁流变液的缺点是：其流变响应时间是毫秒级，要比电流变液慢一些，但是对于光学抛光，需要的是更高的剪切应力，而对于流变响应时间没有太高的要求。

　　磁流变液与磁性液体或铁磁流体都是由磁性微粒分散在基载液中形成的，二者最根本的区别是磁性微粒的粒度，磁流变液中磁性微粒的粒度一般为 $1\sim10\mu m$，而磁性液体中磁性微粒的粒度一般为 1nm 到几十纳米。对于直径为 $1\sim10\mu m$ 的微粒，布朗运动的作用是可以忽略的。因此在外磁场作用下，磁流变液中磁性微粒沿磁力线方向排列成链状结构，磁流变液表现出很高的屈服应力，且磁流变液的流变性可由外磁场控制。对于磁性液体中直径为 $1\sim10nm$ 的磁性微粒，其布朗运动十分激烈。在外磁场的作用下，由于受到剧烈热运动的破坏，磁性微粒不能形成链状结构，整个磁性液体受到力的影响，在该力的作用下，磁性液体整体被吸引到磁场强度高的地方。所以在磁场作用下，磁性液体不能显现或只能显现出很小的流变性。综上所述，磁流变抛光液的研制是磁流变抛光需要解决的一项关键技术，其关系到磁流变抛光能否顺利实现。

3.4.1　磁流变液的特性

　　初始黏度、磁特性、流变性和稳定性是磁流变液最重要的特性，一种磁流变液质量的好坏可以根据这些特性进行评价。

1. 黏度特性

　　流体流动时，由于流体与固体表面的附着力、流体内部分子间的作用和流体质点之间的动量交换，流体质点必然会发生剪切变形，而流体的黏滞性就是流体抵抗剪切变形的能力。黏度是流体黏滞性的度量，用以描述流动时的内摩擦。

　　在磁流变抛光过程中，磁流变液在磁场中发生流变作用成为 Bingham 流体，其黏度特性如式(3.12)所述。

　　磁流变液的初始黏度是指不加外磁场时磁流变液的黏度，磁流变液在无外磁场作用时显现出牛顿流体的特性，符合牛顿定律，即黏滞剪切应力与剪应变率成正比，表达式为

$$\tau = \eta_0\,\dot{\gamma} \tag{3.45}$$

式中，τ 为剪切应力，即单位面积上的摩擦力；$\dot{\gamma}$ 为剪应变率，它等于流动速度沿流体厚度方向的变化率。对于牛顿流体，黏度 η_0 在剪切过程中为一常量。磁性微粒的组成成分、体积比浓度，以及基载液和添加剂的选择都直接影响磁流变液初始黏度 η_0 的大小。磁流变液的初始黏度决定磁流变液在零磁场下的流动性，若初始黏度较低，则磁流变液的流动性较好。对于磁流变抛光，一般要求磁流变抛光液的初始黏度较低，这样有利于磁流变抛光液的循环流动，且抛光液的均匀性也较好。

2. 磁特性

磁流变液的磁特性是磁流变液的一个重要特性。它是指磁流变液在外磁场中被磁化的规律，即磁流变液的磁化强度随外磁场的变化规律。弄清楚磁流变液的磁特性有助于理解磁流变液的流变性和磁流变液在外磁场中形成的微观结构。

磁流变液的磁化规律与铁磁质的磁化规律有很大区别。在铁磁质的磁化过程中，从磁感应强度随外磁场强度变化的规律可以发现，起初在很宽的磁场强度变化范围内，铁磁质的磁感应强度随磁场强度线性变化。随磁场强度的进一步增大，磁感应强度逐渐达到饱和。铁磁质的磁导率比真空磁导率高几个数量级。从磁流变液的磁化规律可以看到，磁流变液的磁感应强度只在很窄的磁场强度变化范围内，随磁场强度的增加而迅速地线性增加。在这个区域内，磁流变液的磁导率只是真空磁导率的几倍。随着磁场强度的进一步增大，磁流变液的磁化逐渐达到饱和。磁流变液的超顺磁特性归因于磁流变液中磁性微粒的软磁特性和磁性微粒的移动性。

磁流变液的饱和磁化强度 M_s 可以通过计算获得。磁流变液的磁饱和值 $\mu_0 M_s$ 等于用于制作磁性微粒的铁磁质的磁饱和值与磁流变液中磁性微粒的体积比浓度 ϕ 的乘积。例如，某种磁流变液中磁性微粒的体积比浓度为0.2，磁性微粒是通过对铁进行研磨得到的，铁的磁饱和值为2.1T，则该磁流变液的磁饱和值 $\mu_0 M_s = 0.2 \times 2.1 = 0.42T$。

3. 流变性

磁流变液是细小的磁性颗粒分散于绝缘载液中形成的随外加磁场变化而具有可控流变特性的、特定的、非胶体性质的悬浮液体。若磁流变液受到中等强度的磁场作用时，则其表观黏度系数将增加两个数量级以上；磁流变液在较强外磁场作用下将变硬，具有类似于固体状态的性质，流动性消失。磁流变液的流变性是可逆的，即一旦去掉外磁场，磁流变液又变成流动性较好的液体。该变化的微观机理可描述为：在外加磁场作用下，流体中的颗粒产生偶极矩，由于偶极子之间的相互作用，为了达到能量最小要求而形成长链，外磁场的加大使这种链状结构进一步发生聚集，形成复杂的团簇结构，这种微观结构上的变化直接导致了液体流变性质发生变化。流变性是评价一种磁流变液性能优劣的最主要指标，影响磁流变液流变性的因素很多，有磁性微粒的组成成分和磁特性、磁性微粒的含量和密度、磁性微粒的尺寸和形状、基载液的性质、添加剂、磁场、温度等。磁流变液之所以得到广泛的应用，是因为它具有可控的屈服应力(剪切应力)，屈服应力的大小是由磁场来控制的。因此对磁流变液的流变性的研究主要是指对磁流变液在磁场中屈服应力的研究。目前还没有一个完整的模型能准确地描述磁流变液的流变性，但是有一些关于流变性规律和特性的研究可供参考。

Shulman等假设在磁场中，磁流变液中的磁性微粒积聚成许多与磁场方向成一定角度、彼此之间无相互作用的椭球状聚合体，以此为前提，他们推导出磁场中磁流变液剪切应力的表达式为

$$\tau = \eta_0 \dot{\gamma} + \mu_0 H^2 \phi_a \alpha \frac{\chi_a^2}{2 + \chi_a} \tag{3.46}$$

式中，$\dot{\gamma}$ 为剪应变率；μ_0 为真空磁导率；ϕ_a 为磁流变液中聚合体的体积比浓度；α 为椭球聚合体的长轴方向与磁场方向的夹角；χ_a 为磁性微粒聚合体的磁化率。该表达式等号右边第二项可以用 τ_0 表示，它代表磁场中磁流变液的屈服应力。因此该模型中剪切应力 τ 的表达式与 Bingham 介质 τ 的表达式有相同的形式，从而在理论上证明了磁场中磁流变液具有 Bingham 介质的特性。式(3.46)是针对浓度较低的磁流变液推导得出的，对于磁流变抛光所用的较浓磁流变抛光液已不适用。但该模型得出的磁场中磁流变液具有 Bingham 介质的特性的结论是正确的，并被后来的实验所验证。因此该模型为研究磁流变抛光机理奠定了理论基础。

Ginder 等对磁流变液中磁性微粒形成的链状结构进行分析，得出磁流变液的饱和(最大)屈服应力为

$$\tau^{\text{sat}} = \frac{4}{5^{5/2}} \xi(3) \phi_c \mu_0 M_s^2 \tag{3.47}$$

式中，τ^{sat} 为磁流变液的饱和屈服应力；$\xi(3) = 1.202$（常数）；ϕ_c 为磁流变液中磁性微粒的体积比浓度；μ_0 为真空磁导率，M_s 为磁性微粒的饱和磁化强度，$\mu_0 M_s$ 为磁性微粒的磁饱和。从式(3.47)中可以看出，当磁流变液的体积比浓度一定时，选择饱和磁化强度高的材料制作磁性微粒就有可能使配制的磁流变液获得较大的饱和屈服应力，从而得到具有较高流变性的磁流变液。这对配制磁流变抛光液时如何选择磁性微粒的材料具有重要的指导意义。

4. 稳定性

一般的磁流变装置对磁流变液的稳定性都有较严格的要求。稳定性好的磁流变液，其使用寿命也较长。因此磁流变液的稳定性也是评价磁流变液品质的一个重要指标。

1）凝聚稳定性

磁流变液中的磁性微粒在不加外磁场时也有可能发生凝聚。可能导致磁性微粒凝聚的因素有静磁相互作用和范德瓦尔斯相互作用，而阻碍磁性微粒凝聚的因素有热运动和空间阻力。21℃下分散于液体中的铁磁微粒，若布朗运动作用能够抗衡静磁相互作用，则铁微粒直径的上限约为 30Å。磁流变液中磁性微粒的尺寸

一般为几微米，所以通常认为磁流变液中的微粒热运动很弱，不能阻止微粒的凝聚。因此通过使用稳定剂提高磁性微粒的空间稳定性是防止磁流变液中磁性微粒凝聚的有效办法。

防止磁流变液中磁性微粒凝聚的稳定剂的选择应以磁性微粒(分散相)的类型和浓度为依据。常用的稳定剂有胶体稳定剂和表面活性剂两种。由较粗糙的磁性微粒配制的稀浓度的磁流变液(浓度小于 10%)常使用胶体稳定剂(如硅胶)。胶体稳定剂的作用是在基载液中形成具有保护作用的胶态结构，阻止磁性微粒凝聚。对胶态结构强度的要求是：胶态结构应有足够的强度，不加外磁场时应能阻止磁性微粒的凝聚；同时这种胶态结构的强度又不能太大，不应阻碍磁流变液中磁性微粒在外磁场中形成链状、柱状等微结构。一旦去掉外磁场后，胶态结构应能促使磁流变液中磁性微粒再分相。

表面活性剂一般用于由较细磁性微粒配制的具有较高浓度的磁流变液(浓度不超过50%)中。表面活性剂按离子类型分为：阴离子表面活性剂、阳离子表面活性剂和非离子表面活性剂。表面活性剂的作用是吸附在磁性微粒表面，形成一层缓冲层，避免磁性微粒接近而发生凝聚。因此表面活性剂必须有这样的特殊分子结构：一端能吸附于磁性微粒表面(最好是化学吸附)，另一端有一个极易分散于基载液中的适当长度的弹性基团。

图 3.34 是磁流变液中表面活性剂作用的原理示意图。从图中可以看到：具有长链结构的表面活性剂分子一端吸附在磁性微粒表面，另一端分散于基载液中，吸附层的厚度由表面活性剂分子的链长决定。当磁流变液中两个磁性微粒彼此接近到两倍吸附层距离时，表面活性剂的弹性基团被压缩，弹性势能阻止两个微粒进一步接近到范德瓦尔斯力起支配作用的距离，从而防止磁性微粒凝聚。表面活性剂的选择因基载液而异。例如，水基磁流变液可选用饱和一元羧酸，而对于硅油为基液的磁流变液，用油酸做表面活性剂效果较好。

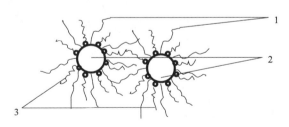

图 3.34　表面活性剂作用的原理示意图

1—基载液；2—磁性微粒；3—表面活性剂

2）沉淀稳定性

将磁流变液放置一定时间，即使是稳定性较好的磁流变液，往往也会发现一些磁性微粒沉淀于容器底部。沉淀的原因主要是磁流变液中磁性微粒的密度大于基载液的密度。Stockes 公式给出了在重力作用下，球形微粒下沉速度，即

$$V = \frac{2D_a{}^2(\rho - \rho_0)g}{9\eta} \tag{3.48}$$

式中，D_a 为微粒直径；ρ 为微粒密度；ρ_0 为基载液密度；η 为基载液黏度；g 为重力加速度。

式(3.48)是在没有考虑微粒相互作用等条件下得出的, 比较简单, 需对式(3.48)进行许多必要的修正才能得到磁流变液中磁性微粒真实的下沉速度。但从式(3.48)中很容易发现微粒沉淀速度的规律，即微粒的沉淀速度与微粒直径的平方以及微粒与基载液的密度差成正比，与基载液的黏度成反比。因此，在配制磁流变液时选用尺寸较小、密度较小的微粒和黏度较大的基载液对保证磁流变液的沉淀稳定性是有利的。但是如果选用尺寸小的磁性微粒，则布朗运动的作用会很明显，这样会使磁流变液的流变性变差。同时为了提高磁流变液的流变性，应尽量选用那些磁特性比较好的材料制作磁性微粒，这样磁性微粒的密度也就确定了，不能再随便选取。而为了使磁流变液具有良好的流动性，基载液的黏度也不应选太大。因此分析磁流变液的沉淀稳定性时，应该将这些因素综合起来考虑。

为了克服磁流变液中磁性微粒沉淀，可以对磁流变液中的磁性微粒进行表面处理，也可以在磁流变液的具体应用装置上采取一些措施。在进行磁流变抛光时，在磁流变液循环装置中加上搅拌器，使循环流动的磁流变抛光液不断被搅拌，以确保磁流变抛光液中的磁性微粒和非磁性抛光粉均匀地分布于基载液中，不发生沉淀。

3.4.2　磁流变液的组分

磁流变抛光液是由尺寸为微米级的磁性微粒分散溶于绝缘载液中，并加入适量的非磁性磨粒和少量的稳定剂而形成的非胶体悬浮液，主要由三部分组成：分散相的磁性微粒、连续相的基载液和稳定剂。

1. 磁性微粒

性能良好的磁流变液在外磁场作用下应该具有较好的流变性，即磁流变液具有较大的剪切应力，一旦去掉外磁场，磁流变液也应有良好的流动性。这就要求去掉外磁场后，磁流变液不存在剩磁或有极小的剩磁。因此制作磁性微粒时，应选择饱和磁化强度(或饱和磁感应强度)高而矫顽力小的软磁材料。鉴于铁是饱和磁感应强度最高的元素，又是可以广泛获得的软磁材料，磁性微粒常用铁和铁基合金制备。

当加上外磁场时，磁流变液中的磁性微粒被磁化，在基载液中形成有序的链状结构，这种链状结构使磁流变液的黏度增大，阻碍磁流变液的流动；一旦去掉外磁场，磁流变液又应有良好的流动性，其中的磁性微粒又恢复无序状态。在抛光中，为了使磁性微粒在磁场中形成较牢固的链状结构，使磁流变液具有较大的剪切应力，磁性微粒的尺寸应该足够大，以克服布朗运动对链状结构的破坏，但磁性微粒的尺寸过大也会产生反作用，较大的磁性微粒容易沉淀，使磁流变液的稳定性变差。最后考虑到铁元素是饱和磁感应强度（$\mu_0 M_s \sim 2.1\text{T}$）最高的元素，又是可以广泛获得的软磁材料，故决定选择饱和磁化强度（或饱和磁感应强度）高而矫顽力小的球形羰基铁制作磁性微粒，其尺寸为$1 \sim 10\mu\text{m}$，另外为了提高磁流变液的稳定性和流变性，添加少量的硬磁材料做添加剂。

2. 基载液

制作磁流变液时，选择合适的基载液是非常重要的，因为在磁场中磁流变液的稳定性和流变性主要依赖于基载液。性能良好的基载液应该具有无污染、非易燃、低挥发、耐腐蚀、较大范围内的温度稳定性、低初始黏度等特性。为了增加磁流变抛光液的流变性和机械性能，一般用硅油、煤油、合成油和水等作为连续绝缘介质的基载液，有时也在基载液中加入一些添加剂。

3. 稳定剂

磁流变液中稳定剂的作用是确保磁性微粒悬浮于基载液中，它是磁流变液最重要的特性之一，选择合适的稳定剂可以增加磁流变液的耐用性，延长其使用寿命。用于磁流变液的稳定剂分为三种：凝聚稳定剂、沉淀稳定剂和温度稳定剂。凝聚稳定剂的作用是阻止磁流变液中的磁性微粒形成聚合体。沉淀稳定剂的作用是阻止磁流变液中的磁性微粒随时间的推移而发生沉淀。温度稳定剂有两方面的作用：第一，抑制磁流变液温度升高和降低，保证磁流变液处于一个稳定的温度范围；第二，若磁流变液在高温环境中工作，则温度稳定剂可以防止磁流变液变质退化。由于磁流变液具有较大的温度稳定范围，以及很多磁流变装置可以通过散热、冷却设备将磁流变液的温度稳定在一定的范围内，因此对磁流变液稳定剂的研究主要集中在凝聚稳定剂和沉淀稳定剂上。

磁流变液中的稳定剂必须有特殊的分子结构：一端有一个对磁性微粒界面产生高度亲和力的钉扎功能团，另一端还需有一个极易分散于某种基载液中的适当长度的弹性基团。从这一角度考虑，可以选择乙二醇作为稳定剂。

4. 非磁性磨料

微细磨料直接作用于初加工光学元件的表面，其粒度和硬度对机械切削效果有很明显的影响。实验表明，微细磨料粒度直径在一定范围内时，粒度越大、硬度越高，加工效率越高，效率和粒度及硬度在一定范围内呈正比关系。但是光学加工并不是一味追求效率，而要兼顾加工效率和加工质量。因此，选择合适的磨料是配制磁流变抛光液的一个重要内容，一般要求磨料硬度相对高于被加工材料的硬度，拥有较好的韧性以避免因压力作用而易变形和被磨损，另外良好的自锐性能也是保证加工效率的一个重要因素，即要求磨料受压碎裂时仍能够保持尖锐的多棱角状。磨料自锐示意图如图 3.35 所示。综合考虑，氧化铈作为一种传统的磨料，具有很好的光学加工性能。

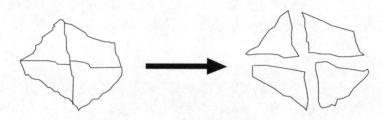

图 3.35　磨料自锐示意图

3.4.3　磁流变抛光液配制

在磁流变液中加入一定量的非磁性抛光粉，经过搅拌，使之和磁性微粒一样均匀地分散于基载液中从而形成磁流变抛光液。加入非磁性抛光粉的磁流变抛光液较磁流变液在黏度上要有所增加，而在磁场中的剪切应力却基本没有变化。

美国 Rochester 大学的一些研究人员在磁流变抛光液的研制方面做了大量的工作，研制出用于磁流变抛光的标准磁流变抛光液，按体积比配方含36%的羰基铁、55%的水、6%的氧化铈、3%的稳定剂。这种磁流变抛光液的初始黏度为0.5Pa·s，在磁场强度 H=500kA/m 时，磁流变抛光液的屈服应力达50kPa。图3.36所示为这种磁流变抛光液剪切应力在不同磁场强度下随剪切率变化的示意图。从图中可以看到，磁流变抛光液的剪切应力(或屈服应力)随着磁场强度的增大而增大。而在同一磁场中，磁流变抛光液的剪切应力又随剪切率的增大而增大。因此可以通过控制磁场强度和磁流变抛光液的剪切率来控制磁流变抛光液的剪切应力。

1. 测试仪器

1）颗粒度分析仪

颗粒度分析仪，即粒子颗粒大小及其分布的测定仪，也是场致流变技术研究中重要的必备设备之一。

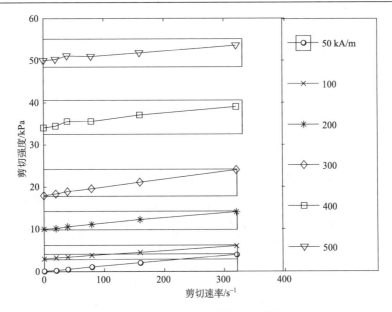

图 3.36　磁场对磁流变液的影响关系

2）流变测试仪

在场致流变技术的工程应用中，人们普遍关心的问题是流变液体在场作用下的抗剪切屈服应力和表观黏度的变化。因此，大量的实验研究工作集中在对流变液体的抗剪切屈服应力和表观黏度的测量上，即测量液体的流变学性能，而研究工作则集中在不同外界因素对抗剪切屈服应力和表观黏度的影响上，因此专用的流变效应测量仪和静态屈服应力测定装置成为研究流变液体流变性能的重要设备。

旋转式流变仪置于恒温环境中，其结构原理如图3.37所示。从图中看到，绕在两臂上的线圈通电后将在样品池内产生径向磁场。在该磁场的作用下，样品池内的磁流变抛光液发生流变效应，成为具有黏塑性的Bingham介质。当样品池内的塑料圆筒在驱动电机带动下旋转时，会受到磁流变抛光液的阻力。因此测量出塑料圆筒所受的阻力矩，即可算出磁流变抛光液的剪切应力。在图3.37所示的装置中，磁流变抛光液的剪切应力的表达式为

$$\tau = \frac{M}{2(r_2{}^2 + r_3{}^2) \cdot \theta \cdot h} \tag{3.49}$$

式中，M 为塑料圆筒所受的阻力矩；r_2 和 r_3 分别为塑料圆筒的内壁和外壁的半径；θ 为两磁极侧面的夹角，本仪器中其值为$\pi/2$；h 为样品池软铁的高度。

样品池内的磁场强度可以通过改变线圈的输入电流来控制，而磁流变抛光液受到的剪切率可以从塑料圆筒的角速度算出。因此旋转式流变仪可以测出磁流变

抛光液的剪切应力与磁场强度和剪切率的关系。在图 3.36 的装置中，剪切率和塑料圆筒角速度的关系为

$$\dot{\gamma}=\frac{\mathrm{d}v}{\mathrm{d}r}=\frac{\omega\cdot(r_2+r_3)}{2(r_4-r_3)} \tag{3.50}$$

式中，ω 为塑料圆筒转动角速度；r_4 为样品池外壁的半径。

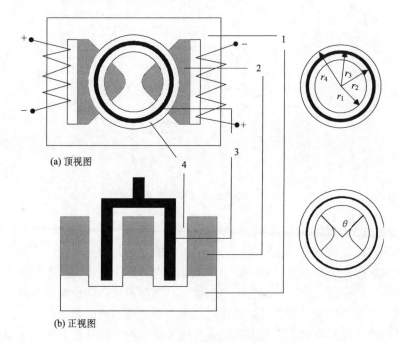

图 3.37　旋转式黏度计示意图

1—软件；2—铝；3—塑料转子；4—液体

　　自行改造的黏度测试装置主体为上海昌吉地质仪器有限公司生产的 NDJ-1 型旋转式黏度计，此型号黏度计工作环境开放，有利于进行附加磁场环境的改装。如图 3.38 所示，电机通过游丝驱动转子在磁流变液中转动，由于黏度阻力，转子和电机轴之间将产生转角差，通过指针表示出来，即可进行液体黏度的测量。额定测量误差为 5%，精度相对较低，可以满足定性分析要求。

　　磁流变液需要在磁场环境下才能表现出流变性能，所以必须在黏度测试工作区内营造磁场环境。根据所使用的黏度计特点，其转子为柱状长条型，故使用大小合适的圆形容器进行磁流变液的盛装。这样所需磁场就可以方便地使用电磁线圈提供，如图 3.38 所示，圆形电磁线圈安放在圆筒形液体容器外侧，即可在转子空间区域内形成轴向的磁场。通过调节线圈的驱动电压可以方便地控制磁流变液所

在区域磁场的大小。根据实际条件，设计使用电磁线圈参数如下：内径为 d_c=33mm，外径为 D_c=50mm，线径为 0.51mm，电阻为 R_c=36.3Ω，线圈匝数 N=2770 匝。在安全电压范围内可以产生 2500A 以上的磁场环流强度，完全能够满足实验要求。NDJ-1 型黏度测试计工作状态图如图 3.39 所示。

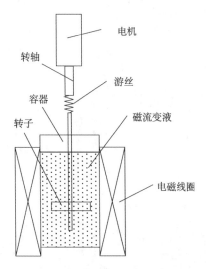

图 3.38　NDJ-1 型黏度测试计工作原理

　　磁流变液一般由磁性微粒、基载液和少量稳定剂组成。由于磁流变液的剪切应力和屈服应力都可以由黏度值导出，所以把磁流变液的黏度值作为磁流变液的一个主要评价特性。大量的实验表明，磁场强度对磁流变液的影响存在如下关系：

$$\eta = \eta_0 + \alpha H^n \tag{3.51}$$

式中，η 为磁流变液受磁场影响状态下的黏度；η_0 为磁流变液在无磁场作用下的初始黏度；α 为常数；H 为环境磁场强度；n 介于 1～2，对于不同的磁流变液有所不同。

　　在磁流变液分布空间的磁场分布的理论解析解相当复杂，故使用有限元分析 ANSYS 软件进行仿真。依据实验系统进行几何建模，因为黏度测试系统具有轴对称性，而 ANSYS 为对称模型提供了简化支持，所以使得几何建模变得相对简单，只需要给出半轴截面的分析模型，然后在分析模型中选择轴对称方式分析。在几何模型建立完成之后，进行磁场分析的前处理，即材料定义、电流定义和网格划分等。使用 ANSYS 的 Emag 分析模块进行磁场有限元分析，即可获得整个磁流变液区域的磁场分布情况，如图 3.40 所示。从图中可以看出，在磁流变液区域内，磁场的分布并没有规律，解析描述的确存在很大困难，选用有限元分析方法比较适合。

图 3.39　NDJ-1 型黏度测试计工作状态图

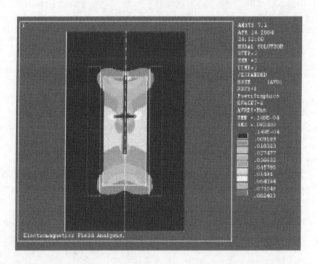

图 3.40　ANSYS 进行黏度计工作区域电磁场仿真结果

　　在不同线圈驱动电压情况下，用 ANSYS 有限元分析，即可获得磁流变液区域的磁场强度分布，与实验测得的黏度数据按照式(3.51)进行拟合，即可获得磁流变液黏度随磁场强度变化的特性关系。

　　驱动电压与黏度关系推导，根据安培环路定理有

$$\oint_L H \cdot \mathrm{d}l = \sum I_i \tag{3.52}$$

由于测试系统布局结构在实验过程中没有发生变化，并忽略线圈发热造成的

电阻变化，则根据欧姆定律，$\sum I_i$ 与线圈驱动电压存在线性关系，即

$$\sum I_i = n\frac{U}{R} \tag{3.53}$$

忽略在磁场强度不同状态下磁流变材料磁导率发生的微小变化，并认为测试系统在工作过程中保持稳定，可知磁场强度分布 H 和线圈驱动电压 U 之间存在线性关系，即

$$H = kU \tag{3.54}$$

式中，k 为空间 H 关于 U 的密度函数，可以通过有限元磁场分析获得其离散矩阵的数值表达。由于磁流变区域内磁场强度的分布差异，导致每个区域的黏度存在与之对应的不同分布。这样在使用旋转黏度计进行黏度测试时，将产生原理误差。为了简化问题的描述，认为黏度计测得的黏度数值为磁流变液区域的平均黏度。

将式(3.54)代入式(3.51)，得到实验平均黏度值 η_e 与线圈驱动电压之间的关系为

$$\eta_e = \eta_0 + \alpha\overline{(kU)}^n = \eta_0 + \alpha\overline{k^n}U^n \tag{3.55}$$

式中，n 为与磁流变液相关的常数，故 $\overline{k^n}$ 也将为一常数。通过实验获得线圈电压与黏度的关系，即可求得式(3.51)中的磁流变液的特征参数 η_0 和 α，可以描述磁流变液受磁场强度影响的流变性能，为磁流变液的进一步应用研究奠定了基础。

2. 油基磁流变抛光液

在开发油基磁流变液时，选择饱和磁化强度高且极易得到的球形羰基铁制作磁性微粒。同时为了防止油基磁流变液的分相与磁性微粒的沉淀，配制前首先对羰基铁微粒进行表面预处理，处理过程如下：首先将表面处理剂溶于适当的溶剂中，然后将羰基铁微粒与溶剂混合，并在适当的温度下搅拌一段时间，以便使表面处理剂吸附到羰基铁微粒表面，随后将羰基铁微粒从溶剂中取出放入烤炉中，经过反复的加热和干燥，直至表面处理剂与羰基铁微粒完全发生化学反应，并紧紧地吸附于羰基铁微粒表面，经过表面处理的羰基铁微粒再经过研磨和筛选即可用来配制磁流变抛光液。为了检验表面处理剂是否与羰基铁微粒发生了反应，采用对羰基铁微粒进行红外光谱分析的方法来判断。图 3.41 是羰基铁微粒的红外光谱谱线图。

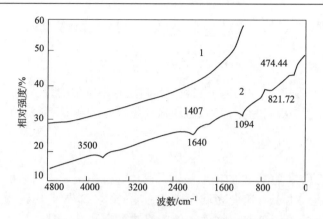

图 3.41　羰基铁微粒的红外光谱谱线图

在图 3.41 中，曲线 1 和曲线 2 分别表示对经过表面预处理和未经过表面预处理的羰基铁微粒进行测量得到的谱线，经比较发现，预处理后的羰基铁微粒的谱线在波数为 $3500cm^{-1}$ 左右的羟基特征峰已消失，在波数为 $1640cm^{-1}$ 左右的羰基特征峰基本上不复存在。这表明经过预处理后，羰基铁微粒表面已被表面处理剂所覆盖，另外处理后的羰基铁微粒质量比处理前有所增加。可见表面处理剂确实和羰基铁微粒发生了反应，由于二者之间主要靠化学键连接，结合力显然比范德瓦尔斯力大许多，同时表面处理剂与基载液又具有极好的亲和性，从而大大地加强了分散相和连续相的结合。这样，磁流变抛光液的凝聚稳定性和沉淀稳定性都得到很大的提高。最后油基磁流变抛光液按体积比的配方是：33.84%的羰基铁、57.34%的硅油、6%的氧化铈、2.82%的稳定剂。经测量，其初始黏度达到 0.5Pa·s。

油基磁流变抛光液的剪切应力和剪切率之间的关系如图 3.42 所示，磁场强度单位的换算关系为：$1A/m=4\pi\times10^{-3}Oe$。在不同磁场强度 10Oe、1000Oe、2000Oe 和 3000Oe 下，剪切率均随剪切应力的增加而增加，且增幅相对稳定，这有利于获得稳定的材料去除率，改善抛光质量。此配方不是固定不变的，可根据具体实验情况调整抛光液中各成分的百分比。相同初始黏度时，油基磁流变抛光液中磁性微粒的浓度比水基磁流变抛光液中的磁性微粒浓度稍低，故其流变性稍差，但稳定性很高。

3. 水基磁流变抛光液

在配制磁流变抛光液时，往往要选择球形羰基铁制作磁性微粒，而不用氧化铁。这是因为铁氧体的饱和磁化强度低，不利于提高磁流变抛光液的屈服应力。配制的水基磁流变抛光液的配方和Rochester大学配制的标准磁流变抛光液的配方是一样的，磁流变抛光液中各种成分按体积比为：36%的羰基铁、55%的水、

6%的氧化铈、3%的稳定剂。配制的磁流变抛光液的初始黏度也是0.5Pa·s，其流变性与Rochester大学配制的磁流变抛光液的流变性稍有不同。水基磁流变抛光液的流变性是用旋转式流变仪进行测量的。图3.43是用旋转式流变仪测得的标准水基磁流变抛光液的剪切应力在不同磁场强度下随剪切率变化的示意图。

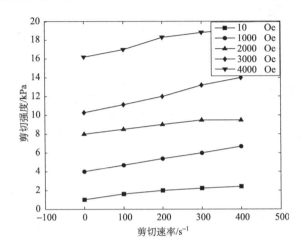

图 3.42　油基磁流变抛光液的剪切应力和剪切率之间的关系

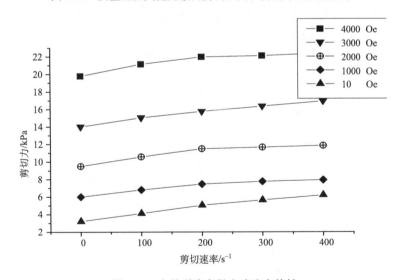

图 3.43　水基磁流变抛光液流变特性

　　从图3.43中可以看到，在磁场强度 H=4000 Oe（4000 Oe 相当于318kA/m）时，配制的标准水基磁流变抛光液的屈服应力值为20kPa 左右。从图3.36中可以看到，当 H=300kA/m 时，Rochester 大学配制的磁流变抛光液的屈服应力也为 20kPa 左右。可见，配制的磁流变抛光液的流变性与 Rochester 大学配制的磁流变抛光液的流变性相差不大。

　　均匀地分散在基载液(水)中的羰基铁微粒是经过表面处理的，因此磁流变抛光液的稳定性较好。将配制的磁流变抛光液静态放置几天，看不到羰基铁微粒的凝聚现象，且无明显的沉淀析出。

　　以上介绍的是配制的标准的水基磁流变抛光液。在研究磁流变抛光技术时，需要寻找被加工光学元件的材料去除率随各种参数变化的规律。磁流变抛光液的浓度是磁流变抛光液的一个重要参数，因此研究光学元件的材料去除率随磁流变抛光液浓度的变化规律十分重要。为此配制出各种磁性微粒或非磁性氧化铈浓度的磁流变抛光液。不同浓度的磁流变抛光液，其流变性也不同，抛光效果也不同。

3.5　工艺研究

3.5.1　抛光液影响研究

1. 表面粗糙度与磨料有无之间的关系

　　当磁流变抛光液不加氧化铈磨料时，对工件进行抛光称为无磨料抛光。在实验中，无磨料磁流变抛光液的配比为：58%的蒸馏水、38%的羰基铁粉、4%的稳定剂，以上比例均为体积比。抛光面积为10mm×10mm，材料为K9玻璃，抛光路径如图3.44所示，路径之间的间距为0.5mm，抛光时间约为15min。抛光后工件的表面粗糙度为17.046A，如图3.45所示。换用标准水基磁流变抛光液在相同条件下对工件表面抛光，抛光后的表面粗糙度为6.739A，如图3.46所示。

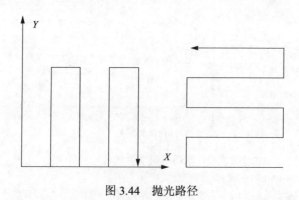

图 3.44　抛光路径

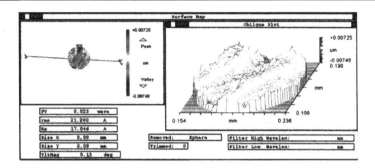

图 3.45　无磨料抛光的表面粗糙度

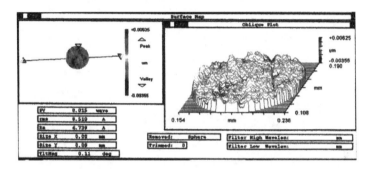

图 3.46　标准磁流变抛光液抛光表面粗糙度

从图3.45、图3.46可以看出，标准水基磁流变抛光液的抛光效果要好于无磨料磁流变抛光液。所用的 K9玻璃工件毛坯只是经过粗抛，表面粗糙度在几十纳米的量级，两种方式虽然都能使工件的表面粗糙度降低，但是前者的抛光效果非常明显。这说明在利用标准水基磁流变抛光液进行抛光时，羰基铁粉主要起到抛光模的作用，而氧化铈主要起到抛光的作用，而且羰基铁粉颗粒的粒度为4μm，氧化铈颗粒的粒度为1μm，颗粒的粒度也会对抛光质量产生很大的影响。

另外分别利用两种磁流变配方在上述条件下进行抛光实验。一种磁流变为颗粒粒度为 1μm 的铁粉混合煤油，得到的表面粗糙度为 22.294A，另一种磁流变为颗粒粒度为 10nm 的 Fe_2O_3 混合煤油，得到的表面粗糙度为 32.398A。由于这两种磁流变抛光的抛光时间较短，所以抛光效果不是很好，主要原因是磁流变抛光的材料去除能力较弱，没有完全消除粗抛光的影响。

2. 去除率与磨料有无之间的关系

用两种抛光方式分别对平面 K9 玻璃工件做定位抛光去除实验，公自转的转速比为 1：1，抛光轮公转速度为 180r/min，抛光轮和工件之间的间隙为 1mm，抛光时间为 90s。

如图3.47所示，1为无磨料抛光的材料去除量，2为标准水基磁流变抛光液的材料去除量，从图中可以看出，无磨料抛光的去除能力远低于有磨料抛光。因为羰基铁粉的硬度要远低于氧化铈，所以去除能力远低于氧化铈的材料去除能力。

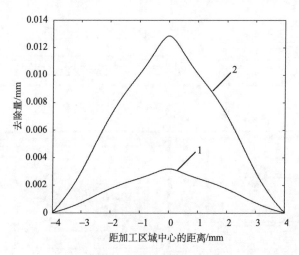

图 3.47   抛光去除量对比

3.5.2   抛光路径对面型的影响

计算机控制磁流变抛光系统具备实现直角坐标系和极坐标系路径轨迹的能力，可以胜任栅形路径、螺旋形路径和其他特殊路径。抛光路径对去除效率和表面精度的影响关系复杂，基于磁流变高斯型去除函数柔性抛光磨头，以四种抛光路径研究对于光学表面精度的影响。

图 3.48 所示涉及四种代表性的抛光路径：扫描（scanning）、双向扫描（bi-directional scanning）、希尔伯特（Hilbert）和皮亚诺（Peano）路径。间距 d_P 为相邻抛光路径的距离，d_P 值越小，抛光路径的密度（定义为 $1/d_P$）越大，相同面积条件下抛光的总路程也越长。在抛光仿真中，去除函数采用高斯型去除函数，并假设它在抛光过程中保持去除特征不变。

光学表面材料去除形貌特征和去除函数的形状大小与去除深度紧密相关。去除函数在路径方向的宽度和抛光间距 d_P 的大小决定了光学表面的形貌曲面。光学表面的面形起伏与路径的叠加程度也紧密相关，如图 3.49 所示，在一定程度上，PV 值是随着 d_P 值的减小而减小的，然而越小的 d_P 值反而会引起局部的 PV 值的增大。

当研究路径规划作为对均匀抛光面形的去除影响因素时，要依据抛光区域的特征分成两个区域：光学表面内部和边缘。边缘又可以分成直线边缘和转角边缘两个方面。图 3.50 给出了路径密度从 2 变化到 12 时 PV 值的变化曲线。其中 h_{PV}、

h_e 和 h_c 分别代表光学表面内部、直线边缘和转角边缘的最大峰谷值。图 3.51 则仿真了四种抛光轨迹获得的光学表面形貌。

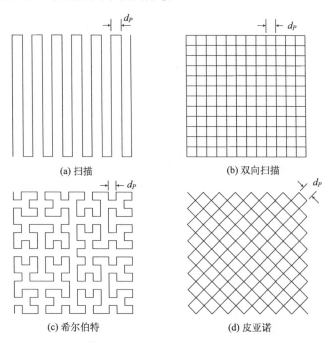

(a) 扫描　　　　　　　　　　(b) 双向扫描

(c) 希尔伯特　　　　　　　　(d) 皮亚诺

图 3.48　抛光路径

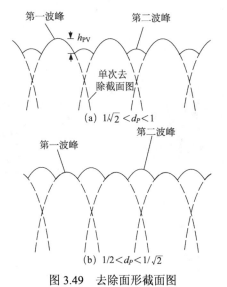

第一波峰　　　　第二波峰

h_{PV}

单次去除截面图

(a) $1/\sqrt{2} < d_P < 1$

第一波峰　　　第二波峰

(b) $1/2 < d_P < 1/\sqrt{2}$

图 3.49　去除面形截面图

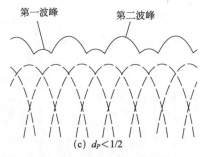

(c) $d_P < 1/2$

图 3.49　去除面形截面图(续)

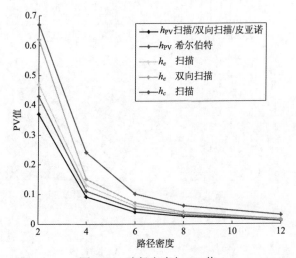

图 3.50　路径密度与 PV 值

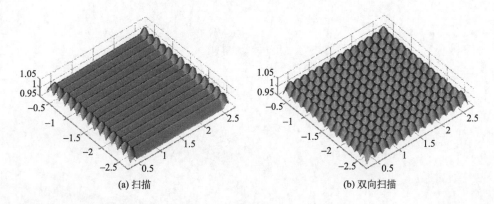

(a) 扫描　　　　　　　　　　　　　　　(b) 双向扫描

图 3.51　去除面形($d_P = 1/6$)

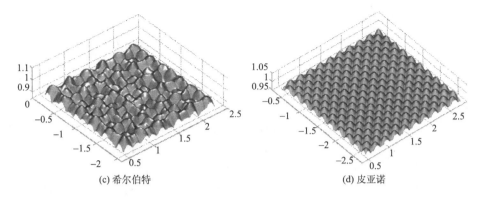

(c) 希尔伯特　　　　　　　　　　　　　　(d) 皮亚诺

图 3.51　去除面形(d_P=1/6)（续）

　　利用 MRF 技术对利用金刚石车削技术得到的工件进行抛光后的表面粗糙度情况如图 3.52 所示，工件由初始的 3.4 nm（RMS）降低到 0.4 nm。另外一组加工是对一椭球面镜的面型休整，图 3.53 为加工结果，使该镜面由初始的 PV=171 nm，RMS＝36.4 nm，降低到 PV=66 nm，RMS＝4.1 nm，并且发现几乎没有边缘效应产生。

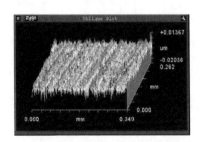
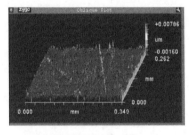

图 3.52　加工 PMMA 时得到的表面粗糙度的情况

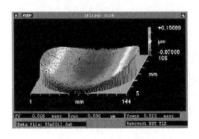
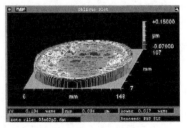

图 3.53　椭球面镜的加工结果

3.6 小　　结

　　磁流变抛光技术是目前最为流行的光学加工技术之一，不仅能用于普通玻璃材料（如 K9）的抛光加工，还能用于晶体、陶瓷、紫外、红外材料以及有机玻璃、石蜡聚合物和聚碳酸酯材料的抛光加工。与传统光学抛光方法相比，磁流变抛光具有如下优点：①抛光盘没有磨损，抛光特性稳定；②可以制造复杂形状的表面，如球面、非球面、非对称的自由曲面。同时磁流变抛光技术也存在如下缺点：①磁流变抛光技术可以抛光任意曲率半径的凸曲面，但不能加工曲率半径较小的凹曲面。例如，当前 COM 制造的磁流变抛光数控抛光机的抛光毂轮直径最小为25mm。②应用磁流变抛光技术修抛时由于材料的去除量较小，对被修正表面的面形精度要求较高，一般精度在1～2个波长，所以在应用磁流变抛光前，被抛光表面需要采用传统工艺进行预抛光处理。

参 考 文 献

程灏波, 冯之敬, 王英伟, 等. 2005. 超光滑光学表面的磁性类 Bingham 流体确定性抛光[J]. 科学通报, 50(1):84-91.

程灏波. 2005. 精研磨阶段非球面面形接触式测量误差补偿技术[J]. 机械工程学报, 41(8):228-231.

池长青, 王之珊, 赵王智. 1993. 铁磁流体力学[M]. 北京:北京航空航天大学出版社.

都红春, 李定国, 周骏, 等. 2000. 电流变效应及其应用前景[J]. 现代物理知识, 12(3):18-22.

黄礼镇, 黄春熙. 1987. 电工原理与计算方法[M]. 北京:科学出版社.

潘胜, 吴建耀, 胡林. 1997. 磁流变液的屈服应力与温度效应[J]. 功能材料, 28(2):264-267.

平克斯, 斯德因李希特. 1980. 流体动力润滑理论[M]. 北京:机械工业出版社.

吴炽强. 1997. 旋转式磁流变仪[D]. 上海:复旦大学.

杨沛然. 1998. 流体润滑数值分析[M]. 北京:国防工业出版社.

张峰, 余景池, 张学军, 等. 1999. 磁流变抛光技术[J]. 光学精密工程, 5:1-8.

张文灿, 邓亲俊. 1987. 电磁场的难题和例题分析[M]. 北京:高等教育出版社.

张玉民, 戚伯云. 1997. 电磁学[M]. 合肥:中国科学技术大学出版社:255.

赵凯华, 陈熙谋. 1985. 电磁学(下册)[M]. 北京:高等教育出版社.

钟文定. 1987. 铁磁学(中册)[M]. 北京:科学出版社.

周世昌. 1987. 磁性测量[M]. 北京:电子工业出版社.

Anon. 1995. Brake cuts exercise-equipment cost[J]. Design News.

Ashour O, Kinker D, Giurgiutiu V. 1997. Manufacturing and characterization of magnetorheological fluids[J]. SPIE, 3040:174-184.

Carlson J D, Speneer Jr B F. 1996. Magneto-rheological fluid dampers for semi-active seismic control[C]. Proc 3rd Int Conf on Motion and Vibr Control, 3:35-40.

Carlson J D, Weiss J D. 1994. A growing attraction to magnetic fluids[J]. Machine Design, 8:61-66.

Chen Z Y, Tang X, Zhang G C. 1998. A novel approach of preparing ultrafine magnetic metallic particles and the magnetorheology measurement for suspensions containing these particles[C]. Magneto-rheological Suspensions and Their Applications : Proceedings of the 6th Intenational Conference on Electro-rheological Fluids, 486-493.

Cheng H B, Feng Z J. 2003. Numerical simulation on CCOS controllable variable[J]. Semiconductor Photonics and Technology, 9(4):251-255.

Cross M, kiskamp S, Eisele H. 1997. On the interaction of dipolar chains[C]. Magneto-Rheological Suspensions and Their Applications: Proceedings of the 6th International Conference Fluids, 519-527.

Ding Y W, You Z, Lu E. 2004. Research on themo-optical analysis method for space optical remote sensor opto-structural system[J]. Optical Engineering, 43(11):2730-2735.

Felt D, Hagenbuchle W, Liu M. 1997. Rheology of a magnetorheological fluid[C]. Magneto-Rheological Suspensions and Their Applications: Proceedings of the 6th International Conference Fluids: 738-746.

Ginder J M, Davis L C, Elie L D. 1996. Rheology of magnetorheological fluid: modes and measurements[J]. International Journal of Modern Physics B, 10:293-303.

Ginder J M, Davis L C. 1994. Share stress in magnetorheological fluid: role of magnetic saturation[J]. Applied Physics Letters, 65(26):3410-3412.

Golini D, Jacobs S D, Kordonski W I. 1997. Precision optics fabrieation using magnetorheological finishing[C]. Advanced Materials for Optics and Precision Structures, 1:251-274.

Golini D, Kordonski W I, Dumas P. 1999. Magnetorheological finishing(MRF) in commereial precision optics manufacturing[C]. SPIE Proceedings, 3782:80-91.

Golini D, Polzieove H, Pzatt G, et al. 1995.Computer control makes asphere production of the mill[J]. Laser Focus World, 31(9):83-91.

Huang S T, Feng Z J, Cheng H B. 2004. Robust position controller design for linear servo units used in noncircular machining[J]. Materials Science Forum,755-759.

Jacobs S D, Golini D, Hsu Y. 1995. Magnetorheological finishing: a deterministic process for optics manufacturing[J]. SPIE Proceedings, 2576:372-382.

Jacobs S D, Yang F Q, Fess E M. 1997. Magnetorheological finishing of IR materials[C]. SPIE, 3134:258-269.

Jeon D, Park C, Park K. 1997. Vibration suppression by controlling an MR damper[C]. Magneto-rheological Suspensions and Their Applications: Proceedings of the 6th International Conference Electro-rheological Fluids, 853-860.

Jing F Q, Wang Z W, Wu J Y. 1997. Magentorheological materials and their applications in shock absorbers[C]. Magneto-Rheological Suspensions and Their Applications: Proceedings of the 6th International Conference Fluids, 494-501.

Jolly M R, Bender J W, Carlson J D. 1998. Properties and applications of commercial magneto-rheological fluids[J]. SPIE, 3327:262-275.

Jolly M R, Bender J W, Mathers R T. 1997. Indirect measurements of microstructure development in magnetorheological fluids[C]. Magneto-Rheological Suspensions and Their Applications: Proceedings of the 6th International Conference Fluids:470-577.

Kelso S P, Gordaninejad F. 1999. Magnetorheological fluid shock absorbers for off-highway high-payload vehicles[J]. SPIE, 3672:44-54.

Kordonski W I, Jacobs S D, Golini D. 1996. Vertical wheel magnetorheological finishing machine for flats, convex and concave surface[J]. Optical Fabrication and Testing Workshop: OSA Technical Digest Series, 7:146-149.

Kordonski W I, Jacobs S D. 1996. Magnetorheological finishing[J]. International Journal of Modern Physics B, 10:2837-2848.

Kordonski W I. 1992. Adaptive structures based on magnetorheological fluids[C]. Proc 3rd International Conference SanDiego: CA, 1:13-17.

Kordonski W, Golini D, Dumas P. 1998. Magnetorheological suspension-based finishing technology [J]. SPIE, 3326:527-535.

Kordonsky W I, Demchuk S A. 1996. Additional magnetic dispersed phase improves the MR-fluid properties[J]. Journal of Intelligent Material Systems and Structures, 7:522-565.

Kordonsky W I, Gorodkin S R, Novikova Z A. 1997. The influence of ferroparticle concentration and size on MR fluid properties[C]. Magneto-Rheological Suspensions and Their Applications: Proceedings of the 6th International Conference Fluids, 535-542.

Kordonsky W I, Prokhorov l V, Kashevsky B E, et al. 1994. Basic properties of magnetorheological fluids for optical finishing, and glass polishing experiments using magnetorheological fluids[J]. OSA: OF&T Workshop Digest, 13:104-109.

LambroPoulos J, Yang F, Jacobs S D. 1996. Toward a mechanical mechanism for material removal in magetorheological finishing. optical fabrication and testing workshop[J]. OSA Technical Digest Series, 7:150-153.

Lee J K, Clark W W. 1999. Semi-active control of flexural vibrations with an MR fluid actuator[J]. SPIE, 3672:167-174.

lemarie E, Meunier A, bossis G. 1995. Influence of the particle size on the rheology of magetorheologocal fluids[J]. Journal of Rheology, 39(5):10-11.

Lukianovieh A, Ashour O N, Thurston W L, et al. 1996. Electrically-controlled adjustable-resistance exercise equipment employing magnetorheological fluid[J]. SPIE, 2721:283-291.

Marathe S, Gandhi F, Wang K W. 1998. Helicopter blade response and aeromechanical stability with a magnetorheologcal fluid-based lag damper[J]. SPIE, 3329:390-401.

Mohebi M, Jamasbi N, Flore G A. 1997. Numerical study of the role of magnetic field ramping rate on the structure formation in magnetorheological fluid[C]. Magneto-Rheological Suspensions and Their Applications:Proceedings of the 6th International Conference Fluids, 543-550.

Muriuki M G, Clark W W. 1999. Design issues in magnetorheological fluid actuators[J]. SPIE, 3672:55-64.

NahmadMolinari Y, AlaneibiaBulnos C A, RuizSuarez J C. 1999. Sound in a magnetorheological slurry[J]. Physical Review Letters, 82(4):727-730.

Phule P P, Ginder J M. 1997. Synthesis and processing novel megnetorheological fluids having improved stability and redispersibility[C]. Magneto-Rheological Suspensions and Their Applications:Proceedings of the 6th International Conference Fluids, 445-453.

Phule P P, Jtcar A D. 1997. Synthesis and processing magnetic iron-cobalt alloy particles for high strength megnetorrheological fluids[C]. Magneto-Rheological Suspensions and Their Applications:Proceedings of the 6th International Conference Fluids, 502-510.

Prokhorov I V, Kordonsky W I, Gleb L K, et al. 1992. New high-precision magnetorheological instrument-based method of polishing optics[J]. OSA:OF&T Workshop Digest, 24:134-136.

Promislow J, Gast A. 1996. Magnetorheological fluid structure in a pulsed magnetic field[J]. Langmiur, 12:4095-4102.

Ralf B, Hartmut J. 1998. Performance of long-stroke and low-stroke MR fluid dampers[J]. SPIE, 3327:303-313.

Rosesweig R E. 1995. On magneto-rheology and electro-rheology as states of unsymmetric stress[J]. Journal of Rheology, 39(1):179.

Rwohlfarth E. 1993. 铁磁材料——磁有序物质特性手册(卷二)[M]. 北京:电子工业出版社.

Shorey A B, Gregg L L, Romanofsky H J. 1999. Material removal during magnetorheological finishing(MRF)[C]. SPIE Proceedings, 3782:101-111.

Tang X, Chen Y, Conrad H. 1996. Structure and interaction force in a model magnetorheological system[J]. Journal of Intelligent Material Systems and Structures, 7:517-521.

Tang X, Zhang X, Tao R. 2000. Structure enhanced yield stress of magnetorheological fluids[J]. Journal of Applied Physics, 87(5):2634-2638.

Zhao X P, Luo C R, Zhang Z D. 1998. Optical characteristics of electrorheological and electro-magnetorheological fluids[J]. Optical Engineering, 37(5):1559-2592.

Zhu Y, McNeary M, Breslin N. 1997. Effect of structures on rheology in a magentorheogical fluid[C]. Magneto-Rheological Suspensions and Their Applications:Proceedings of the 6th International Conference Fluids:478-485.

第4章 电流变抛光

4.1 概 述

电流变抛光作为一种新兴的光学加工技术，是对光学球面与非球面的表面抛光技术的革新。电流变抛光液作用机理和电流变抛光去除机理的深入研究，对有效控制电流变加工过程、获得具有较低表面粗糙度工件有重要意义。将电流变引入抛光技术中，与超精密机床和数控技术相结合，用于非球曲面等复杂形状零件的超精密加工，在航空、航天和国防等领域将拥有广阔的应用前景。

电流变效应(electrorheological effect)是指某种特殊液体(通常是由分散相和分散介质为主而构成的液体)在外加电场的作用下，其流动状态和流体属性发生强烈变化的现象。电流变技术的研究可以追溯到19世纪80年代人们对电黏效应的发现，但真正意义的电流变技术则始于20世纪40年代至50年代，由美国学者Winslow在1947年首先发现：一种由介电固体粒子和绝缘性能良好的基础液组成的悬浮液在外加电场的作用下会呈现出固化的趋势，并且此时的表观黏度与未加电场时的表观黏度的比值可达几个数量级。为此，Winslow开始对该现象进行实验研究。他把一些半导体型的固体颗粒分散在低黏、绝缘的油中，在3kV/mm的电场下，产生每平方厘米达几牛顿的剪切阻力。1947年，Winslow报道了他的研究成果。他详细地研究了淀粉、石灰石、面粉和明胶等分散于某些绝缘油中(如轻质变压器油、矿物油、硅油等)得到的悬浮体。当施加电场后，在两个电极板间会形成沿着电场方向的纤维状结构，它具有很高的强度，能使悬浮液体的表观黏度增大几个数量级。这一工作标志着电流变学的诞生，因此也经常将可逆黏度变化效应称为Winslow效应。在1989年第二届国际电流变液体学术会议上，各国学者在会议主持人倡议下，一致通过决议，把电流变效应称为Winslow效应，公认美国学者Winslow是电流变技术创始人。

由于近年来光学数字化通信技术的发展，光电仪器各部分的体积已经缩小。对微小玻璃透镜的需求值得关注，这也刺激了对微小非球面透镜产品模具加工的新方法的研究。例如，Suzuki等成功地用直径为0.8mm的钻石研磨了直径为0.8mm的非球面轴对称碳化钨合金模具。Saeki等用类似的研磨方法，在直径为10mm碳化钨合金模具制造中，使得镜面的精确度达到了89nm，表面粗糙度达到了44nm。

电流变抛光技术的研究主要集中在日本、韩国和中国。电流变抛光(Electro-Rheological Finishing，ERF)技术是 20 世纪 90 年代由日本学者 Kuriyagawa 首先提出来的一种应用于自由曲面的新型加工方法。通过外加直流电压，电流变磨料颗粒被极化，沿着电场线的方向形成链状分布，原来的牛顿流体物质变成类固体的 Bingham 介质。随着电场强度的增加，电流变液体黏度增加，工件与抛光模之间的剪切阻力增大，电流变液在工具的旋转带动下与工件表面摩擦，实现工件表面的材料的去除。图 4.1(a)为日本的 Kuriyagawa 研制的电流变抛光实验装置。该装置采用高精密导轨保证运动的位置精度在 10nm，工作电极和加工工具都带有内置电机的高精密真空轴，为保证工具与工作台之间的高压，在工具和工作台的真空轴内各置一根铜棒，通过轴末端的集电环产生高压，工作台与工具采用陶瓷进行绝缘。工作台和工具间有几微米的空隙，此空隙用来加电流变液进行抛光，电流变抛光示意图如图 4.1(b)所示。

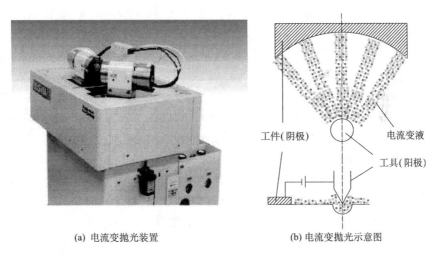

(a) 电流变抛光装置　　　　　　　　　(b) 电流变抛光示意图

图 4.1　日本东北大学电流变抛光装置与电流变抛光示意图

在日本，Kuriyagawa、Akagami、Umehara 等学者进行了交流电下的电流变抛光实验的研究，通过大量实验得出交流电压在 2kV、频率在 0.8Hz 时抛光效果最好，并分别对可导电的硬质合金盘和不可导电的硼硅酸盐玻璃进行抛光，测得硬质合金盘的表面粗糙度 Ra 值由 0.65μm 减小到 0.02μm，硼硅酸盐玻璃的表面粗糙度 Ra 值由 13.5nm 减小到 7.5nm。Kaku、Yoshihara 等学者通过化学气相沉积(Chemical Vapor Deposition, CVD)的方法在抛光微型工具的顶部包裹一层树脂，可以避免在抛光电导体零件过程中由于工件与工具间的距离太小引起的短路，并用包裹树脂的圆柱形抛光工具和球形抛光工具对电导体零件进行抛光，发现包裹树脂的球形抛光工具抛光效果较好。Tanaka 等学者对电流变抛光的基础特性进行了研究，提出了用单面电极(将正负两极放在一个平面)进行电流变抛光的思想。

在韩国， Kim、Lee 等学者也对电流变抛光进行了研究,他们对电流变抛光的机理进行了详细阐述,并且通过实验进一步分析了各个参数对抛光结果的影响。

在国内,电流变技术的研究是由北京理工大学魏宸官教授首先开展的。目前清华大学、吉林大学、复旦大学、华中理工大学、西北工业大学、哈尔滨工业大学、湘潭大学和中国科学院物理研究所等单位相继开展了电流变技术的研究工作。

4.2 电 流 变 液

4.2.1 电流变液体及其组成

电流变液是一种悬浮体系,其基本组成为高介电常数的固体微粒和低介电常数的绝缘液体。继 Winslow 发现电流变效应之后,1966—1968 年,美国学者 Klass 成功研制出多种电流变液体,并详细地研究了电流变体的流变学和电学性质。20 世纪 70 年代初,英国的 Stangroom 研制出一系列的有机类电流变体。在 20 世纪 60 年代,苏联对电场下非水塑性分散体系流边性质进行大量研究,1970 年开始电流变学的研究。1985 年,Block 首先成功研制了有机半导体类非水型电流变体,它克服了含水型电流变体的不足,使电流变体的综合性能指标得以提高。我国在这方面研究起步较晚。1989 年中国科学院化学研究所许元泽等成功研究了非水型电流变体,对流体进行全面的流变学表征,并对电流变机理进行研究。北京理工大学的魏宸官也较早进行了电流变效应相关实验,并且进行了电流变器件方面研究。近几年,中国科学院物理研究所的陆坤权研究员与香港科技大学学者温维佳等利用粒子表面的极化理论,开发出一种利用极性分子(Polar-Molecular)配制的纳米颗粒电流变液体,其剪切应力提高了一个数量级,为电流变液体的开发研究提供了一个新的发展方向。

电流变液体一般由分散相和连续相组成,目前人们研究的电流变液体又加入了添加剂这一组分。连续相是指基础液,其基本要求为非极性的绝缘液体,其介电常数远低于固体颗粒的介电常数并且具有良好的绝缘性能。好的基础液还具有击穿电压高、沸点高、凝固点低、黏度低和化学稳定性好等特点;常用的基础液有:硅油、植物油、矿物油、凡士林油、润滑油、煤油和烃类化合物等。分散相是指电流变粒子,它是电流变液中最重要的组成部分,用做电流变粒子的物质应具有较高的介电常数和较低的电导率,并且化学稳定性好。

4.2.2 电流变液体性能研究

理想的电流变液在无电场作用时黏度应该尽量低,这样可以使电流变液体有较大的黏度变化范围，进一步表现其智能性质。在电场作用下，应有明显的电流变效应，即在电场作用下产生尽可能高的电致屈服应力，而在电场取消后能立即恢复无电场时的黏度或性能，无迟滞现象发生。同时希望产生电流变效应使液固化的电场强度越低越好，因为在高电场强度下电流变液容易发生化学变化从而影响使用寿命。

1. 电流变液体的流变性质

当温度和电场强度一定时，增加粒子浓度，电流变液的屈服应力和表观黏度将随之增加。分散相介质的增加，不但改变了在电场作用下流体的黏度，而且由于粒子聚集，也增加了无外电场时流体的黏度。因此有必要找出最佳的浓度，既能在电场作用下获得最佳的电流变效应，又能在无电场时保持电流变液的流动性。

电流变液体在无电场作用下呈现牛顿流体性质，其流变性能与一般悬浮液体相似。一般情况下，剪切应力(τ)与粒子链方向垂直，且 $\tau = \eta_0 \gamma$。当对电流变液体施加电场时，电流变液体表现出 Bingham 流体特性，且 $\tau = \tau_y(E) + \eta_0 \gamma$，其中，$\eta_0$ 为零电场黏度，γ 为剪切率，τ 为剪切应力，$\tau_y(E)$ 为与电场强度有关的剪切应力。

2. 电流变液体电性质

电流变液体的电性能直接关系到电流变液产生的能量损耗，是电流变液的重要特性参数，也是研发配置电流变液的重要参考指标。目前，高屈服应力、低漏电流密度的电流变液配置是研究的热点与难点。

电流变液在电场作用下都会产生一定大小的电流。通过电极之间的电流不遵循欧姆定律，而近似符合幂定律，即

$$J \propto A E^B \tag{4.1}$$

式中，E 为电场强度；A、B 为常数，与电流变液体和电场强度有关；$B=1\sim5$，与粒子含水量 Q 或粒子介电常数的变化有关。

电流变液的电性能与温度 T 有关，随着温度的上升，漏电流密度 J 按 Arrhenius 规律变化，即

$$J \propto E \cdot \frac{-E_a}{K_b T} \tag{4.2}$$

式中，E_a 为活化能；K_b 为玻尔兹曼常数。由式(4.2)可知，电流 J 随着粒子体积分数 φ、含水量 Q、介电常数的增加而增加，随着剪切速率 γ 的增加而减小。因此在研究增大电流变液体屈服应力的同时，从以上方面寻找新的突破或平衡得到低漏电流密度，是成功配置电流变液的关键。

4.2.3　电流变效应的机理

电流变液的特性是在不受外界电场作用时符合牛顿流体的特征，当处于电场中时，则表现出 Bingham 流体的特性，如图 4.2 所示。

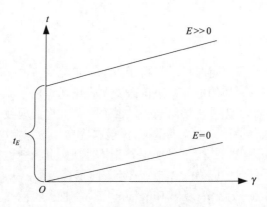

图 4.2　电流变液的剪切特性

这一过程可以描述为

$$\tau = \tau_0 + \tau_E = \mu_0 \gamma + \tau_E \tag{4.3}$$

式中，τ 为液体流动的剪切应力；τ_E 为电流变液在电场作用下电流变效应所引起的剪切应力；μ_0 为电流变液在零电场下的黏度；γ 为剪切速率。

为了解释和应用电流变效应，人们建立了理论模型来研究电流变效应的机理。对于电流变效应的机理，普遍认同的事实是由于电场作用，液体的分散颗粒间相互作用，使得液体的宏观性质产生变化。自从 Winslow 发现电流变效应以来，有关电流变效应形成机理的研究就一直没有停止过，至今仍未形成统一的理论模型。目前主流的电流变形成机理主要有以下四种。

1. 纤维理论

纤维理论(fibrillation theory)是由 Winslow 提出的，Winslow 指出：电流变液体在电场的作用下，由于固体颗粒与基础液的电导率的不同，固体颗粒被极化产生偶极矩，固体颗粒之间便产生了相互作用力。当两固体颗粒中心的连线平行于电场方向时，两颗粒相互吸引；当两固体颗粒中心的连线垂直于电场方向时，两颗粒同时受到吸引力和排斥力的作用，从而产生使颗粒沿电场方向排列的扭转力。因而在电场的作用下，极化力会使电流变流体的分散颗粒沿电场方向排列，并彼此吸引形成链状纤维结构，从而导致体系表观黏度上升。当颗粒链长至横跨电极间时，在剪切作用下，能够观察到屈服应力。而当场强增大到一定值时，粒子间的相互作用力增大到足以与外界施加的力抗衡，从而产生电流变效应。

基于纤维理论，Winslow 计算的粒子间相互静电吸引力与实际中测量的剪切力相差很大，还有人对这种纤维成形过程能在瞬间完成表示怀疑。成纤化模型只能解释一部分电流变现象，而对剪切力的突变、无机离子增强电流变效应等都无法解释。

2. 双电层理论

双电层理论(double layer theory)是 Klass 和 Matinek 为了解释水在电流变效应中所起的作用而提出来的，他们认为：分散离子因电离或离子吸附等原因而使其表面带电，通过静电力作用，带电粒子吸附附近的异性电荷，使基液中的剩余电荷趋于紧贴着带电粒子表面排列。与此同时，粒子和剩余电荷由于热运动而趋于均匀分布，从而阻碍剩余电荷紧贴着分散相粒子表面排列，形成分散层。因此在静电力和热运动的综合作用下，分散相中的带电粒子和其异性电荷达成一致平衡，形成双电层结构。在外加电场的作用下，双电层结构发生变形，相互间产生静电引力，流体流动相对没有外加电场时的流动阻力增大。

Deinega 和 Vinogadov 对双电层模型做了进一步发展，主要是考虑了电荷在双电层扩散区的传递方式。扩散双电层模型认为反离子除了受固体表面的吸引，还有向溶液中均匀分布的趋势，反离子的浓度随着与固体表面距离的增大而下降。假定粒子表面是一无限大的带均匀正电荷的平面，视反离子为点电荷，其在连续相中的分布服从玻尔兹曼能量分布定理。连续相只能影响它们的介电常数，且在一定温度下介电常数不变。运用该模型可求得球形粒子间的静电作用力，即

$$F_e = \frac{\pi n_0 R z^2 e^2}{12 K_B T} \left[\frac{48\psi_0}{\kappa} \left(\psi_0 e^{-L_0} + E_0 e^{-\kappa L_0/2} \left(\kappa L_0^2 - 8L_0 \right) \right) - E_0^3 L_0^3 \right] \tag{4.4}$$

式中，n_0 为平均离子浓度；R 为粒子半径；κ 为双电层有效厚度；L_0 为粒子间最小距离；z 为正负离子价的绝对值；K_B 是玻尔兹曼常数；T 是热力学温度；e 是电子电量；Ψ_0 为双电层表面电热。第一项实际上是双电层间的静电斥力，它阻止粒子的过度接近，防止产生聚集沉淀；第二、第三项是粒子间的静电引力，它是粒子在外电场下形成电流变效应的原因。从式(4.4)可以看出，粒子间静电作用力正比于 E，同时 F_e 正比于分散相粒子表面吸附离子价位的平方和电流变流体中的离子浓度。从式(4.4)还可看出，F_e 反比于热力学温度 T，所以电流变体的抗剪应力应该随温度升高而下降。但温度升高能使电流变体的离子活动能力增强，从而使双电层的极化加速，粒子间的静电作用力变大。这两种趋势的综合作用决定了电流变体抗剪应力与温度的关系不是简单的线性关系。当温度升至一定高度时，电流变体抗剪应力将跌落，直到电流变体被击穿。

3. 水桥理论

以 Strongroom 为代表的水桥理论(water bridge theory)认为：当无电场时，含有活动离子的水分子被吸附在多孔粒子的孔隙内，介电粒子之间不因水发生关联。在强电场的作用下，活动离子聚到粒子的一端，与相邻粒子连接成键，这就像在相邻颗粒间形成一种水桥，水分子像胶水一样把颗粒粘在一起。这种水桥表面张力的宏观作用形成了电流变流体的剪切阻力，导致电场下电流变流体的黏滞性提高。该机理定性地解释了水的含量、固体微粒的多孔性和电子结构等对电流变效应的影响。但对于后来发展起来的无水电流变体系，该理论的解释则存在一定困难。

4. 粒子极化理论

粒子极化理论认为，电流变效应来源于电流变中固体粒子的带电和诱导极化作用。粒子在高压电场作用下的带电是一个很复杂的过程，根据柯恩法则：与液体电介质接触的固体电介质中，具有较高介电常数的一方带电，带电量与介电常数的差成正比。粒子的诱导极化作用是指在高压电场作用下，电流变液中的粒子上的正负电荷分离，正电荷移向最靠近负电极一侧，负电荷移向最靠近正电荷一侧，在粒子表面形成偶极子，结果由于静电吸引相邻粒子的偶极子耦合，形成粒子链，然后粒子链聚合生成粒子柱。当粒子柱受到剪切外力作用时，粒子柱产生变形直至被拉开。但由于电荷相互作用吸引，从而产生剪切阻力。粒子极化现象可以很好地解释单组分分散相的电流变效应，实验结果与理论计算能够很好吻合。

柱状结构的屈服强度来自极化粒子间的吸引作用。极化粒子间的吸引作用可以用经过修正的电偶极子近似描述。极化粒子的电偶极距为

$$P = 4\pi\varepsilon_f r^3 \left(\frac{\varepsilon_p - \varepsilon_f}{2\varepsilon_f + \varepsilon_p} \right) E \tag{4.5}$$

式中，ε_p 为固体粒子的相对介电常数；r 为粒子的半径；ε_f 为基础液的相对介电常数。粒子间的相互作用力可表示为

$$F = \frac{3p_a p_b}{2\pi\varepsilon_0 \varepsilon_f d^4} \tag{4.6}$$

式中，ε_0 为真空中的介电常数；d 为粒子之间的中心距离；p_a 和 p_b 为极化后粒子的偶极矩。图4.3所示为电流变液体粒子极化图。马红孺等进一步完善了介电理论，从第一性原理出发，计算得到介电型电流变液剪切屈服强度的理论极限约为10kPa(场强为1kV/ mm)。而通常制备的介电型电流变液，其屈服强度一般都低于5kPa。

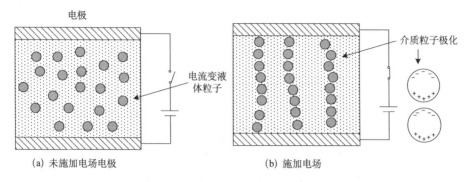

(a) 未施加电场电极   (b) 施加电场

图 4.3 电流变液体粒子极化图

长期以来，人们制备和研究的电流变液都是这类基于颗粒极化而产生的电流变效应的混合液。介电理论给出的电流变液中颗粒极化产生的作用力与实验测量结果基本相符，这类由颗粒极化作用的电流变液称为介电型传统电流变液。介电型传统电流变液的基本特征是剪切强度低，剪切应力与电场强度平方成正比。

而对于复合分散相电流变液，粒子极化理论就不再适用。近年来出现了许多高屈服强度的电流变液，这些电流变液一般是用纳米极性微粒包覆基体粒子或者基于纳米粒子复合极性分子或极性基团制成。这些电流变液的屈服强度往往很高，远高于介电模型给出的理论上限，并且屈服强度与电场强度呈线性关系，而不是传统的二次方关系，因此这类电流变液体不能用粒子极化理论来解释。本章中涉及的实验采用单组分分散相电流变液。

4.3　电流变抛光液

4.3.1　影响电流变效应的因素

电流变效应不但与产生效应的电场有关，也与电流变液的自身性质有很大关系。电流变效应依赖固体颗粒材料的极化特性，但微粒的含量与大小、极性活化剂的含量、电解质种类、温度等都对电流变效应有较大影响。

1. 电场强度对电流变效应的影响

由前面讨论的公式可知，液体剪切应力与外加电场强度平方成正比，其随着电场强度增加而增强。一般电流变液都有一个临界电流值，当所加电场强度大于该值时，液体介电微粒间相互作用趋于饱和，发生相变。在剪切测试实验中，当电场强度电压继续增加而超过某个临界值时，将发生击穿现象。

2. 电流密度对电流变效应的影响

在外加电场下，流体中有微弱电流通过，其值很小，但电流对流变性能有一定影响。电流密度 j 与场强 E 的关系为

$$j = k_i E^B \tag{4.7}$$

式中，k_i 为电流变液的电流密度系数；B 值为 $1\sim5$。随着电场强度的增大，液体在流变时电流也相应增大。大的电流对流变液体的稳定性产生危害，应进行限制。

3. 粒子体积百分率与粒子大小对电流变效应的影响

介电微粒均匀分布于基础液和添加剂中，粒子在电场内极化是发生效应的关键，介电微粒的介质电容率应该尽可能高，且在较宽温度范围内性能稳定。介电微粒在流变液体中的浓度也有一定要求。浓度大时，电流变效应相应增强，但浓度过大，在未加电场时，电流变液的黏度会出现固化现象，无法达到电流变目的；浓度过小，由于形成链状结构粒子少，液体黏度和剪切应力变化幅度不足，不具有实际应用价值，实验表明介电微粒浓度最佳范围为 $0.15\sim0.4$。

在电场中，分散粒子近似为球形处理，即为电偶极子，电荷沿电场方向分布在粒子两端。粒子直径越大，诱导偶极越大，从而通过偶极-偶极相互作用增大了粒子间的作用力，提高了电流变液的活性。但粒径过大，粒子容易沉降，电流变液稳定性下降，同时对电场的响应速度也减慢。实验表明，合适的粒径大小一般为 $0.04\sim50\mu m$。另外粒径过小，不仅技术上很难实现，而且由于布朗运动会抵消电流变效应作用力，导致电流变效应降低。

4. 添加剂对电流变效应的影响

常用的添加剂有表面活性剂和稳定剂。添加剂在电流变液中虽然含量少，但对增加电流变效应作用明显。表面活性剂增强了介电微粒与基础液间相互作用，在电场下介电微粒极化作用大大增强。稳定剂的加入可使液体中微粒与基础液之间的作用力增强，避免微粒的沉淀或絮凝，使电流变液体稳定。

5. 电流变液温度的影响

电流变液体中微粒的活动遵循布朗运动的基本规律。温度适当升高能够增强介电微粒的活性，一定程度上有利于电流变效应，但温度过高液体难以固化，电流变效应反而下降，因此电流变液的工作温度应控制在适当范围之内。

4.3.2　电流变抛光液组成分析

电流变液体主要包括单相均态的液晶和两相多组分的悬浮液，目前主要采用后者。它主要包括分散相粒子、基础液、添加剂和磨料粒子。下面对各组成部分进行简要介绍。

1. 分散相粒子

电流变液体中的固体粒子在电场作用下极化而使液体液相发生变化。因此固体粒子材料的物理性质和化学性质对电流变液的性能起着决定性的作用。在选择电流变固体粒子时一般遵循以下几个原则。

（1）粒子有足够高的相对介电常数。一般来说，介电常数越高的物质，其极化强度越高，电流变效应就应该越强，但这不是唯一的因素，有些材料具有很高的介电常数，却不一定有很强的电流变效应。

（2）粒子应该有合适的电导率。因为极化的过程有时会涉及电荷的迁移，材料的电导率对其电流变效应也有重要的作用。

（3）材料应能在足够宽的范围内保持稳定的性能。一般要求的工作温度范围在-50～150℃。

（4）适当的材料密度，粒子大小和形状。为了保证液体的稳定性，粒子材料的大小与比重最好与基础液相适应，这样可以避免沉淀过快。另外，球形粒子的性能也较为稳定。

（5）材料具有稳定的物理性能和化学性能，无毒，无腐蚀性。

常用的电流变液分散相如表 4.1 所示。

表 4.1　常用的电流变液分散相

无机物粒子	硅胶、金属氧化物、硅酸铝盐、碳酸盐、钛酸盐等
有机物	淀粉、纤维素及衍生物、高分子电解质、高分子半导体材料、液晶(LCD)高分子等
复合材料	不同性能的无机材料复合、高分子材料复合、无机与高分子复合等

2. 基础液

电流变基础液或称分散介质是承载电流变粒子的液体，对电流变的性能有重要的影响。基础液保证固体粒子在零场条件下均匀地分散在其中，使液体保持牛顿流体的特征。在电场作用下，则使粒子极化并成链，产生抗剪切屈服力，使整个液体呈现出弹性流体特性。

实践证明电流变效应主要来源于慢极化的偶极子转向极化和界面极化，其中界面极化贡献最大。用于描述两相悬浮液中极化行为的 Maxwell-Wagner 模型可以描述电流变效应的机理。根据 Maxwell-Wagner 模型，基础液的介电系数对体系的极化强度有很明显的影响，基础液的介电常数应小于分散相的介电常数，并且差值越大越好。

另外，基础液应具有较高的电阻率，较高的击穿电压，和较宽的工作温度范围，也应具有稳定的物理化学性质，无毒、无腐蚀性。

常见的电流变基础液如表 4.2 所示。

表 4.2　常见的电流变基础液

基础液(20℃)	乙基硅油	变压器油	蓖麻油	电容器油
相对介电常数 ε_f	2.3~2.6	—	4.2	2.1~2.3
黏度/(mm^2/s)	8~550	20~30	140~150	37~45
比重	0.95~1.06	—	0.95~0.97	—
电阻率/($\Omega \cdot$ cm)	<2.5×10^{13}	—	10^{13}	10^{14}~10^{15}
击穿电压/(kV/mm)	150~180	160~210	200	200~230

3. 添加剂

添加剂对改善液体性能有很明显的效果。在电流变液体中基础液和分散相不一定有很好的相容性。在电流变液体的配置中，分散相凝聚或沉淀是很常见的问题。添加剂的作用就是改善液体与分散相之间的相容性，防止凝聚与沉淀。添加剂主要包括促进电流变效应的表面活性剂，防止粒子凝聚的分散剂和防止粒子沉淀的稳定剂等。添加剂在电流变液中含量较少，一般低于 5%。

常见的电流变添加剂有：甘油、二乙胺、油酸盐、磷酸盐、低分子量的聚酰胺等。

4. 磨料粒子

在古典抛光中，常用的磨料是氧化铈和氧化铁。使用不同硬度和粒径的磨料会获得不同的工艺参数，例如去除效率和表面粗糙度等参数，在现实情况中要根据情况选择抛光粉。若利用电流变效应抛光，那么对于电流变抛光液的要求就是既具有良好的电流变效应，又具有优良的材料去除能力。

根据电流变液体配方的不同，需要选择不同的磨料材料。某些磨料例如刚玉，本身就可以作为磨料使用，同时刚玉/硅油悬浮液具有一定的电流变效应，所以刚玉、硅油悬浮液可以作为电流变抛光液来使用。

而对于另外一种较软材料(例如淀粉)配制而成的电流变液体，虽然可以产生明显的电流变效应，但是其很难直接对材料产生磨削去除。这时，就必须在尽可能保证电流变效应的前提下，向电流变液提中添加磨料，增强电流变液的去除能力。

在传统抛光中，机械刮擦去除是主要的去除机理，同时，水解效应也是一个非常重要的过程，抛光液中的水与玻璃表面的硅酸盐发生水解反应，是的玻璃表面的碱金属溶解出来形成氢氧化物，这时玻璃表面形成硅酸凝胶薄层。这层物质会被抛光粉破坏，然后内层玻璃继续发生水解效应，然后被进一步去除。

然而，在电流变抛光中，目前所用的电流变液体都是无水电流变液，理论上是没有水解效应的，则主要的去除机理仍然是机械去除，所以，硬度高的磨料应是比较合适的选择。但是，水解效应在氧化铈的去除机理中占有重要地位，而氧化铈在无水电流变液中仍能发挥优良的材料去除能力，其机理还有待研究。

4.3.3　电流变抛光液配置

在传统抛光过程中，通常利用氧化铈等抛光粉作为主要磨料。在分析抛光作用机理时，通过观察发现每平方厘米的抛光表面有 30000~100000 条几纳米到几十纳米的微痕，可见传统抛光过程基本是机械磨削过程。同时，抛光的水解化学作用在抛光过程中也是一个非常重要的过程。

鉴于抛光的主要作用模式与机理，在选择和制备电流变抛光液体时应有不同的考虑。工程上符合应用要求的电流变材料应具备如下性能：较低电场下具有较大剪切应力，零电场时剪切应力应尽可能小，使用温度范围宽，电流密度低，抗沉降性能好，无污染等。在抛光应用中要求电流变液保持上述特性。

鉴于机械磨削对抛光过程的重要作用，考虑到氧化铝微粒在二甲基硅油中有很强烈的电流变效应，同时氧化铝微粉(刚玉)也是常用的抛光微粒，实验将通过观察以二甲基硅油为基础液、单相氧化铝微粒为分散相的液体流变效应，然后在液体中按各种比率添加氧化铈微粒观测电流变液的性能变化，希望得到可用于抛光的电流变液体。

淀粉具有强烈的吸水特性，同时也有强烈的电流变效应，将利用淀粉和氧化铈逐比率混合测试流变性能。二氧化硅颗粒也具有明显的电流变效应，要加工的玻璃零件主要成分为含硅氧化物和硅酸盐等，将通过实验分析二氧化硅作为分散相的电流变液体用于抛光的可能性。

电流变抛光液体除了与普通电流变液体一样的流变性能，在剪切应力与稳定性方面有着更高的要求，只有稳定的剪切应力才能保证较稳定的材料去除函数。在其他电学与物理性能方面，通过对比分析以往数据，在选择配方时考虑优化。

以二甲基硅油为基础液，经过一些实验我们发现：氧化铝具有较为强烈的电流变效应，同时其本身也是常用的抛光材料，可以获得 kPa 级的剪切应力，并且较为稳定。组分为二氧化硅和二氧化钛的电流变液体剪切应力较小，并且击穿电压较低，流变效应较弱，因此二者都不适用于光学玻璃抛光。淀粉作为分散相的电流变液体在较低的剪切速率下便具有稳定的剪切应力，流变效应强于氧化铝。添加氧化铈以后在一定程度上提高了击穿电压。

因此，以氧化铝作为分散相，以及以淀粉和氧化铈混合物作为分散相的电流变抛光液都适用于电流变抛光。

常规电流变液主要有三部分组成：低介电常数的绝缘基础液(连续相)、具有相对较高的介电常数和较强极化能力的固体粒子(分散相)、起粒子表面活化和增加粒子悬浮稳定性的添加剂。

电流变液中的分散相粒子要求具有足够高的相对介电系数、合适的电导率和在足够宽的温度范围内的物理化学稳定性。目前已被采用的分散相粒子有：二氧化硅(SiO_2)、二氧化钛(TiO_2)、三氧化二铝(Al_2O_3)、石灰石、钛酸钡和石膏等金属化合物，以及聚丙烯酸、葡萄糖、纤维素和淀粉等有机化合物。

电流变液中的连续相要求选择低于固体粒子介电系数的基础液，并且要求具有较高的击穿电压、较高的沸点和较低的电导率。常用的基础液有矿物油(变压器油、液状石蜡)、植物油(甘油、蓖麻油)和合成油(各种硅油、十二烷甲苯、三氯联苯)等。

添加剂是电流变液的第三个组成部分，它在改善电流变液的流变性能方面有重要的作用。常见的表面活性剂有：油盐酸、山梨醇、甘油和二乙胺等。添加剂在电流变液中的含量较少，一般低于 5%。电流变液体配方如表 4.3 所示。

表 4.3　电流变液体配方示例

序号	分散相	连续相	添加剂
1	二氧化硅	矿物油或硅油、变压器油或硅油	水和甘油等
2	石灰石	矿物油或橄榄油	水
3	硅铝酸盐	硅油或烃类化合物	水、甲酰胺、甲醇和表面活性剂
4	纤维素	液状石蜡、液压油、氯甲苯或硅油	水、水化的氯化铵
5	淀粉(面粉)	矿物油、变压器油、烃油或凡士林油	水或脱水的山梨糖酸

4.3.4　电流变抛光液性能指标

理想的电流变液体，其性能应满足如下要求：①应有明显的电流变效应；②达到固化状态的电场强度越低越好；③基础液体的绝缘性越高越好或电导率越低越好；

④电流变液体的化学性能十分稳定；⑤电流变液体的基础液的比重最好能与固体粒子接近；⑥电流变液体是无毒的；⑦电流变液体易于大批量生产制造，而且价格低廉；⑧电流变液体最好是无水型的；⑨电流变液体在无电场作用时的黏度应尽量低；⑩电流变液体应无腐蚀性。从工程应用角度，人们更关心的是与工程应用紧密相关的一些性能，这些性能一般包括以下几个方面。

1. 黏度与剪切应力

黏度和剪切应力是对流体流变性能分析中主要的测量研究对象。按照黏度与剪切速率的关系可以将流体分为牛顿流体和非牛顿流体。黏度与剪切速率无关的液体为牛顿流体；黏度随着剪切速率变化而变化的液体为非牛顿型流体。另外，除了牛顿流体与非牛顿流体外还有一种塑性流体，该流体只有当剪切应力达到一定数值时才流动。电流变液体在外电场为零时，表现为牛顿流体；在外电场作用下，呈现非牛顿流体性能，其行为表现出 Bingham 特性。应用电流变效应进行抛光就是电流变液体在电场作用下产生相变后通过剪切应力对工件进行材料去除。可见电流变液体的电流变效应强弱至关重要。

2. 电学性能

电流变液体在电场作用下进行相变，电学性质是电流变液体在电场作用下与电相关方面的性能。在电流变液体研究中，漏电电流密度是通常关注的参数。电流变液体是良好的绝缘体，但在某种程度上仍然具有一定的导电能力。某些电流变液体随着电场强度的增加或者温度的升高电流会急剧增大。过大的电流导致液体发热产生能量损耗，此时电流变液体整体性质极度不稳定，当达到一定程度时还可能导致电流变液体失去工作能力，所以降低漏电流是电流变液体研究的关键技术之一。

电流变液体在高强度电场作用下发生反应，电场强度越大，电流变效应就越明显，但高电场强度会增加电流变液体电流密度，导致电流变液体击穿。所以电流变液体的耐高压能力是指电流变液体内电流小于某界定值时，电流变液体所能承受的电压值，其是工程中应用效果的重要指标。

另外，电流变液体在电场作用下，电流变效应的响应速度也是很重要的参数。在某些高频率电场作用下，或者高剪切速率外力作用下，电流变液体的响应速度是其可以在此种场合应用的关键。

3. 稳定性

目前电流变液体在使用中的性能还不够稳定，影响其稳定性的因素包括以下几个方面。

（1）粒子沉淀或与基础液产生相分离所引起的物理性能的变化。

粒子的沉淀能堵塞电流变装置的流道，严重影响电流变液体的正常工作，严重的相分离现象导致电流变液体性能的重大变化，甚至失去电流变效应。目前大量的研究工作集中于解决粒子的沉淀问题，具体方法有：尽量选择比重相近的粒子和基础液，添加具有防止粒子沉淀的添加剂，最大限度地采用直径较小的粒子和分散性良好的粒子材料，采用复合材料制成的粒子以保证其比重与基础液相适应。

（2）外界环境变化，特别如环境温度、电场强度和工作压力。

这些因素都可能诱发电流变液体产生某种化学变化，使电流变液体变质，因而影响电流变液体的性能，甚至失去电流变效应。因此要求电流变液体的粒子和基础液应有良好的化学稳定性、耐热的稳定性和长期在高电场强度工作下的稳定性。

4.3.5　电流变效应的观察

基于电流变效应的产生机理，作为分散相的粒子在电场作用下的极化现象主要起到了流变的成链作用。通过显微系统微观观测整个流变液体在电场下的变化过程，可以更加直观和真实地了解电流变的反应机理。

实验采用一台高倍显微镜，显微镜有可调的照明系统。显微镜利用 CCD 摄像头采集图像并通过 AV 端子接入电脑数据采集卡。实验采用微视 V110 图像采集卡，V110 是基于 PCI 总线，采集彩色/黑白信号的图像采集卡。支持两路复合视频输入和一路 S-Video 输入，可稳定接收来自各种视频源的标准视频信号。如图 4.4 所示。

图 4.4　电流变微观观测系统

　　电流变效应形成装置采用在载玻片上黏结间距为2mm的矩形电极，两电极连接高压电源，中间涂有要观测的电流变液。打开光学显微系统照明光源，通过采集卡自带软件在显示器上观测电流变液体里粒子运动情况，然后电极连接高压电源，观测电流变流变过程，并将采集的图像或单帧图片进行储存。如图4.5所示。

　　以淀粉作为分散相的电流变液体为例，通过电流变显微观察，可以知道淀粉是如何起到稳定作用的。

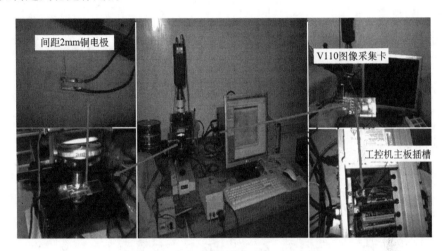

图 4.5　观测系统的电极形式及采集方法

未施加电场时氧化铈颗粒与淀粉颗粒分布图如图 4.6 所示。

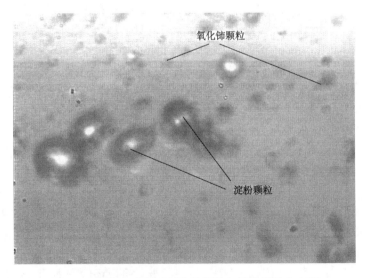

图 4.6　未施加电场时氧化铈颗粒与淀粉颗粒分布图

在电流变液体上施加 2000V 电压后，氧化铈颗粒与淀粉颗粒分布图如图 4.7 所示。

可以观测到，施加电场后，淀粉颗粒和氧化铈颗粒被电场极化，颗粒沿着电场方向排列成链。其中颗粒度较大的淀粉颗粒成为链的主体，同时粒子不断向极化链聚集，粒子链不断变强。此过程中颗粒度较小氧化铈颗粒积极参与成链，在淀粉颗粒间起到类似牵手的链接作用，缩短了成链响应时间，同时增强了粒子链强度。

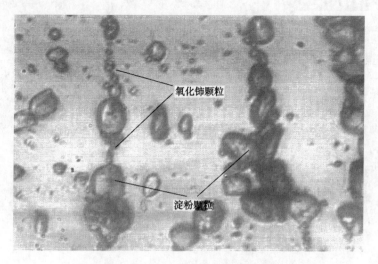

图 4.7　施加电场时氧化铈颗粒与淀粉颗粒分布图

4.4　电流变抛光模型

电流变抛光的去除机理很复杂，这是一门涉及机械加工、化学和流体力学的综合学科。到目前为止并没有非常准确的描述能够定量地模拟电流变抛光加工的行为。机械去除被认为是主要的去除方式，通过磨料在正压力的作用下，压入玻璃表面，然后在抛光工具的带动下刮擦玻璃表面，实现材料去除。虽然水解效应理论上不会发生，但是对于氧化铈这样较软的磨料来说，在硅油基础液中仍然可以达到较高的去除效率，其化学作用的存在也是不可否认的。另外，黏弹性流体相对玻璃表面的滑动也有一定的效果，由于摩擦生热使得工件表面软化，填补表面上的凹坑。

在工具头的两极加上电场，工具头区域内的电流变抛光液会发生电流变效应，分散相粒子在电场的作用下被极化，首尾相吸，沿电场线方向形成链状结构，连接阳极与阴极。磨料粒子一方面也会有一定的电流变效应，混在分散相粒子形成的粒子链中；另一方面，在电场较强或者分散相所占比重较大时，链状结构会加粗形成柱状结构甚至互相交联形成网状结构，磨料粒子就会被束缚其中。在宏观上，表现为电流变抛光液的表观黏度升高，变成黏弹性物质，在工具头的阴阳级之间形成"柔性抛光模"。在工具电极的带动下，抛光模与工件表面之间相对运动，对材料产生去除。撤去外部电场以后，分散相粒子和磨料粒子都会回到均匀分布在基础液中的状态，抛光液则表现为回到牛顿流体的状态。

电场强度越大，粒子间的吸引力就越大，结合的就越牢固，能够随着工具头运动，并且克服高速旋转带来的离心力。在抛光的过程中，粒子链条的结构会不断被破坏，但在持续稳定的电场作用下，新的结构会持续生成，保证了抛光去除的连续性，如图 4.8 所示。

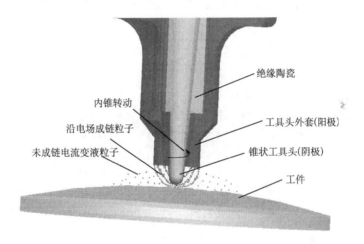

图 4.8　电流变抛光原理

电流变抛光技术是一种全新的抛光工艺，通过研究其抛光机理，结合经典材料去除理论，能够得到电流变抛光材料的去除数学模型，可为电流变抛光的进一步应用提供一定的指导作用。

工具头停留时间函数 $D(x, y)$ 可以通过设定或反卷积运算得到，而工作参数 $R(x, y)$ 中的工具头与工件间的压强与传统加工方式有较大的不同。传统抛光加工中工具头与工件间有着明确的压力施加关系，经常为定值。但在电流变抛光中，电流变抛光工具头与工件间并不接触，通过电流变液体作为接触媒介，也就没有了传统意义上的直接施压。工具头模型如图 4.9 所示。

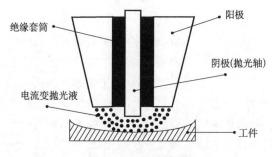

图 4.9　工具头模型

　　根据电流变抛光原理，电场作用下在工具头附近形成的电流变液体在相对运动下对工件表面的切削作用进行材料的去除，可见电流变液的剪切应力是主要作用力。剪切方式去除材料示意图如图4.10所示。

图 4.10　剪切方式去除材料示意图

　　电流变液剪切应力单位为 Pa，是单位截面内流变剪切力，添加摩擦系数后表示直接作用在工件表面的切力，去除公式修改为

$$R(x, y) = K\mu\tau S \cdot v \tag{4.8}$$

式中，K 为Preston系数；μ 为流变液与工件间摩擦系数；τ 为电流变液的剪切应力(可以直接在HAAKE流变黏度测试仪器上得到)；v 为工具头与工件间相对速度；S 为工具头附近电流变液与工件接触截面积，约等于工具头与工件间距h和工具头在电场作用下形成流变球的直径d之积。

　　此模型中力的解释也可理解为塑性流变体在挤压经过工具头与工件间微小间隙时所产生的动压力，与传统上的正压力类似。

　　根据对电流变抛光机理和材料去除机理的分析，可知影响抛光效果主要因素有如下几方面。

1）电场强度

一般认为极化力高于布朗力时的场强，是产生电流变效应的临界值，可表示为

$$E_s = \sqrt{3KT / (2\beta^2 r^6 n\varepsilon_0 \varepsilon_f)} \tag{4.9}$$

式中，$n = 3\phi / 4\pi r^3$ 为粒子密度；r 为粒子颗粒半径；$\beta = (\varepsilon_p - \varepsilon_f)/(\varepsilon_p + 2\varepsilon_f)$ 为液体介电失配系数；ε_0 为真空介电常数；ε_f 为基础液的相对介电常数；ε_p 为分散相相对介电常数；$\phi = V_p / (V_p + V_f)$ 为固体粒子的体积分数；K 为玻耳兹曼常数；T 为基础液热力学温度。当外加电场强度 $E < E_0$ 时，不会发生电流变效应。只有在施加外加电场 $E > E_0$ 时，即施加的电场强度要大于发生电流变效应的临界值时，电流变抛光液才会发生电流变效应，且剪切屈服应力与电场强度 E 的平方成正比。继续增大外加电场强度，电流变抛光液的黏度也随着明显增大。当外加电场强度 E 大于某一临界电场值 E_1 时，使电流变抛光液中的未成链的粒子继续成链，同时使已成链的链更稳定，液体的黏度会随电场强度的增大而增大。当外加电场强度 E 继续增大，大于某一临界电场值 E_2 时，液体会被击穿。由此可知，电场强度的增大有助于产生明显的电流变效应，但电场强度的增大不能是无限的，而是需要有一定限制的，否则会使电流变液发生击穿现象，无法进行抛光加工。以上分析说明电场强度是对电流变效应起支配作用的因素，即电场强度是影响抛光效果的主要工艺参数。在实际条件下，通过对电压的控制来控制电场强度，因此后文只提及外加电压对抛光效果的影响。

2）电流变抛光液

电流变抛光液主要组成有：连续相（也称基础液）、分散相、抛光磨料、添加剂等。电流变抛光液是直接与工件发生相互作用的媒介物质，是对工件表面进行材料去除的磨头，因此其性能对工件的加工效果有着至关重要的影响。为了有较合适的临界值，对分散相和基础液的介电常数，以及分散相粒子的大小和密度都有一定的要求。为得到较强的电流变效应，应该使电偶极距较大，也就是要求基础液的介电常数应远小于固体粒子的介电常数。除此之外，为保证电流变效应更强，对分散相和基础液的物理化学性质还有一些要求。抛光磨料的添加是为了更有效地进行抛光加工，因此要保证磨料的添加不会使电流变效应有明显的变弱。通过改变磨料的比例来寻找最佳的配比。添加剂的作用是改善抛光液的性能，使之更有效地进行抛光加工。

3）抛光时间

抛光时间对于各种抛光方法来说都是重要的参数，其中对抛光驻留时间的研究更有意义。对于传统抛光方法，工件表面材料的去除量会随着抛光时间的增加而增大，即被加工工件的材料去除量与抛光时间呈线性正比关系，而工件表面的粗糙度值未必会随着时间的增加而一直减小，对于每种抛光技术都会有一定的加

工极限。也就是在一定的抛光时间范围内，粗糙度值会随着抛光时间的增加而减小；而当粗糙度值下降到某一临界值附近时，就不再随着抛光时间的增加而有明显的减小，或者不会减小反而变大。研究抛光时间可以对材料的去除量进行精确地控制，进而可进行定点精确抛光。分析抛光时间对工件表面的影响，防止抛光时间过长对工件表面的破坏，以及抛光时间不够而不能获得较低的粗糙度值。因此，控制好抛光时间可获得较好的抛光效果，节约不必要的时间，提高抛光效率。从电流变抛光的机理来看，抛光时间对抛光效果的影响与传统抛光相比，影响的程度或范围是不同的。

4）工具头转速

工具头电极的旋转带动电流变液的旋转，使发生电流变效应的电流变液与工件有接触并相对运动，由此使电流变液与工件表面有剪切去除作用，完成对工件表面的抛光加工。根据电流变抛光机理和去除模型可知，理论上增大工具头的转速会增大去除率，但在实际中要考虑工具头在旋转时产生的离心力对电流变液的影响。当增大工具头转速时，意味着旋转过程中的离心力也增大了。虽然电流变液在外加电场作用下，会发生电流变效应聚集在工具头电极附近的现象。但工具头转速过大时，如果产生的离心力足够大，那么会把电流变液甩离工具头电极，因为这时的离心力大于电流变液粒子间的吸引力，使粒子链断裂，导致聚集在工具头电极附近的电流变液减少甚至完全被甩掉。此时与工件表面接触的液体减少甚至没有，导致材料的去除率降低，影响电流变抛光效率。在实验中既要研究速率增大时，对抛光效果的影响；又要注意转速的上限，避免降低抛光效率。如果想要工具头实现高速旋转，就要使电流变液的电流变效应加强，增大粒子间的吸引作用，使其大于离心力，这样就不会导致电流变液被甩离工具头电极影响抛光效率。而要使电流变效应更强，可通过增大电场强度和改善电流变液来实现，这又改变了其他的抛光参数。由此可知增大转速时，要改变其他抛光参数使之相配合。

5）加工间距

加工间距即抛光时工具头电极最低端与被加工工件表面之间的距离。工具头附近分布着电场，当工具电极与工件距离减小时，设工件没有发生相对运动，工件表面处的电场强度会增大，在工件表面的电流变液发生的电流变效应越强；同时电流变液对被加工工件的压力增大，对被加工工件表面剪切力增大，根据Preston方程可知，材料的去除率会增大。但抛光间距不能太小，首先从抛光效率上讲，间距过小会破坏更多的电流变液的粒子链，聚集在工具电极附近的电流变液变少；同时参与抛光的磨料也减少了，参与流动的电流变液也会变少，因此会使抛光效率降低。另外抛光间距过小时，工具电极附近具有较强的电场强度，此处的电流变液硬度会很大，不利于改善被加工工件表面的粗糙度。

影响电流变抛光效果的因素是多种多样的，并且各因素间通常有些联系，共同影响抛光效果。以上几种因素都是比较重要的因素，还有一些其他的因素，例如温度、湿度等，但它们的影响并不显著，在实际加工过程中应尽量保持温度、湿度的稳定。

4.5 装置设计与分析

日本学者 Kuriyagawa 将电流变技术引用到抛光领域，之后，国内外多个科研单位开发了新型抛光装置。一般来说，电场的施加方式通过辅助电极来实现，即在抛光位置的外部根据工件的情况加工辅助电极，如图 4.11 所示，这样的方式有以下几个不足之处。

（1）去除率不稳定。工具主轴在不同的位置上，周边场强分布不同。当工具轴处于中心位置时，周边电场强度最弱，但是最均匀；当工具轴靠近工具边缘时，电场较强，但是不均匀。

（2）当工件较大时，辅助电极相应距离工具轴越远。在施加同等电压的条件下，加工区域内场强变小，去除效率变低。

（3）根据不同的工件，需要特别定制符合工件形状的辅助电极，极大地增加了工作人员的工作量；辅助电极的重复利用性也不好，增加了资源的消耗。

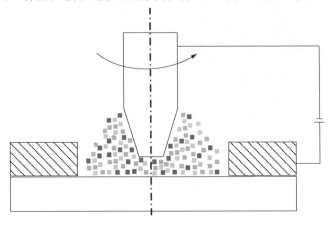

图 4.11 电流变抛光示意图

阴阳极分体式（需要辅助电极）电流变抛光装置有很多的不便之处，针对该问题，本节介绍了三种自主研发的集成电机抛光装置：探针式集成电机抛光装置，平行平板式抛光装置和轮式抛光装置。其他科研机构也开发了数种新型抛光装置，这里不再一一介绍。

4.5.1　探针状集成电极抛光装置

探针状抛光工具是一种点接触式抛光工具，如图 4.12 所示。在抛光轴尖端，阴阳极距离很近，在加工区域内可保持较高的电场强度。同时阴阳极都安装于工具装置上，因此其加工能力不受工件大小与加工位置的限制。该装置具有结构精巧，集成度高，使用灵活等特点。

该装置主要包括位移模块(包括支架、导轨、丝杠)与抛光模块(主要由连接杆、阴极抛光头、锥状阳极、绝缘套、底盘)。抛光轴通过联轴器与电机主轴固定，在电机的带动下旋转；阳极锥套通过支架结构固定在装置上。抛光轴穿过阳极锥套，并用隔离套筒隔离。抛光装置整体安装在竖直运动机构上，可在电机的带动下上下调节加工距离。在加工时，阳极套筒接电源阳极，抛光轴作为阴极接地。在抛光轴与阳极套筒间的微小区域内会产生较强的电场，电流变抛光液附着在抛光轴顶端，由电机带动进行旋转抛光，如图 4.12 所示。

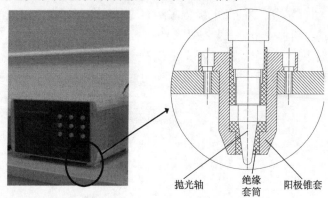

抛光轴　　　绝缘　　　阳极锥套
　　　　　　套筒

图 4.12　探针状集成电极抛光工具

根据电流变抛光装置结构模型，在抛光轴与阳极锥套两端施加直流高压时，两端构成环形电场，电力线呈辐射状分布，如图 4.13 所示，电流变液中分散颗粒聚集于抛光轴锥状尖端并沿电力线分布。

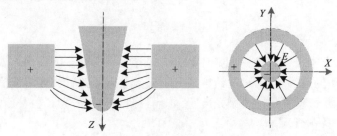

图 4.13　工具头电力线分布

根据粒子极化后的静电作用与布朗运动间的关系，抛光液发生电流变效应的临界电场公式可表示为

$$E_s = \sqrt{3KT / (2\beta^2 r^6 n\varepsilon_0\varepsilon_f)} \tag{4.10}$$

式中，$n = 3\phi / 4\pi r^3$ 为粒子密度；r 为粒子颗粒半径；$\beta = (\varepsilon_p - \varepsilon_f) / (\varepsilon_p + 2\varepsilon_f)$，为液体介电失配系数；$\varepsilon_0$ 为真空介电常数；ε_f 为基础液的相对介电常数；ε_p 为分散相相对介电常数；$\phi = V_p / (V_p + V_f)$ 为固体粒子的体积分数；K 为玻尔兹曼常数；T 为基础液热力学温度。

选用的材料参数：液硅油的相对介电常数为 2.7，分散相 Fe_3O_4 的介电常数为 16.2，颗粒直径为 10μm，体积分数为 0.4，$\varepsilon_0 = 8.85 \times 10^{-12}$ F/m，基础液温度为 293K，玻尔兹曼常数 $K = 1.38 \times 10^{-23}$ J/K，代入式(4.10)，得到电流变效应的临界值 $E_s = 4.2 \times 10^3$ V/m。

电流变工具头如图4.14所示，与阳极抛光底面平行的抛光轴直径为1.4mm，抛光轴与锥套间的距离为1mm，抛光轴尖端伸出长度为2mm，由于装置结构具有轴对称性，采用二维模型代替。具体参数设计如表4.4所示。

表 4.4　有限元仿真参数

材料	不锈钢 0Cr18Ni9	材料电阻率	9.7×10^{-8} Ω·m
空气电阻率	10^6 Ω·m	施加电压	3000V
单元类型	具有中心对称性的 67 电场分析单元和远场 110 单元相结合		

分析结果表明抛光轴边缘区域的电场强度最高，最大的电场强度 E_{max} 为 4.27×10^6 V/m，抛光轴尖端的电场强度 E_T 为 4×10^6 V/m，远大于产生电流变效应的临界值，电场发生装置设计合理。

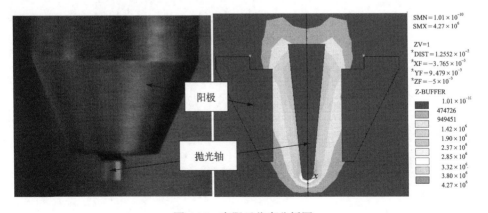

图 4.14　有限元仿真分析图

4.5.2　平行平板电流变抛光装置

平行平板电流变抛光装置是一种新型电流变抛光装置，可满足对多种工件抛光的需求。图4.15为实验装置整体结构图和实物图，该抛光装置具有五自由度，其中，被加工工件可进行 X 轴、Y 轴方向和旋转运动，而抛光工具头可进行 Z 轴运动和自身的高速旋转运动。这种多自由度运动方式可由计算机精确控制联动，对平面、球面和非球面等工件进行加工。实验装置主要包括三大部分：机床（工具头）、高压直流电源和计算机。

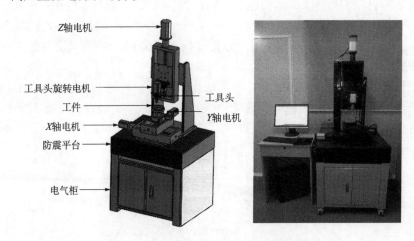

图 4.15　五轴联动电场致流变抛光装置

图 4.16 所示为抛光工具头的整体结构图，其主要组成部分有：电机、转接架、联轴器、导电环、碳刷、碳刷架、绝缘杆、导线、铜片、绝缘垫等。工具极板与集电环通过联轴器与电机连接，可由电机带动旋转。正极板通过导线与集电环接线柱连接，再经过碳刷连接高压直流电源。负极板通过金属零件与工具支架连接，工具支架接地。正极板与负极板之间用绝缘材料隔离。

硅油作为基础液，淀粉作为分散相。根据实验已知量，$\varepsilon_0 = 8.85 \times 10^{-12} \mathrm{F/m}$，$K = 1.38 \times 10^{-23} \mathrm{J/K}$，$T$=293.16K，淀粉介电常数 ε_p =5，粒子直径为5～40μm，n=0.375，可求得发生电流变效应的电场强度临界值为6.1132×10³V/m。在设计电流变工具头时，必须要考虑工具头附近可产生的电场强度，这是决定工具头性能的重要指标。

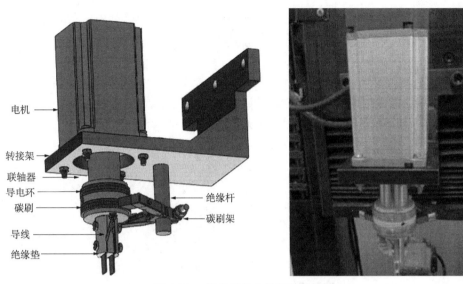

图 4.16　　抛光工具头的整体结构图

　　电场分布在ANSYS中进行分析。根据实际需要，只分析置露在空气两极板间的电场，单元类型选择了**3D Brick 122**，施加**3000V**电压，仿真实际电极板附近的电场强度。图4.17(b)是平行平板电极的电场分析，由电场强度图可知，最大电场强度在极板尖端，约为7.36×10^5V/m；极板间电场强度接近理论值$E=U/d$，为$5.73\times10^5\sim6.54\times10^5$V/m；在距极板下端5mm处，电场强度大于$1.63\times10^5$V/m；在距极板下端8mm处，电场强度大于$8.18\times10^4$V/m，此处仍可以发生电流变效应。

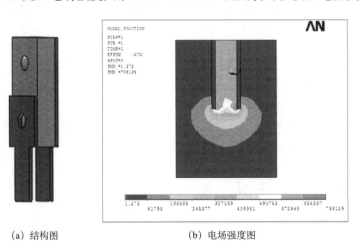

　(a) 结构图　　　　　　　　　　　　(b) 电场强度图

图 4.17　平行平板电极结构图与电场分析

4.6　工　艺　研　究

本书针对两个参数进行了实验研究,即电源电压和操作距离。配置的电流变抛光液由 47.62% 的淀粉、47.62% 的硅油和 4.76% 的氧化铈组成。使用探针式抛光工具进行试验。工具头转速设定为 1500rpm,抛光时间为 30min,探针垂直与 K9 玻璃工件进行实验。针对探针状电流变抛光工具,采用外环加正电压、中心探针加负电压的电场施加方案,正负极间距可以通过探针状负极的升降来调节。配置直流电源供电系统,电压在 0～10000V 可调,结合电极间距的改变,电场电压可达到 4000V/mm,满足目前电流变液要求的电场强度。

电源电压设定为 2000V,操作距离在 0.5～0.8mm 范围内可调。图 4.18 是抛光前后的对比图,可以看到电流变抛光方法对工件表面面型有平滑的作用,降低了 PV 值。当操作距离降低时,抛光后最终的 PV 值降低,抛光前后的 PV 差增大。这是因为当操作距离较近时,抛光区域内的场强更大,使柔性抛光模的黏度更大,形成更明显地去除。

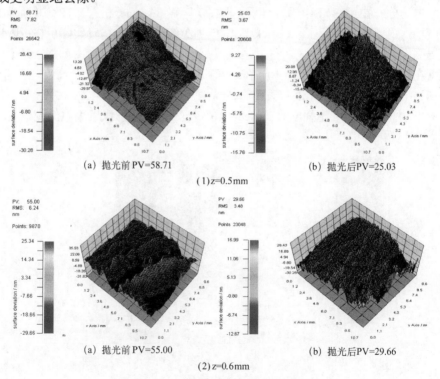

(a) 抛光前 PV=58.71　　　　　　　　(b) 抛光后 PV=25.03

(1) z=0.5mm

(a) 抛光前 PV=55.00　　　　　　　　(b) 抛光后 PV=29.66

(2) z=0.6mm

图 4.18　抛光前后面型检测图

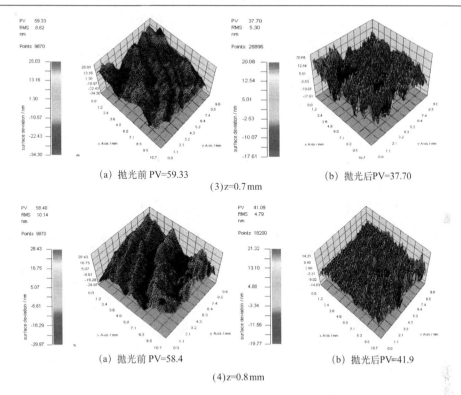

(a) 抛光前 PV=59.33　　　　　　　(b) 抛光后PV=37.70

(3)z=0.7mm

(a) 抛光前 PV=58.4　　　　　　　(b) 抛光后PV=41.9

(4)z=0.8mm

图 4.18　抛光前后面型检测图(续)

表 4.5 是抛光前后 RMS 值的变化情况。可以看到，除了在 0.8mm 的操作距离上，RMS 值的变化率是单调递减的，在操作距离为 0.5～0.7mm 的范围内，去除量越大，带来的 RMS 值越大。而对于 0.8mm 下的试验情况，可能是因为这片区域内有很多较深的沟壑，较少的去除量就可以带来很好的效果。

表 4.5　RMS 值随操作距离的变化

抛光距离/mm	抛光前 RMS/nm	抛光后 RMS/nm	变化量/nm	变化率/%
0.5	7.82	3.67	4.15	53.07
0.6	6.24	3.48	2.76	44.23
0.7	8.62	5.30	3.32	38.52
0.8	10.14	4.79	5.35	52.76

在实验中，操作距离固定在 0.5mm，电源电压在 1500～3000V 范围内可调。图 4.19 为不同电压下抛光前后粗糙度 Ra 值的变化。除了电压为 2000V 时的情况下，原始表面的 Ra 值在 4.1～8.5nm 之间，抛光后的 Ra 值在 2.5～2.8nm 之间。

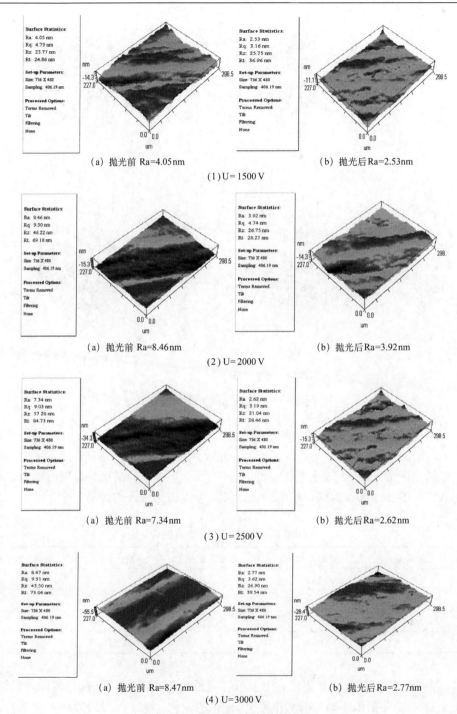

(a) 抛光前 Ra=4.05nm　　　　　　　(b) 抛光后Ra=2.53nm

(1) U=1500 V

(a) 抛光前 Ra=8.46nm　　　　　　　(b) 抛光后Ra=3.92nm

(2) U=2000 V

(a) 抛光前 Ra=7.34nm　　　　　　　(b) 抛光后Ra=2.62nm

(3) U=2500 V

(a) 抛光前 Ra=8.47nm　　　　　　　(b) 抛光后Ra=2.77nm

(4) U=3000 V

图 4.19　抛光前后粗糙度的变化

这样的实验结果表明电源电压对最终的 Ra 值没有显著影响。

表 4.6 表明电源电压对于 Ra 值的变化率有较大影响。在电源电压较小时，Ra 值的变化效果较为明显。电流变抛光液中磨料颗粒的存在对于材料去除和 Ra 减小时起着很重要的作用。去除的速率依赖于磨料颗粒的数量以及其与表面接触的情况。电压较大时，磨料颗粒与分散相颗粒聚集的更稳定，去除量较高。

在传统的抛光中，表面粗糙度主要依赖于磨料颗粒的大小，抛光工具的影响较小。在本实验中，最终的 Ra 值没有随电源电压发生显著地变化。这是合理的，因为在所有试验中采用相同类型的磨料。尽管电源电压影响抛光模的黏度，然而，磨料颗粒压入表面的深度并不是影响 Ra 值的主要因素。

表 4.6　　Ra 值相对电源电压的变化

电源电压/V	抛光前 Ra/nm	抛光后 Ra/nm	变化量/nm	变化率/%
1500	4.05	2.53	1.52	37.53
2000	8.46	3.92	4.54	53.66
2500	7.34	2.62	4.72	64.31
3000	8.47	2.77	5.70	67.30

4.7　小　　结

本章介绍了电流变技术，阐述了作者所在实验室在电流变抛光领域的研究成果，主要包括：电流变液的配置；电流变抛光的理论模型研究；电流变抛光设备的设计；电流变抛光工艺的研究。

电流变技术在工程上具有广阔的应用前景、潜在的经济效益和社会效益。电流变抛光技术是电流变技术的具体应用，目前主要用于非球面透镜及其硬质合金模具的表面处理。但这种方法目前仅处于实验抛光阶段，并没有大规模推广运用。影响电流变抛光技术的主要因素是电场强度和电流变液体的性能，还有磨料浓度、刀具的转速、加工时间和工具电极与工件之间的间隙等。实验中往往采用一种性能良好的电流变液，在加工过程中工具电极与工件表面保持几个到几十个微米的微小间隙。

利用电流变技术进行抛光是对传统抛光技术的革新，国内外仍处于探索阶段，在学术上具有创新性，在现实应用中具有先进性。相比于磁流变抛光技术的成功应用，电流变抛光技术在改进场效应控制与工具头设计等方面更具优势，必将对光学加工产业产生深远影响。

参 考 文 献

陈宏, 陈默轩. 1999. 电流变效应的研究及应用前景[J]. 工科物理, 9(1):26-28.

龚烈航, 崔占山. 2002. 电流变液机理及其研究现状[J]. 润滑与密封, 1:66-71.

黄长水, 黄云云, 刘康林. 2004. 电流变技术及其应用前景[J]. 福建化工, 4:42-43.

李慧. 2012. 电场致流变抛光技术的研究[D]. 北京:北京理工大学.

李小阳, 杜彦良. 2006. 电流变液研究及在交通工程中的应用[J]. 国防交通工程与技术, 4:5-9.

刘程权. 2009. 电流变抛光技术研究[D]. 北京:北京理工大学.

柳文杰. 2006. 电流变抛光光学玻璃的研究[D]. 长春:吉林大学.

路阳, 王学昭, 王风平, 等. 2009. 电流变液研究新进展[J]. 材料导报, 23:6-8.

孟国营, 方佳雨. 1997. 电流变的发展与回顾[J]. 焦作工学院学报, 16:47-51.

魏宸官. 1989. 关于电流变技术及其在工程中应用的展望[J]. 北京理工大学学报, 9(3):14-19.

吴庆, 赵斌元. 2002. 电流变效应-机理及模型[J]. 材料导报, 16(12):1-3.

赵云伟. 2007. 电流变抛光硬质合金模具理论与实验研究[D]. 长春:吉林大学.

Akagami Y, Umehara N. 2006. Development of electrically controlled polishing with dispersion type ER fluid under AC electric field[J]. Wear, 260(3):345-350.

Choi C S, Park S J. 2007. Carbon nanotube/polyaniline nano composites and their electrorheological characteristics under an applied elect ric field[J]. Current Applied Physics, 7:352-355.

Gong X Q, Wu J B, Huang X X, et al. 2008. Influence of liquid phased on nanoparticle-based giant electrorheological fluid[J]. Nanotechnology, 19:1.

Kim W B, Lee S J, Kim Y J. 2003. The electromechanical principle of electrorheological fluid - assisted polishing[J]. International Journal of Machine Tools and Manufacture, 43(1):81-88.

Kim W B, Min B K, Lee S J. 2004. Development of a padless ultraprecision polishing method using electrorheological fluid[J]. Journal of Materials Processing Technology, 156:1293-1299.

Lass D L, Martinek T W. 1967. Electrorheological fluid rheological properties[J]. Journal of Applied Physics, 38(1):67.

Lee H J, Chin B Doo. 1998. Surfactant effect on the stability and electrorheological properties of polyaniline particle suspension[J]. Journal of Colloid and Interface Science, 206:424-438.

Lu K Q, Shen R, Wang X Z, et al. 2005. The electrorheological fluids with high yield stress[J]. International Journal of Modern Physics B, 19:1065.

Stangroom J E. 1991. Basic considerations in flowing electrorheological fluids[J]. Journal of Statical Physics, 64(5):1059-1072.

Tanaka T. 2007. A study of basic characteristics of polishing using particle - type electro - rheological fluid[J]. Key Engineering Materials, 329:201-206.

Wang X Z, Shen R, Wen W J, et al. 2005. High performance calcium titanate nanoparticles ER fluids[J]. International Journal of Modern Physics B, 19:1110-1113.

Wen W J, Huang X X, Yang S H, et al. 2003. The giantelect rorheological effect in suspensions of anoparticles [J]. Nature Mater, 2:727-730.

Zhang S B, Winter W T. 2005. Water activated cellu-lose-based electrorheological fluids[J]. Cellulose, 12:135-136.

Zhang Y L, Lu K Q, Rao G H, et al. 2002. Electrorheological fluid with an extraordinarily high yield stress [J]. Applied Physics Letters, 80(5):888-890.

Zhang Y L, Ma Y, Lan Y C, et al. 1998. The electrorheological behavior of complex strontium titanate suspensions [J]. Applied Physics Letters, 73:1326-1328.

第5章　气射流抛光

5.1　概　　述

微细加工技术发展迅速，并被广泛地应用于各种不同的领域，例如，用于微小机电系统、光电子和光学元件，以及医疗器械等的微细零件的加工。磨料气射流加工(Abrasive Jet Machining，AJM)技术以其独特的优势在微细加工领域占有重要的地位。这项技术是20世纪50年代初在美国得到应用，目前已普遍用于相对粗糙零件的表面抛光、去毛刺和清洁。磨料气射流加工是在喷砂喷丸加工工艺基础上发展起来的，利用磨料与空气或其他气体混合而成的高速喷射流，通过专门设计的喷嘴射向工件，依靠磨料的高速冲击而实现对工件表面材料去除和修整加工的一种方法。磨料气射流加工与喷砂加工有很多相似之处，但也有根本区别，如表5.1所示。

表5.1　磨料气射流加工与喷砂加工的区别

区别	喷砂加工	磨料气射流加工
主要用途	没有精度要求的粗加工	尺寸精度达到0.01μm的精加工
使用磨粒	比较粗，磨粒均匀性没有严格要求	加工使用4～50μm直径的均匀微细磨料
所用喷嘴	较大直径的喷嘴(一般大于3mm)	能使磨料聚焦到较小的加工点，喷嘴孔径可达0.1mm

磨料气射流加工特别适合于高脆性非金属材料和高硬度金属材料的局部加工，如对玻璃、硅、锗和陶瓷等材料上的窄槽等结构形状的局部加工特别有效。其加工精度达到十微米级，该精度介于微米级的磨削、蚀刻和百微米级的切削、放电加工之间。其对脆性材料具有高效率加工性能和对复杂形状结构的加工优势是磨削、蚀刻和放电加工等工艺方法所不能及的，但会在加工出的孔和槽壁上存在一定锥度，并在已加工的工件表面残留少量磨料。另外，对于弹性材料如橡胶、塑料等难切削金属效果不佳。

印度工学院机械系Balasubramniam通过研究磨料粒度、混合比例、靶距和样品厚度等因素，分析了磨料气射流加工应用于表面去毛刺时产生的边缘圆角半径及其半径变化。结果表明，在磨料气射流加工表面存在形如钟口的边缘半径，如

图 5.1 所示，靶距(喷嘴到工件的距离)是产生边缘半径的最重要因素，喷嘴直径和靶距又同时影响入口端边缘半径的大小，而喷嘴直径又是影响出口端边缘半径大小的主要原因。如图 5.2 所示。

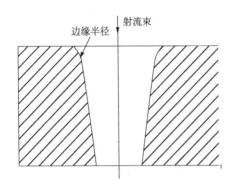

图 5.1　磨料喷射孔加工截面图

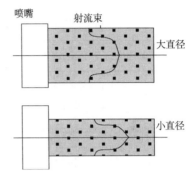

图 5.2　不同喷嘴直径时的射流速度分布

　　Gulden等发现氮化硅被硅粒子(相对较软)冲击后，并不会产生横向裂纹，而使用硬粒子冲击后则会产生横向裂纹，这种差异可能是由于软粒子不会在靶材表面发生弹性流动，并且材料的流失仅是没有二次变形的薄片机制造成的，这就使得材料冲蚀率较低，从而不会产生横向裂纹。Shipway等发现材料的冲蚀速率随着磨料粒子与材料表面硬度比(H_p/H_t)的增加而增加，当磨料粒子与材料表面硬度比小于 1 并减小时，材料冲蚀率迅速降低。软粒子冲蚀是薄片机制作用的结果，而硬粒子冲蚀主要是弹塑性压痕机理所致。

　　许多学者对磨料气射流在加工聚合物材料方面的应用进行了研究。Zahavi指出石英聚酰胺、环氧树脂玻璃和石英聚丁二烯的最大冲蚀率出现在冲蚀角为75°～90°时。Brandstadter等用不同粒度的氧化铝磨料冲蚀双马来酰亚胺树脂时发现材料冲蚀去除率是磨料尺寸的一个函数，并且材料去除机理是脆性裂纹。Getu等研究了用气射流加工有机玻璃的冲蚀率，发现当冲蚀角度为 25° 时，如图 5.3所示，材料的冲蚀率达到最大，有机玻璃的冲蚀机理是塑性冲蚀机理，并根据所得的冲蚀率数据对脆性有机玻璃表面轮廓分布的预测模型进行修正。Walley研究了聚丙烯的冲蚀机理，发现在不同的冲蚀条件下，聚丙烯的冲蚀机理是不同的，在小冲蚀角度和较大的冲蚀速度下，聚丙烯同时出现了脆性断裂和塑性挤压两种冲蚀情况。一般来说，热塑性塑料在冲蚀中更多地表现为塑性冲蚀，而热固性塑料更多地表现为脆性冲蚀。

　　许多学者研究了磨料气射流在改善 EDM(Electrical Discharge Machined)粗加工表面方面的应用，研究发现用磨料气射流可以去除 EDM 粗加工形成的表面破坏层，而形成一个新的残余压应力表面层，使工件表面粗糙度大大降低。Qu 做了用微磨料射流改善 EDM 粗加工的 WC-Co 工件表面的研究，使其平均表面粗糙度 Ra 从 1.3μm 降到 0.7μm。

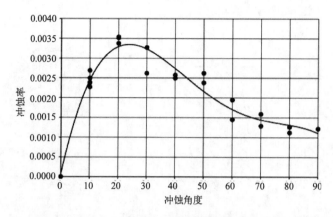

图 5.3　冲蚀角度与冲蚀率的关系

国际上只有少数企业研制开发了微型喷射加工设备。德国 Little Things Factory 研制了制造微器件的设备，日本的名古屋 Sintobrator Pty Ltd 公司的 Moriyasu Izawa 开发部研制的 MB1 型和 MB2 型微磨料喷砂机代表着目前世界最高水平，其生产效率高，可加工复杂图案，能生成三维造型，加工精度达到了线宽为 20μm（±5μm）、孔径为 30μm（±5μm），薄片厚度大约为 10μm，表面粗糙度 Ra 为 0.02μm。美国 COMCO INC 公司生产的小型手提式微磨料喷砂机，可用于牙齿清洁和普通微细加工，在此方面日本东北大学也进行了类似的研究。日本的 Nikon 公司已经商业化了几种不同类型的微磨料空气射流加工系统，主要用于在不同的材料上蚀刻和印刷，印刷时的分辨率可达 80dpi。

与传统的加工方法相比，磨料喷射加工的不同在于磨料非常细小，加工过程中的参数和切削过程均可以精确控制。磨料喷射加工具有适用性和通用性好、结构简单、成本低、加工过程不产生热损伤，加工表面的表面粗糙度均匀等优点，被广泛应用于航空、机械、电子、纺织、兵器、轻工、医疗器械、模具、工艺品、玻璃装饰和陶瓷等方面。主要应用领域包括以下几个方面。

（1）表面清除加工。金属氧化层或热处理后黑皮、表面细孔、金属或非金属表面污锈清除，陶瓷表面黑点和着色去除或彩绘再生，橡胶模和重力压铸模氧化层、残渣或脱模剂去除。

（2）表面美化加工。各种金属制品装饰加工和电镀品消光及柔光雾面处理，以及非金属制品如玻璃、水晶玻璃等表面雾化处理。

（3）前处理加工。电镀、喷漆、金属喷焊和镀钛等前处理及增加表面附着力。

（4）刻蚀加工。贵金属饰品、宝石、玻璃、石材、石头印章、陶瓷和木材等表面修饰处理。

（5）医疗航空器械的清洁消毒和航空零件的应力消除。

（6）电子零件加工。电子线路板去毛刺，硅晶片刻蚀加工，陶瓷电热材料清洁等。

（7）模具加工。导电橡胶模、轮胎模和电子产品模具的清洁和雾面处理。近年来，磨料气射流加工已经在脆性材料的局部切除和三维结构成形等领域得到较好的应用，用磨料气射流加工可以很容易地在单晶硅片上加工出窄槽和小孔，高效率地加工薄而脆的材料，并且在工件切口处不产生微小裂痕。用磨料气射流可以容易地在玻璃镜片和光学镜头上雕刻代码，在大面积平面玻璃显示屏上经济地加工出每平方米近百万个毫米尺寸的小孔。

除此之外，磨料气射流加工应用于微机电系统构件的加工可以生产出数毫米大小的应用于电泳和惯量传感器(inertial sensors)中的玻璃微芯片装置，以及惯量传感器微构件等。用磨料气射流微细加工方法加工惯量传感器构件，可以达到50μm 以下线宽，蚀刻率为 11mm/min。

5.2　基　本　原　理

1. 加工原理

磨料空气喷射加工通过一定压力(2～13MPa)的气体(空气、氮气或二氧化碳)和磨料粉末(直径 10～50μm)混合后从直径为 0.1～1.2mm 的喷嘴小孔中高速喷出，利用磨料的冲击破坏作用去除工件上的材料。一般使用刚玉或碳化硅磨料，有时还使用玻璃小珠(用于表面抛光)和碳酸氢钠(用于表面清理)。喷嘴孔材料采用硬质合金或蓝宝石。喷嘴一般做成笔杆手柄式，以便于手工操作，也可将喷嘴安装在夹具上，采用样板导向、缩放仪导向或其他控制装置进行自动化大批生产。

由于介质气流在加工过程中相当于冷却液的作用，属于冷切削，所以工件不会产生热损伤，不影响和改变热敏合金特性。在加工过程中，工件表面不产生加工应力和热损伤；磨料喷射加工后的表面有散乱的纹理，表面粗糙度Ra为 0.15～1.6μm；为防止在加工表面形成弯月形洼坑，喷嘴必须不停地运动；磨料喷射用磨料粉末应行细分级筛选，以保证形成合适的射流；压缩气体不能用氧气替代，因为氧气与工件碎屑或磨料相混合时可能发生强烈的化学反应，此外，压缩气体要经过过滤和干燥以去除油和水分，喷射加工要在防尘罩内或在吸力足够的吸尘器附近进行。

图 5.4 所示为磨料喷射加工示意图。有时在混料室增加振动器以促进磨料的均匀流动，具有较高硬度的喷嘴以一定的角度直接靠近工件，加工区需要有吸力

足够的集尘装置作用。磨料的类型尺寸、气流压力、磨料的速度、喷嘴相对工件的倾斜角度和距离，以及喷射的时间等参数，决定了磨料喷射加工过程的材料去除率和加工效果。

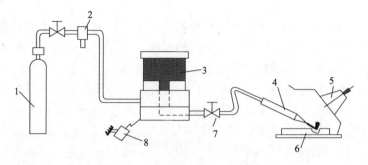

图 5.4　磨料喷射加工示意图

1—压缩气瓶；2—压力调节器；3—混料室；4—喷嘴；5—吸尘器；6—工件；7—阀门；8—振动器

1）磨料喷射加工过程

磨料空气喷射加工是以混有微细磨料的高速混合气体对工件进行加工，磨料冲击工件时，形如圆锥、棱锥的磨料就像细小的刀刃一样对工件起冲击和切削作用。如图 5.5 所示。

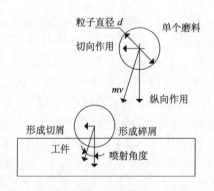

图 5.5　切削模型

磨料和工件在接触过程中会产生塑性变形和弹性变形，能量转换过程的数学描述为

$$\sum_{i=1}^{n} \frac{1}{2} m_i V_i^2 = \frac{1}{2} M \bar{V}^2 = Q_e + Q_p + Q_{ct} + Q_{ck} \tag{5.1}$$

式中，n 为冲击工件磨粒的数量；m_i 为单颗磨料的质量；M 为冲击工件磨粒的总质量；V_i 为单个磨粒对工件的冲击速度；$\bar{V}$ 为磨粒对工件的平均冲击速度；Q_e 为

弹性形变所需的能量；Q_p 为塑性变形所需的能量；Q_{ct} 为切削时所需的能量；Q_{ck} 为裂纹伸长所需的能量。由此可见，该技术与常用的加工方法存在显著的不同，即在磨料加工的过程中并没有将加工能量转化为热能，因此在加工过程中可以忽略热量的影响。

由式(5.1)可知，正是由于在磨料喷射加工过程中磨料的动能转化为工件弹性变形和塑性变形的能量，以及切削和裂纹伸长所需的能量，才使磨料喷射加工成为可能。根据脆性材料和塑性材料的性能可知，如果磨料垂直冲击工件表面，则塑性材料只会产生弹性变形和塑性变形，并不能有效实现对工件材料的切削，因此要想对塑性材料表面进行切削，就必须使磨料以一定角度射向工件表面；而脆性材料要想达到去除切削的目的，就需要通过无数次的冲击作用，因为脆性材料是通过磨料的冲击作用从而产生局部微小裂纹来破坏工件表面的组织结构。

由图 5.6 和图 5.7 可知，当磨料垂直冲击工件表面时，塑性材料会产生塑性变形侧向流动，并不一定会产生切削行为；脆性材料则在磨料冲击时在表面组织处产生微观破坏裂纹，经过多次的冲击，达到被切除的效果。因此在加工塑性材料时，必须以一定的角度射向工件，才能达到切削的目的。

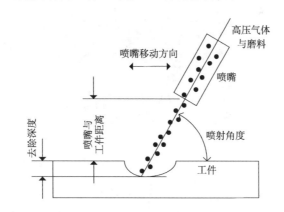

图 5.6　磨料气射流加工原理

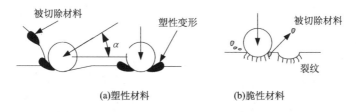

(a)塑性材料　　　　　　　　　(b)脆性材料

图 5.7　塑性和脆性材料加工效果对比图

2)　微磨料加工原理

磨料气喷射加工技术已普遍用于相对粗糙零件表面的抛光、去毛刺和清洁。为了满足精密加工的需要，研究者开发了微磨料气射流加工技术。

微磨料气射流加工技术的基本加工原理和传统的喷砂加工原理相同，是在传统的磨料喷射加工的基础上发展起来的一种全新的微细加工技术，是由高压气流携带几微米到几十微米的微细磨料通过微喷嘴，以接近音速的速度，对脆性材料进行高速度和高密度的局部磨料冲击，产生微观破碎去除。其加工过程如图 5.8 所示。

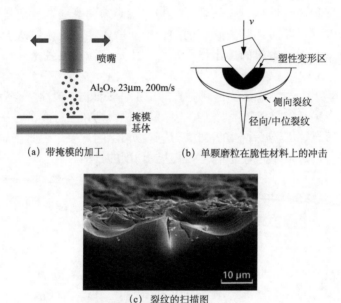

(a) 带掩模的加工　　　　　　(b) 单颗磨粒在脆性材料上的冲击

(c) 裂纹的扫描图

图 5.8　微磨料气射流加工过程

但微磨料气射流加工在加工精度、磨料粒度和进给运动等方面的要求不同于传统的喷砂加工，在加工工艺上也有显著不同。微磨料气射流加工是一个干加工过程，对环境无污染，对工件表面不会产生热影响，加工变质层发生少，对工件的损伤小，可加工深宽比(深宽比为孔或切口的深度与孔的直径或切口的宽度之比)达 2.5 以上的深微结构，可以实现复杂形状和各种材料的加工，易碎和脆性材料更好加工，初始成本低，生产效率高。

微磨料气射流加工技术特别适用于加工不宜使用热加工技术切割的硬脆材料，如用于制作半导体、电子设备和液晶显示元器件的陶瓷、玻璃和聚合物等材料。可得到纳米级粗糙度的抛光表面，微米级的孔、槽和三维结构。作为硬脆性材料精密加工的重要基础技术，此技术现已成为国际制造业的重要研究热点之一。

　　首先，由于这种加工方法不使用刀具切割，所以工件整体所受的力非常小，不会使工件破碎，并且加工过程不产生热，对工件的性质没有影响；其次，这种方法加工的形状完全依靠喷嘴移动的轨迹，所以其可以加工出任意形状的孔和槽；最后，这种加工方法使用的加工设备简单、造价低廉，可以大大节约加工成本。微细磨料喷射加工技术和水射流加工技术十分相似，关于水射流将在第 6 章介绍。

　　影响微细磨料加工技术精度的主要因素有：喷射时间、载流气体的压强、磨料的硬度、磨料的粒度、喷嘴直径、喷射角度、被加工材料材质和喷嘴与工件的距离等，微细磨料喷射加工所用的气体的压强比较小(一般在 1MPa 以下)，喷嘴的直径也比较小(一般小于 1mm)。因此微细磨料喷射加工技术主要应用于硬脆材料的微细加工，如光学玻璃和硅晶片的打孔和刻蚀等。关于这些影响因素的具体情况，将在后面详细介绍。

　　3）　间歇式微细磨料喷射加工原理

　　传统的磨料喷射加工设备一般是连续地喷射磨料，当采用小喷嘴或磨料不均匀时，容易堵塞喷嘴，磨料的喷射量也不容易精确控制。而且磨料容易沉积在加工孔的底部，从而使后续磨料不能和加工表面直接接触，随着加工继续进行，加工效率大大降低。日本的厨川常元等学者在 2001 年提出了一种新的微细磨料喷射加工方法，即间歇式微细磨料喷射加工(Micro Abrasive Intermittent Jet Machining, MAIJM)，如图 5.9 所示。其原理是在喷射加工过程的一个周期内首先喷射磨料和气体的混合流，过一段时间后停止供给磨料，只喷出载流气体，用以清除堆积在加工孔中的磨料，使加工表面始终裸露，提高加工效率。采用这种方法不仅可以减少磨料消耗量、提高加工精度，而且可以通过改变喷射次数来改变总的喷射量。它不同于脉冲喷射加工技术，脉冲喷射加工在不喷射磨料时没有流体喷出，而间歇式微细磨料喷射加工在不喷射磨料时仍然有气体喷出用于清除堆积在加工孔底部的磨料。

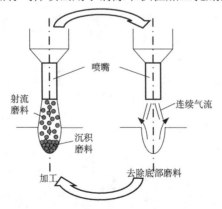

图 5.9　间歇式微细磨料喷射加工原理

此外，基于间歇式微细磨料喷射加工原理，厨川常元等学者还开发出一套新的磨料喷射加工装置，该装置原理图如图 5.10 所示。该装置中有两路气体，一路为磨料供给，另一路为加速气体，磨料通过负压被高速供给气体带进混合腔，然后和加速气体一起从喷嘴喷出。用高速电磁阀控制磨料供给气路通断，当电磁阀关闭时只有加速气体喷出，这时可以用这路气体清除堆积在加工孔底部的磨料。通过控制高速电磁阀的通断时间长短和比例可以调整出最优的加工参数。可见间歇式微细磨料喷射加工技术的优点是明显的，这种技术的应用会大大节约加工时间，提高加工效率，但这种加工方法目前在国内仅有吉林大学做过相关研究，微细磨料喷射加工系统实物图如图 5.11 所示。

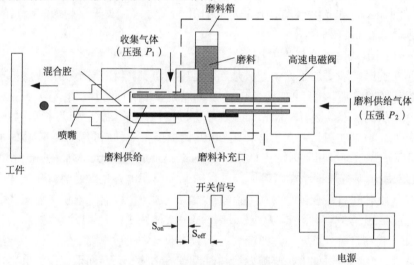

图 5.10　间歇式微细磨料喷射加工装置原理图

图 5.11　微细磨料喷射加工系统实物图

该系统由气源系统、控制系统、磨料供给系统和喷嘴等组成，可以实现间歇式微细磨料喷射，切换频率可达 15 次/秒。微细磨料喷射时的喷射距离是靠夹持喷嘴的机器人来控制的。

2. 加工装置

磨料气射流加工装置主要由供气系统、干燥系统、磨料供给系统、喷砂设备、除尘装置等组成，如图 5.12 所示。供气系统的作用是给系统提供气源，所用气体可以为空气、氮气或二氧化碳等，气体压强一般为 0.2～2.5MPa。干燥系统用来去除气流中的水分，湿度过大会使磨料黏成团块而影响其成为磨料流，所以空气要通过干燥系统干燥后才能与磨料混合。磨料供给系统输送磨料与气射流混合，通过喷砂设备喷向待加工工件。除尘装置用来去除加工中产生的灰尘，控制系统控制喷嘴的运动轨迹。

总体来说，一个基本的磨料喷射系统主要包括四个组成部分：磨料、喷嘴、工作站、吸尘装置。

1）磨料

所选的磨料与粒度是否与被加工材料相适应，是影响加工成功与否最重要的因素。直径为 3～40μm 的氧化铝或碳化硅是微磨料空气射流加工中常用的磨料。磨料必须纯度高、非常干燥。选择一定范围内的平均粒度分布的磨料可获得良好的表面粗糙度，但如果磨料粒度的分布过宽，不仅会使磨料堆积在一起堵塞喷嘴，还会导致不必要的材料去除。

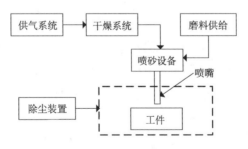

图 5.12　磨料气射流加工设备示意图

磨料应有尖棱，并可重复使用，但当尖棱磨钝后就不可再用。喷射系统中带有磨料再循环装置，可对磨料的尺寸进行监控并定期补充新磨料。空气是携带磨料的常用介质，也可用二氧化碳或氮气，磨料的流量可通过控制气体的压强来调节。磨料供给装置应可实现连续送料，也可进行间内间歇送料，并能精确地控制磨料的流量。磨料供给系统如果能够在连续供给压缩空气时间内间歇地供给磨料，那么在不供给磨料时，压缩空气能够吹走沉积在深切削底部的颗粒，为后续的磨粒冲击目标表面扫清道路。

　　微磨料气射流加工中所用的微细磨料对湿度非常敏感，湿度过大会使磨料黏成团块而影响其形成磨料流。磨料要密封以防吸湿，空气要用除湿机干燥后才能与磨料混合。

　　2）喷嘴

　　喷嘴的几何特征对微磨料喷射加工的成功与否有非常重要的影响。喷嘴必须用坚硬的材料制成，如碳化钨或蓝宝石以提高寿命。喷嘴的形状一般为圆形或矩形的，矩形喷嘴比圆形喷嘴的加工效率高，可以覆盖很大的宽度，而转 90°后又可以冲击加工窄缝，并可获得较好的加工效果。如图 5.13 所示。

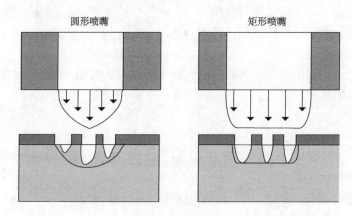

图 5.13　喷嘴形状

　　3）工作站和吸尘装置

　　在微磨料气射流加工中，工作站有三个功能：保存消耗的磨料，照明加工工件，为操作者提供一个舒适的工作环境。工作站还应有一些附属装置，如放大镜或显微镜，而吸尘装置则用于收集碎屑和磨料的小颗粒。

　　3. 加工方式

　　在微磨料气射流加工中，通常是在喷射位置的微小区域进行集中点喷射加工，或在工件表面沿着路径移动加工。也可以采用刻有图样的掩模进行加工，这样不仅可以在更广阔的区域形成结构，而且可以防止在微磨料空气射流加工过程中对基体的过伤害。因此磨料气射流加工方法主要有直接加工和掩模保护加工两种，如图 5.14 所示。实际加工中掩模保护加工的应用更为广泛普遍。

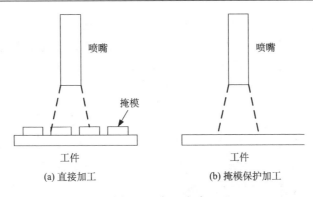

图 5.14　加工方式

直接加工方法是在基底上按一定的路径通过细小的磨料喷嘴直接加工出所需的图案，具有过程简单、加工效率高等特点。其加工精度决定于喷嘴喷射磨料的直径。喷嘴直径越小，其加工精度越高。该方法不但可以进行平面图案的加工，而且可以对深度很大的形状构件进行加工，如用于制作微构件。日本新东工业株式会社开发的Microblaster MB2 型号可采用直接刻蚀方式，喷嘴内径最小可达到 $\phi 0.15mm$，可以加工出最小尺寸为 $(200 \pm 20) \mu m$ 的孔、槽，加工表面粗糙度Ra可达到 0.1mm。

掩模(mask)是指根据需要加工的图案和工件，选用特定的掩模版基底的特定区域进行模版遮盖，继而接下来的腐蚀或切削将只对未覆盖的区域有作用。性能良好的掩模版需要具有较低的冲蚀率。影响掩模加工精度的因素主要包括掩模层厚度和图案形成工艺等，但与直接加工方法不同的是，其加工精度与磨料喷嘴内径无关，因而可使用较大内径喷嘴进行加工。用该方法加工图案的深度受到较大限制，一般用于加工浅而阔的平面图案。日本新东工业株式会社开发的 Microblaster MB1 型号适用于掩模加工，孔的加工精度为 $(50 \pm 10) \mu m$，槽的加工精度为 $(40 \pm 10) \mu m$，加工表面的粗糙度 Ra 可达到 0.02μm。

根据所需的加工精度、成本和可控性，常用的掩模材料有感光胶片、金属膜和印刷膜。感光胶片如负性抗蚀膜和聚酰亚胺树脂材料用于大面积加工，且适合加工非常微细的结构，其分辨率和膜厚相关；表面蚀刻的薄不锈钢板和电镀镍板常作为金属膜，尽管它们的抗冲蚀性很好，但由于在加工过程中容易变形和受限于加工图样微细度，只能用在某些特定场合；便宜的印刷膜由于加工精度低，常用于玻璃加工等。电镀铜板结合了金属的低冲蚀率和平版印刷工艺的高分辨率，非常适合进行深而精确的喷砂加工。

使用感光胶片作为掩模版进行掩模保护加工时，首先需要将感光胶涂敷在工件表面作为覆盖层，然后通过紫外光成像系统产生曝光图案，碱液清洗形成裸露的待加工图案。然后用磨料气射流加工裸露图案。最后清理掩模层完成对工件表面的加工。掩模可以刻有图样也可以不刻。当磨粒冲击均匀暴露的工件表面时可以去除基体材料。通过交替进行多次掩模和喷砂加工可加工出多阶段成形的复杂的三维形状零件，如图 5.15 和图 5.16 所示。

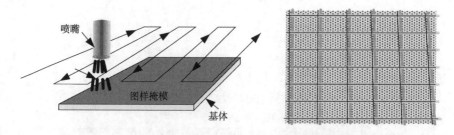

图 5.15　带掩模的微磨料空气射流加工原理和图样表面

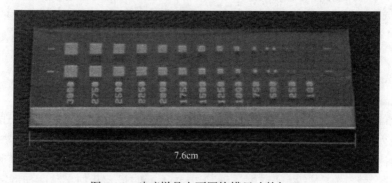

图 5.16　玻璃样品上不同掩模尺寸的加工

5.3　加工机理与技术

在过去的十年中，关于微磨料气射流加工技术已进行了一些开发研究工作，但总体的研究工作还处于初步研究阶段。有关微磨料气射流加工应用方面的研究主要是传感器、IC 芯片微细图样的制造，以及陶瓷基板、玻璃等的加工和牙科医疗等。在试验设备方面研制出了能在五个自由度上精确定位的喷嘴的空气喷砂机。作为一种新型的加工技术，磨料气射流加工技术已经越来越多地引起人们的重视。现在很多学者对磨料气射流的加工性能、加工机理与应用技术等方面进行了大量研究。

5.3.1　磨料气射流加工机理研究

磨料气射流从喷嘴喷出后，其射流结构大致可分为初始段、基本段和发散段，如图 5.17 所示。设喷嘴直径为 d，靶距为 x。当 $0<x<6.2d$ 时为射流的初始段，在这一段内，在距喷嘴一定距离内形成锥形的等流速核心区，该核心区内射流轴向动压力、流速和密度基本保持不变；当 $6.2d<x<8d$ 时为射流的基本段，该段内射流轴向流速与动压力逐渐减少，但该段内射流结构仍保持完整；当 $x>8d$ 时射流进入发散段，射流与环境介质混合，流速逐渐较低。当 $x>100d$ 时，射流的速度迅速衰减为 0。

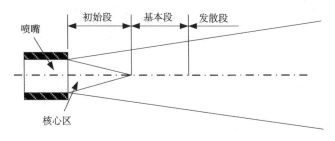

图 5.17　磨料气射流结构图

射流各段在工程应用中具有不同的功能，起始段用于材料切割最为有效，基本段主要用于清洗、除锈、修整加工、表面抛光和去除毛刺等，而发散段则用于射流降尘等工艺中。

1. 磨料气射流塑性去除理论

磨料气射流塑性去除理论主要有微切削理论、切削变形理论和挤压理论等。

1958年Finnie首先提出塑性材料的切削理论，认为磨粒好像一把微型刀具，当其划过靶材表面时，便把材料切除而产生磨损。假设该模型为一颗多角形磨粒，质量为m，以一定速度v、冲蚀角 α 冲击到靶材表面，由理论分析得出冲蚀磨损量W 随冲蚀角 α 变化的表达式为

$$W = k\frac{mv^2}{\tau_l}f(\alpha) \tag{5.2}$$

$$f(\alpha) = \begin{cases} \sin 2\alpha - 3\sin^2\alpha, & \alpha \leqslant 18.5° \\ \cos^2\alpha/3, & \alpha \geqslant 18.5° \end{cases} \tag{5.3}$$

式中，τ_l 为靶材流动应力；k 为常数。

经实验验证，式(5.2)很好地解释了塑性材料在多角形磨粒、低冲击角下的磨损规律。但对于塑性不很典型的一般工程材料、脆性材料、非多角形磨粒(球形磨粒)、冲蚀角较大(特别是冲蚀角 α =90°)的冲蚀磨损则存在较大的误差。并且粒子入射速度与靶材磨损体积之间不是严格的二次方关系，其指数应为2.2～2.4。

　　Bitter 提出将冲蚀磨损分为变形磨损和切削磨损两部分,认为在 90° 冲蚀角下的冲蚀磨损与粒子冲击时靶材的变形有关,冲蚀破坏是力学因素造成的,存在亚表面层裂纹成核长大和屑片脱离母体的过程。从能量平衡的观点出发,通过对冲蚀磨损中粒子冲入和挤出两个阶段的能量分析,分别推导出变形磨损量 W_D 和切削磨损量 W_C 与冲蚀磨粒质量 M、磨粒速度 v、冲蚀角 α、变形磨损系数 ε、切削磨损系数 Q 之间的代数关系式,总冲蚀磨损量为两者之和。

$$W_D = M\left(v\sin\alpha - K^2\right)/(2\varepsilon) \tag{5.4}$$

$$W_C = \begin{cases} W_{C1} = \dfrac{2Mk_0\left(v\sin\alpha - k^2\right)}{\left(v\sin\alpha\right)^{1/2}} \cdot \left[v\sin\alpha - \dfrac{k_0\left(v\sin\alpha - k^2\right)}{\left(v\sin\alpha\right)^{1/2}}Q\right], & \alpha < \alpha_0 \\[4mm] W_{C2} = \dfrac{M}{2Q} \cdot \left[v^2\cos^2\alpha - k_l\left(v\sin\alpha - k\right)^{3/2}\right], & \alpha > \alpha_0 \end{cases} \tag{5.5}$$

式中,α_0 为 $W_{C1} = W_C$ 时的冲蚀角;k_0、k、k_l 为常数。

　　该理论在单颗粒冲蚀磨损实验机上得到验证,合理地解释了塑性材料的冲蚀现象,但缺乏物理模型的支持。

　　Levy 等使用分步冲蚀实验法和单颗粒寻迹法研究了冲蚀磨损的动态过程。结果表明,无论是大角度(90°)还是小角度冲蚀磨损,由于磨粒的不断冲击,使靶材表面材料不断地受到挤压,产生小的、薄的和高度变形的唇片。形成唇片的大应变,出现在很薄的表面层中,该表面层由于绝热剪切变形而被加热到(或接近于)金属的退火温度,于是形成一个软的表面层。其下面有一个由于材料塑性变形而产生的加工硬化区。这个硬的次表层一旦形成,将会对表面层唇片的形成起促进作用。在反复的冲击和挤压变形作用下,靶材表面形成的唇片将从材料表面上剥落下来。该理论较好地解释了显微切削模型难以解释的现象,是当前塑性材料冲击磨损中一种很有前途的理论,得到了许多研究者的赞同和证实。

　　Tilly 用高速摄影术、电子显微镜和筛分法研究了磨粒断裂对塑性材料冲蚀的影响,提出了二次冲蚀模型。该模型认为,磨料粒子在冲击过程中会出现碎裂,其碎裂程度与粒度、速度和冲蚀角度有关。当粒子冲蚀角度较小或入射速度很小时,不出现冲蚀或仅出现一次冲蚀;只有粒径足够大、速度足够大时,冲击中的粒子碎裂才导致第二次冲蚀。材料的总冲蚀量应为第一次冲蚀和第二次冲蚀之和。

　　综上所述,微切削理论着重于低冲击角冲蚀磨损的切削作用,变形磨损理论着重于不同冲击角冲击靶材时的两种变形过程和能量变化分析,挤压理论着重于大冲击角的冲蚀磨损。塑性去除机理对硬脆材料的延性域冲蚀加工具有一定的参考意义。但由于硬脆材料的延性域去除涉及材料微量去除过程,而以上去除机理模型是建立在宏观连续体力学基础上的,所以在分析硬脆材料的微观延性域去除过程时，其理论误差会表现比较突出。

2. 磨料气射流脆性去除理论

磨料气射流脆性材料的冲蚀去除理论大多基于压痕断裂力学的理论，主要有弹性理论、弹塑性理论和磨粒喷射理论等。

1979年，Evans等提出了弹塑性压痕破裂理论，该理论认为压痕区域下形成了弹性变形区，在持续载荷的作用下，中间裂纹从弹性区向下扩展，形成径向裂纹。同时，当最初的载荷超过中间裂纹的极限载荷时，即使没有持续载荷的作用，材料内部的残余应力也会导致裂纹横向扩展。Ritter注意到多晶氧化铝陶瓷材料冲蚀的特点，认为多晶材料的去除是由于晶间断裂引起的。Paul等提出了一种弹塑性碰撞去除机理模型，认为球形磨料更容易在冲蚀过程中形成脆性断裂，而带尖锐棱角的磨粒更适合于形成塑性去除。Momber认为半脆性材料的冲蚀方式依赖于材料在压缩载荷作用下对冲蚀能量的吸收能力，能量吸收能力高的材料容易引起穿晶断裂，能量吸收能力低的材料容易引起晶间断裂。

Zeng 和 Kim 通过扫描电子显微镜(Scanning Electron Microscope，SEM)观察发现，氧化铝陶瓷材料在冲蚀过程中既有塑性流动去除也有脆性断裂，而以材料在冲击作用下产生的网状裂纹引起的晶间断裂形式为主。基于磨粒冲击能量平衡的观点提出了材料去除模型。Zeng 所建立的模型基于冲击能量的平衡，考虑到材料对应力波的动态响应、塑性去除和脆性断裂去除的共同作用。但在模型建立中没有考虑磨料粒子硬度、材料内部缺陷(如气孔等)和磨料粒子碎裂等影响因素，因此限制了该模型的应用范围。

大量实验证明，Evans等提出的弹塑性压痕破裂理论很好地反映了靶材和磨粒对冲蚀磨损的影响，实验值和理论值较吻合，但不能解释脆性粒子和高温下刚性粒子对脆性材料的冲蚀行为。

3. 微磨料气射流加工脆性材料的冲蚀机理

基于 Evans 等提出的弹塑性压痕破裂理论，研究了微磨料气射流加工脆性材料的冲蚀机理。其冲蚀机理与传统喷砂机理一样，即磨料束击打在工件表面，在冲击点处形成裂纹，裂纹交错最终造成表面材料的脆性断裂而被去除。磨粒在垂直冲击材料表面时可以形成径向、中位和侧向裂纹系统，侧向裂纹扩展是导致材料去除的主要原因。尖角粒子冲击工件表面时的裂纹产生和扩展情况，如图 5.18 和图 5.19 所示，粒子冲向表面为加载，反之为卸载。当尖角粒子冲击硬脆材料表面时，在冲击点处由于压应力和剪应力形成塑性变形区，在卸载时的巨大张应力作用下产生侧向裂纹，造成材料的去除，这种状况与压痕实验的压头产生的压痕类似。根据相关文献，对于玻璃材料，临界磨粒冲击断裂动能约为 6.4×10^{-8} J，当磨粒的动能低于此界限值时，将不能产生有效的材料去除。

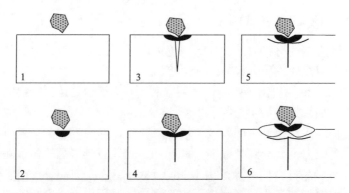

图 5.18　单颗磨粒冲蚀过程

(a) 单个磨料粒子压痕　　　　　(b) 多个磨料粒子的刻蚀表面

图 5.19　SEM 扫描图

　　因此微磨料气射流加工更适于玻璃、陶瓷和硅片等硬脆材料的加工。不同的工程陶瓷材料的冲蚀实验结果表明，微磨料气射流加工不会降低陶瓷表面强度，这是由于在加工过程中由磨粒冲击产生的径向裂纹不会纵深扩展。上述实验结果证实了对于陶瓷材料，微磨料气射流加工是一种高潜力的无损伤的微细加工方法。

　　许多研究工作致力于不同形状磨粒的单颗和多颗磨粒的冲蚀模型的建立。松散磨料的材料去除可采用准静态压痕理论结合实验研究建模。此模型主要取决于磨粒的冲击速度，也与磨粒的形状、工件材料的断裂韧性和硬度，以及磨粒的冲击角有关。材料去除率和表面形貌也可根据冲蚀模型进行仿真。在微磨料气射流加工中，每颗磨粒冲击时，磨粒的尺寸、材料表面的状态和动态冲击的状况都不同，这就阻碍了现有的单颗粒冲击模型直接用于预测整个的冲蚀率，不可能由所得的材料去除率数据归纳出一个特定的冲蚀模型形式。

5.3.2 磨料气射流加工技术研究

1. 加工过程的主要影响参数

为了获得高加工率、高宽深比、低生产成本，所有影响加工过程的参数都要进行控制并优化。表 5.2 列出了对微磨料空气射流加工过程有显著影响的参数，下面对一些关键的参数进行分析。

表 5.2 微磨料空气射流加工过程参数

工件参数	掩模参数	加工参数	磨料参数	工艺参数
硬度	结构复杂性	喷嘴形状	材料	磨料流的动力特性
断裂强度	硬度	喷嘴尺寸	形状	磨料的流量
抗磨损性	特征尺寸	喷嘴材料	粒度分布	喷嘴到工件的距离
晶体结构	材料的弹性	喷嘴导引系统		冲击角
表面粗糙度	抗冲蚀性	磨料送料装置 介质的干燥度 介质的类型	硬度 密度 干燥度	进给速度 空气压力 扫描运动策略 加工时间

1）空气压力

在微磨料气射流加工过程中，磨料以接近音速的速度冲击工件材料。空气压力直接影响磨粒冲击工件材料的速度，空气压力越大则磨粒速度越大，材料去除率越高。但当压力超过一定值时，磨粒的动能随着空气压力的增加趋于饱和。当磨粒速度低到一定程度时，切割会突然停止。磨粒的动能对微磨料气射流加工过程的影响如图 5.20 所示。

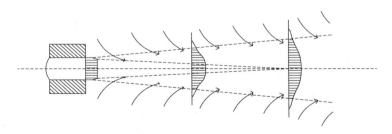

图 5.20 圆形喷嘴束流中的速度分布

2）磨料流量

磨料流量对微磨料气射流加工过程的影响，主要表现为对磨粒动能的改变。磨料流的流量越大则切割速度越快。但高的磨料流量同样需要高的空气压力维持，然而材料的去除率并不随磨料流量的增加而单调增加，这是因为磨粒被工件弹回并干扰从喷嘴喷出的磨粒，磨粒的相互干扰导致了冲击在工件材料上的磨粒动能的降低。

3）喷嘴形状

研究发现喷嘴的几何特征对加工过程的精确性和效率有非常重要的影响，在进一步的喷嘴设计中，要考虑粒子束的轮廓，也就是要优化磨粒速度，以提高加工操作的精确性和效率。圆形喷嘴由于粒子与喷嘴壁面的相互作用，以及空气的黏性作用在壁面上形成边界层而降低壁面附近的气流速度，进而形成中间流速高外围流速低的喷束，如图 5.20 所示。反弹的磨粒会遮蔽射入的磨粒，这种现象称为流量效应，这就意味着大的圆形喷嘴会降低加工效率，因为此时从喷嘴喷出的粒子与从基材表面反弹的粒子相互干扰作用加强。矩形喷嘴可以达到较高的冲蚀率和均一的表面形貌，可使流量效应最小化，并使外部的磨料流均匀分布。研究采用计算流体动力学（Computational Fluid Dynamics，CFD）仿真设计的线形超声波拉瓦儿型喷嘴模型，发现这种类型的喷嘴与那些简单的收缩型喷嘴相比可获得更高的磨粒速度。

4）喷射距离

喷射距离就是喷嘴到工件表面的距离。圆形喷嘴的喷束中的速度分布如图 5.20 所示，随着喷束离开喷嘴的距离增加，喷束中磨粒分布范围变宽，喷束中心的速度降低。磨粒的冲击范围由喷嘴的尺寸和喷射距离两者决定。冲击范围会随着喷射距离的增加而增加，如图 5.21 所示。当喷射距离增大到一定值时，继续增大会导致磨料加工效率的急剧下降。如果喷射距离过小，那么喷出的磨料会堆积起来导致喷嘴堵塞。因此需要优化喷射距离以获得磨料的最大动能。

5）倾斜喷射

倾斜喷射是指喷嘴在非正常喷射情况下，相对于工件表面以一个合适的冲击角喷射的加工。喷射冲击角对材料的去除率和切口的形貌都有影响。根据脆性断裂理论，最大冲蚀深度的位置随着冲击角的改变而改变，进而会引起材料去除率和渗入深度的改变。如果采用掩模加工，那么在倾斜冲击时，由于磨料的二次冲击将去除掩模下的基体材料，采用这一原理正确选择和控制喷射冲击角可以实现脆性材料复杂微细图样的三维结构加工，如图 5.22 所示，(a)为正常喷束射入形成的对称孔；(b)为冲蚀磨粒倾斜射入形成的孔形；(c)为采用掩模时反弹磨粒冲蚀现象形成的竖壁；(d)为悬臂结构的形成，在悬臂结构的每一边，首先在基体上垂直冲蚀，然后倾斜冲击。

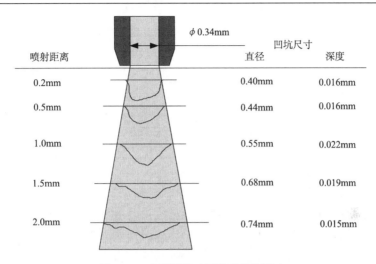

图 5.21　喷射距离对图样形貌的影响

6）工件材料和磨料

工件材料是另一个影响微磨料空气射流加工过程的重要因素。对压电材料、硅、玻璃、铁素体、氧化铝、氮化硅几种硬脆材料的加工特性和可加工性的研究发现，通常材料的硬度是影响可加工性的主导因素，但当硬度足够高时，工件的断裂韧性将起决定作用。因为磨粒的动能决定了微磨料气射流加工过程，所以由磨料特性的研究发现磨料的粒度和形状对表面粗糙度和材料去除率的影响并不显著。不同材料的可加工性不同，因此在讨论微磨料气射流加工的材料去除时应该考虑磨料同工件材料的相对硬度。磨料和工件材料的配合应根据各自的特性进行优化以提高切削性能。

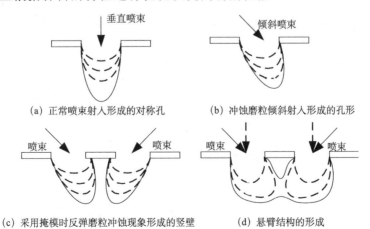

（a）正常喷束射入形成的对称孔　　　（b）冲蚀磨粒倾斜射入形成的孔形

（c）采用掩模时反弹磨粒冲蚀现象形成的竖壁　　　（d）悬臂结构的形成

图 5.22　悬臂结构的加工工艺过程

2. 磨料气射流加工的特点

（1）加工效率高。磨料气射流加工是属于多刃的切削加工，但其有效切削磨粒多，磨削深度可根据气压、气流量、磨料多少(可调)、磨粒的粗细和加工时间等进行控制，磨料气射流加工不像砂轮那样受磨轮加工半径的限制。同时磨料气射流加工面积不受设备的限制，因此其加工效率高。

（2）磨削速度可人为地进行控制。在调定压力和磨料量等的情况下，磨料气射流始终以恒定的速度进行磨削，克服了砂轮磨削需要不断地修整砂轮或更换砂轮以维持恒定速度的缺点。

（3）适应性强和通用性好。磨料气射流装置可用箱体或小型收尘装置，将用过的砂尘收集起来，也可以在一个有收尘装置的较大工作间内进行操作，只要气流束能直接达到的地方，都可以用磨料气射流进行加工。

（4）磨料气射流装置的结构简单，成本低。磨料气射流装置主要由压缩空气泵、气砂混合喷射器、粉尘分离罐、尘砂分离器和一个密封的操作工作箱等构成，其结构简单，制造成本很低。

（5）不易烧坏被加工工件。由于采用气流喷射这一技术，空气的流动很快，被加工制品或工件磨削处周围的热量散失迅速，不易使被加工工件的局部温度升得太高，基本上为冷态磨削，不易使制品或工件烧坏。同时制品或工件局部的热畸变也很小。

（6）加工表面粗细均匀。磨料气射流磨削富有弹性，属于柔性磨削，磨削力均匀，适用于表面加工处理，不会使制品或工件本身受损，柔性接触有助于获得有规则的砂粒喷射。同时气流束始终向一个方向喷射，因此制品或工件表面的粗细可以很均匀。

（7）磨料气射流加工的辅助时间少。因整个机构内所用的磨料是不断回收且重复使用，相比于砂轮磨省去了更换砂轮的辅助时间，磨损过程与一般砂轮不同，残屑不会堵塞加工表面，而且加工工具不需要修整，所以加工过程中所用辅助时间少。

（8）磨料气射流加工安全方便。采用其他方法或砂轮等磨削时，如果发生事故，会使砂轮破碎，很容易造成设备和人身事故，而磨料气射流加工不会在加工过程中造成设备和人身事故，安全可靠，而且操作简便，操作人员很容易掌握使用。

3. 磨料气射流加工的使用范围

（1）可以磨平面。不但可以磨削厚的和较厚的平板材料的平面，还可以磨 $0.05\mu m$ 厚的薄板平面，磨削的材料除了钢板，还可以是合金板、玻璃板、陶瓷板、复合材料板和其他一些材料的平面。

（2）可以磨削外圆。磨料气射流加工既可磨削直径较大工件的外圆表面（其中包括圆柱表面、圆锥表面和球的表面），也可以磨削直径较小的工件表面，例如 ϕ 2mm 的外圆表面（包括球面），也可以用磨料气喷射磨削加工。

（3）可磨削内孔。对于孔径大于 150mm 的内孔表面，也可以采用磨料气射流加工，尤其对于不易用外力夹紧的脆性薄壁制品或工件，加工的效果更为突出，如薄壁玻璃器等。

（4）可磨削复杂的型面和圆弧面。由于设备和加工方法的特殊性和灵活性，对于复杂型面和圆弧面，无论内腔还是外表面，磨料气射流都可对其进行全方位的加工。

（5）可磨削高硬度材料。磨料气射流可磨削高硬度材料的制品或工件，如装甲板或某些陶瓷，这些材料用传统的方法加工会造成严重的刀具磨损。

（6）可对合金材料和金属进行无光泽表面加工。采用磨料气射流加工可将钢材加工成接近钢材本色的目色，表面色泽均匀、反光柔和，无刺目眩光，耐磨性和封蚀性良好。利用该技术处理的医疗手术器械深受操作者的青睐。

（7）可对复合材料进行加工。复合材料用常规方法进行加工时，既杂乱又易分层，而用磨料气射流加工，则既光滑又不会产生分层问题，对于多层夹层材料，情况也是如此。

（8）使用范围广泛。在磨料气射流加工中，由于磨料气射流是一个工具与工件不相接触的过程，同时只要气流束可直接达到的地方就可对制品或工件进行加工，因此传统的加工方法所用工具不易加工的地方都可用磨料气射流的方法加工。

4. 工艺特点

磨料气射流技术是一种用混有磨料的高速喷射状的空气流对材料进行切削的加工技术。这项技术正被越来越广泛地应用于航空、机械制造、电子、模具等行业，对金属、玻璃、陶瓷等进行切削。这一加工工艺的特点如下。

（1）磨料气射流工艺本质上是一种磨削加工工艺，由于其参与切削的是速度很高的磨粒，所以切削速度比较高，这不仅使它的生产效率高而且切削热影响小，因此其加工质量好。

（2）磨料气射流工艺是一种工具与工件不接触的加工方法，因此在加工过程中可以用较小的夹紧力或不用夹具固定工件。这使其特别适用于加工玻璃、陶瓷等受外力后易破裂的脆性材料。

（3）在磨料气射流加工中，工具是一束直径较小的夹带着磨料的气流，不像使用砂轮那样受到最小加工半径的限制。

（4）在磨料气射流加工中，只要是气流束可以到达的地方就能给予加工，因此能加工一些用传统方法无法加工的零件。

（5）气流束的运动轨迹及其本身的各主要参数都可以方便地加以控制，具有极高的柔性，对被加工面切削深浅的控制极为灵活方便，加工可使面与面之间过渡平滑，无毛刺，精确度高。在对大批量的固定品种进行生产时，可用专用模具，加工成本较低。

由于磨料气射流加工工艺具有上述特点，近年来越来越多地应用到玻璃装饰业中，运用该技术可在各种形状的玻璃上磨出精美的浮雕图案，但是其更多的应用潜力还有待于人们去开发。

5.4 加工仿真与实验研究

5.4.1 喷射加工仿真研究

1. 基于 CFX 软件的几何模型构建和边界条件设定

由于微磨料空气射流加工中常用的喷嘴为圆柱形轴对称结构，空气经过一个细长的圆形喷嘴加速后喷入大气中，形成高速气流，气体射流可看成一个二维的轴对称定常湍流流动。计算域可取整个流场的一半，按轴对称进行计算，整个计算域包括喷嘴内部和喷入大气中的射流两部分。喷嘴内和外流场的计算域几何模型和边界条件设定，如图 5.23 所示。

图 5.23 计算区域和边界条件设定

考虑到计算域的规则性和计算效率，采用结构四边形网格划分计算域，网格划分情况如图 5.24 所示。在建立几何模型进行仿真计算之前，必须要进行网格独立性检验，以选取一个合适的网格划分密度，本节在进行网格划分时，选取了三种网格密度（密、中、稀）进行试算，首先确定一种既确保计算精度又提高效率的密度，再选取不同的边界条件进行仿真。

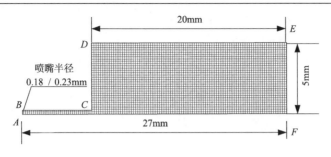

图 5.24　网格划分

2. 计算模型和控制方程的选择

假定微磨料空气射流的高压空气为理想气体，在喷嘴内进行绝热等熵流动。湍流基本控制方程的笛卡尔张量表示形式如下。

连续性方程为

$$\frac{\partial \rho}{\partial t} + \frac{\partial}{\partial x_i}\left(\rho v_i\right) = 0 \tag{5.6}$$

式中，ρ 为空气密度；t 为时间；v_i 为气流在 x_i 方向的速度分量。

二维轴对称定常流动问题的连续性方程为

$$\frac{\partial}{\partial x}\left(\rho v_x\right) + \frac{\partial}{\partial x}\left(\rho v_r\right)\frac{\rho v_r}{r} = 0 \tag{5.7}$$

动量方程为

$$\frac{\partial}{\partial t}\left(\rho v_i\right) + \frac{\partial}{\partial x_j}\left(\rho v_i v_j\right) = -\frac{\partial p}{\partial x_i} + \frac{\partial}{\partial x_j}\left(\eta_0 \frac{\partial v_i}{\partial x_j} - \rho \tau_{v_i' v_j'}\right) \tag{5.8}$$

式中，x_i、x_j 为坐标轴的方向；v_i、v_j 为所对应坐标轴方向上的速度分量；p 为静压力；η_0 为空气的黏度；$\tau_{v_i' v_j'}$ 为 Reynolds 应力。

而对于二维轴对称定常流动，轴向和径向的动量方程分别为

$$\frac{1}{r}\frac{\partial}{\partial x}\left(r\rho v_x v_x\right) + \frac{1}{r}\frac{\partial}{\partial r}\left(r\rho v_r v_x\right) = -\frac{\partial p}{\partial x} + \frac{1}{r}\frac{\partial}{\partial x}\left[r\eta_0\left(\frac{2\partial v_x}{\partial x} - \frac{2}{3}\left(\nabla \cdot \overline{v_r}\right)\right)\right] \\ + \frac{1}{r}\frac{\partial}{\partial r}\left[r\eta_0\left(\frac{2\partial v_x}{\partial r} + \frac{\partial v_r}{\partial x}\right)\right] \tag{5.9}$$

和

$$\frac{1}{r}\frac{\partial}{\partial x}(r\rho v_x v_x) + \frac{1}{r}\frac{\partial}{\partial r}(r\rho v_r v_x) = -\frac{\partial p}{\partial x} + \frac{1}{r}\frac{\partial}{\partial x}\left[r\eta_0\left(\frac{2\partial v_x}{\partial r} + \frac{\partial v_r}{\partial x}\right)\right]$$
$$+ \frac{1}{r}\frac{\partial}{\partial r}\left[r\eta_0\left(\frac{2\partial v_x}{\partial x} - \frac{2}{3}(\nabla \cdot \overline{v_r})\right)\right] - 2\eta_0\frac{v_r}{r^2} + \frac{2\eta_0}{3v}(\nabla \cdot \overline{v_r}) \tag{5.10}$$

式中

$$\nabla \cdot \overline{v_r} = \frac{\partial v_x}{\partial x} + \frac{\partial v_r}{\partial r} + \frac{v_r}{r} \tag{5.11}$$

$$p = \rho k_0 T \tag{5.12}$$

式中，p 为气体静压力；ρ 为气体密度；k_0 为气体常数，$k_0 = 8.314\text{J/(mol·K)}$；$T$ 为气体温度。

空气射流在喷嘴内以亚音速流动，喷出喷嘴后的射流可看成一个充分发展的湍流，可选用 Launder 和 Spalding 提出的标准 k-ε 湍流模型进行仿真建模。其在关于湍动能 k 的方程的基础上，再引入一个关于湍动耗散率 ε 的方程后形成的，标准 k-ε 模型是半经验公式，k 方程是精确方程，ε 方程是由经验公式导出的方程，主要基于湍流动能和扩散率，是从实验现象中总结出来的。与之相应的输运方程如下。

k 方程为

$$\frac{\partial}{\partial t}(\rho k) + \frac{\partial}{\partial x_i}(\rho k v_i) = \frac{\partial}{\partial x_j}\left[\left(\eta_0 + \frac{v_t}{\sigma_k}\right)\frac{\partial k}{\partial x_j}\right] + G_k - \rho\varepsilon - Y_M \tag{5.13}$$

ε 方程为

$$\frac{\partial}{\partial t}(\rho\varepsilon) + \frac{\partial}{\partial x_i}(\rho\varepsilon v_i) = \frac{\partial}{\partial x_j}\left[\left(\eta_0 + \frac{\eta_t}{\sigma_\varepsilon}\right)\frac{\partial \varepsilon}{\partial x_j}\right] + G_{1\varepsilon}\frac{\varepsilon}{k}G_k - G_{2\varepsilon}\rho\frac{\varepsilon^2}{k} \tag{5.14}$$

式中，η_t 为湍动黏度，$\eta_t = \rho C_{\eta_0} k^2 / \varepsilon$；$G_k$ 为由于平均速度梯度而引起的湍流动能 k 的产生项，$G_k = \eta_t\left(\frac{\partial v_i}{\partial x_j} + \frac{\partial v_j}{\partial x_i}\right)\frac{\partial v_i}{\partial x_j}$；$Y_M$ 为可压湍流中脉动扩张的贡献；$Y_M = 2\rho\varepsilon M_t^2$，$Mt = \sqrt{k/v_a^2}$，$v_a = \sqrt{\gamma k_0 T}$，$M_t$ 为湍动 Mach 数，v_a 为声速；$C_{1\varepsilon}$、$C_{2\varepsilon}$ 为经验常数；σ_k 和 σ_ε 分别为与湍动能 k 和耗散率 ε 对应的湍流普朗特数。在标准的 k-ε 模型中，根据 Launder 等的推荐值和后来的实验验证，其值为 $C_{1\varepsilon} = 1.44$，$C_{2\varepsilon} = 1.92$，$C_\mu = 0.09$，$\sigma_k = 1.0$，$\sigma_\varepsilon = 1.3$。

3. 固体颗粒在气流中所受的各种力

要较好地研究和分析两相喷射流的特征，应比较完整地研究固体颗粒在气相场中的受力情况。在微磨料气射流中，由于磨料固体颗粒和气体一起流动，两者存在相互作用和动量、能量的交换，在气体流动中固体颗粒所受的力如下。

（1）气动阻力。只要固体颗粒与气体有相对运动，便有气动阻力作用在颗粒上。如果颗粒是球形的，流动又是定常的，则气动阻力为

$$F_D = C_D \frac{\rho_g \left| v_g - v_p \right| \left(v_g - v_p \right)}{2} \frac{\pi d_p^2}{4} \tag{5.15}$$

式中，ρ_g、v_g 为空气的密度与速度；v_p、d_p 为磨粒的速度和直径；阻力系数 C_D 为用相对速度表示的雷诺数的函数。气体阻力的方向与气体相对于颗粒的速度方向一致。

（2）巴塞特力（Basset force）。只发生在黏性流体中，它反映的是流动处于不稳定时的效应。对于气体、固体颗粒两相流，巴塞特力约为斯托克斯力的十分之一，可以忽略不计。

（3）马格努斯（Magnus）效应。当固体颗粒在流场中自身旋转时，会产生与流场的流动方向相垂直的由逆流侧指向顺流侧方向的力。

（4）萨夫曼（Saffman）升力。当固体颗粒在有速度梯度的流场中运动时，由于颗粒两侧的流速不一样，会产生一由低速指向高速方向的升力。萨夫曼升力在流动的主流区一般很小可忽略，仅在速度边界层萨夫曼升力的作用才变得明显。

（5）浮力和虚假质量力。在气固两相流动中，由于气体与固体颗粒的密度比远小于1，一般浮力可忽略。当颗粒相对于气体加速运动时，由于要带动颗粒周围的气体相应加速，使推动颗粒运动的力增大，就像是增大了颗粒的质量一样，对于气固两相流动，虚假质量力与惯性力之比很小，虚假质量力可不予考虑。

除了上述这些作用力，还可能有颗粒与颗粒、颗粒与喷嘴管壁的碰撞力，但这些力很难计算。

在计算微磨料气射流喷束中磨粒的速度时，忽略巴塞特力、马格努斯效应、萨夫曼升力、浮力和虚假质量力等的影响，只考虑气体作用在颗粒上的气动阻力，并且假设磨粒为球形颗粒、粒度均匀、表面光滑。因此固体颗粒在气动阻力作用下的运动方程可写为

$$m_p \frac{\mathrm{d} v_p}{\mathrm{d} t} = \frac{1}{2} S_p \rho_g C_D \left(v_p - v_g \right)^2 \tag{5.16}$$

$$\frac{\pi d_p^3}{6} \rho_\rho \frac{\mathrm{d} v_p}{\mathrm{d} t} = -\frac{\pi}{8} d_p^2 \rho_g C_D \left(v_p - v_g \right) \left| v_p - v_g \right| \tag{5.17}$$

$$\frac{\mathrm{d} v_p}{\mathrm{d} t} = -\frac{3}{4 d_p} \frac{\rho_g}{\rho_\rho} C_D \left(v_p - v_g \right) \left| v_p - v_g \right| \tag{5.18}$$

式中，m_p 为颗粒质量；v_p 为颗粒速度；d_p 为颗粒直径；v_g 为气体速度；S_p 为颗

粒的迎风面积；ρ_g 为气体密度；C_D 为阻力系数。

$$C_D = \frac{24}{R_e}\left(1 + 0.15R_e^{0.687}\right) \tag{5.19}$$

式中，R_e 为相对雷诺数。

4. 微磨料气射流喷束中磨粒速度的研究

研究气体、固体颗粒两相流的力学模型有三大类。

（1）单流体模型，即平衡流模型。把气体、颗粒群视为均匀混合、温度相等、同速前进、具有两相混合物性质的单一流体。这是一种最简单的计算方法。

（2）双流体模型，即非平衡流模型。把气体、颗粒群伪流体都视为连续介质，分别写出它们的基本方程，再补充气体的状态方程，方程组是封闭的，可以联立求解。显然求解这样的方程组是很困难的。

（3）颗粒轨道模型，把气体视为连续介质，用欧拉法研究其流场，用拉格朗日法研究颗粒的运动，把颗粒对流场的影响，以源项加到流场网格的节点上，迭代求解。

在对微磨料气射流的流场研究中采用第三种方法对磨粒的速度进行求解。气相流场中加入颗粒相必然引起气相质量、动量和能量的变化，因此气固两相湍流流动模拟的关键在于颗粒相的模拟。在流体计算软件 Fluent 中对颗粒相的模拟目前基本可分为两大类，一类运用欧拉-拉格朗日方法，另一类运用欧拉-欧拉方法。

在欧拉-拉格朗日方法中，流体相视为连续相，并且求解纳维斯埃-托克斯（N-S）方程，而离散相是在拉格朗日坐标下通过计算流场中大量粒子的运动得到的。离散相和流体相之间存在动量、质量和能量的交换，此方法对应的 Fluent 模型为离散相模型（discrete phase model）。在欧拉-欧拉方法中，不同的相被处理成相互贯穿的连续介质，即把颗粒群看成拟流体，在欧拉坐标下描述颗粒群的运动。

在微磨料气射流中，由于体积加载率很小，无须通过斯托克斯数进一步确定两相流模型，只考虑流体对粒子的作用，而不考虑粒子对流体的影响，从而采用遵循欧拉-拉格朗日方法的离散相模型。流体相被处理为连续相时，直接求解纳维埃-斯托克斯方程，而离散相是通过计算流场中大量粒子的运动得到的。离散相和流体相之间可以有动量、质量和能量的交换，粒子的运动轨迹计算是独立的，他们被安排在连续相计算的指定的间隙完成。

5. 举例说明

1）建模与网格划分

下面主要研究不同的喷射压力和喷射距离对微粒的速度、工件表面所受压力的影响规律。建立模型并生成网格，如图 5.25 所示。由于参数选取的不同，所建模型尺寸有所不同，但所有模型结构相似，此处只列出其中一幅仿真模型图。

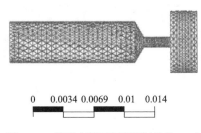

0   0.0034 0.0069 0.01 0.014

图 5.25   模型有限元网格图(单位：m)

2）仿真条件

仿真参数的取值如表 5.3 所示，其中 a 代表喷嘴长度，b 代表喷射距离，c 代表喷嘴直径，p 代表喷射压力。

表 5.3   仿真参数表

仿真组别	固定参数	仿真参数
喷射压力	a=3mm b=2mm c=1mm	p 分别为 0.2MPa、0.4MPa、0.6MPa、0.8MPa
喷射距离	a=3mm c=1mm p=0.6MPa	b 分别为 0.5mm、1.0mm、1.5mm、2.0mm、2.5mm、3.0mm、4.0mm

由于实验中使用的微细磨料是粒度为W5的Al_2O_3，为了更好地将仿真结果与实验结果进行比较，仿真过程中使用的Al_2O_3属性如下：分子量为10^2kg/mol；密度为3.95g/cm^3；形状为球形；平均直径为4.25μm；比热取均值772J/kg·K；流量和实验相符取0.3g/s；入射速度v=1.5m/s。

3）仿真结果与分析

（1）仿真结果。

仿真结果如图 5.26 所示。图 5.26(a)显示了微细磨料喷射过程中磨料颗粒的运行轨迹，以及颗粒在整个运行过程中的速度变化情况，可以看出粒子进入喷嘴后速度急剧增加，粒子离开喷嘴后速度继续增加直至撞击到工件表面，当粒子撞击工件后发生反弹，速度显著下降。图 5.26(b)显示了工件表面所受压力分布情况，可以看出喷嘴正中心处工件所受的压力最大并向外侧逐渐减小。

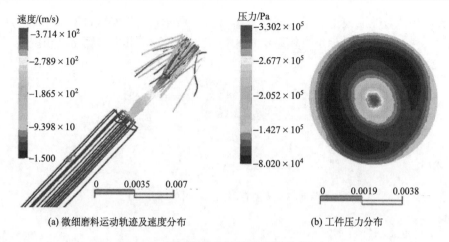

(a) 微细磨料运动轨迹及速度分布　　　　　(b) 工件压力分布

图 5.26　微细磨料喷射仿真结果(单位：m)

（2）喷射压力仿真结果。

随着喷射压力的增大，微细磨料粒子的最大速度也增大；随着喷射压力的增大，工件中心所受的最大压力也增大。由此可知，为了取得较好的喷射加工效果，应该在条件允许的情况下选择尽量大的喷射压力。

（3）喷射距离仿真结果。

随着喷射距离的增大，微细磨料的最大速度也逐渐增大。这说明在气流加速过程中，气流的部分动能转化成微细磨料的动能，致使微细磨料离开喷嘴之后，微细磨料的速度还在逐渐增大。随着喷射距离的增大，工件中心所受气体和微细磨料的混合压力先增大，然后再降低，变化趋势比较明显，这给实验提供了依据，要选择合适的喷射距离才能更好地进行加工。

5.4.2　实验结果与分析

如图 5.27 所示，在磨料气射流抛光中，材料的去除过程是非常复杂的，其中

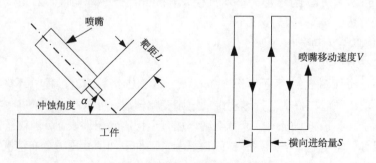

图 5.27　磨料气射流抛光加工示意图

一个很重要的原因就是影响其加工性能的因素很多，如表 5.2 所示。在这里主要介绍磨料气射流抛光工艺参数(磨料流量、靶距、冲击角、进给速度、空气压力)的选择。

1. 磨料气射流抛光工艺参数对抛光表面粗糙度的影响

表面粗糙度在一定程度上反映了抛光表面上的微观几何形状误差，它是衡量磨料气射流抛光过程的一个很重要的性能指标。在磨料气射流抛光过程中，影响表面粗糙度的主要因素有很多，如工艺参数中的射流压力、靶距、喷嘴移动速度和横向进给量；磨料参数中的磨料流量、磨料的大小；加工参数中的喷嘴形状与尺寸等。

1）气射流压力对抛光表面粗糙度的影响

在 0.1~0.5MPa 的喷射压力之内，抛光后的表面粗糙度随气射流压力的增大，呈现先减小后增大的趋势。这是因为磨料粒子获得的能量与气射流压力有关。当气射流压力较小时，磨料粒子获得的动能较少，材料的去除较少，对表面的粗糙度改善不大。但随着压力的增大，磨料粒子的动能增大，去除率提高，表面粗糙度得到改善。之后表面粗糙度随之又继续增大，表明对材料的表面产生了过度的去除。这说明对于给定的加工条件，要获得最小表面粗糙度，并非压力越大越好，而是有一临界气射流压力的。

2）喷嘴移动速度对抛光表面粗糙度的影响

抛光工件的表面粗糙度随喷嘴移动速度的增大而增大。这是因为随着喷嘴移动速度的增大，工件单位面积上受到的磨料粒子的冲击减小，工件表面材料去除少，从而表面粗糙度增大。

3）靶距对抛光表面粗糙度的影响

根据相关研究可知，表面粗糙度随靶距的增大，先增大后减小。当靶距为 15mm 时，表面粗糙度最大。低于 15mm 时，随着靶距的增加，磨料粒子冲蚀能量加大，有利于材料的去除。但如果超出 15mm 靶距范围，对于给定的喷射压力，磨料粒子流压力和速度降低，磨料粒子到达工件表面的速度相应减小，材料去除率降低。由此可见，对于给定的工件表面，存在一临界的靶距值，在此靶距值下，工件的表面粗糙度最大。

4）磨料流量对抛光表面粗糙度的影响

根据相关研究可知，表面粗糙度随磨料流量的增大，呈现先增大后减小的趋势。这是因为对于给定的加工条件，材料表面的冲蚀率是磨粒数目和磨料粒子冲蚀动能共同作用的结果。最初随着磨料流量的增大，单位时间内到达材料表面的磨粒数目增多，表面冲蚀率增大，粗糙度变大；当磨料流量达到一定值后，随着流量的增大，表面粗糙度降低，这是由于每个磨粒的平均冲蚀动能减少导致冲蚀率的降低。

5）冲蚀角度对抛光表面粗糙度的影响

根据相关研究可知，抛光表面粗糙度随冲蚀角度的增大而增大。这是因为冲蚀角度增大后，磨料粒子的冲蚀动能提高，材料的去除率增大，工件表面出现脆性断裂表面，因而表面不再光滑，粗糙度变大。

2. 磨料气射流抛光工艺参数对抛光石英表面形貌的影响

1）气射流压力对抛光表面形貌的影响

对于图 5.28(a)，当压力为 0.172MPa 时，主要发生塑性剪切冲蚀，但因冲蚀能量较低，不能产生完全抛光的效果。而对于图 5.28(c)，当压力为 0.345MPa 时，表面有明显的断裂面和冲蚀凹坑存在，材料的冲蚀为脆性断裂冲蚀。对于图 5.28(b)，表面较光滑，缺陷较少，存在很轻、很小的冲蚀沟痕。因此在射流抛光过程中，存在最佳的射流压力。

(a) P=0.172MPa　　　(b) P=0.258MPa　　　(c) P=0.345MPa

图 5.28　气射流压力对抛光表面形貌的影响

2）喷嘴移动速度对抛光表面形貌的影响

从图 5.29 中可以看出，进给速度增大后，表面存在很多冲蚀凹坑，变得凸凹不平。这是因为喷嘴移动速度增大后，射流对材料的冲击时间减少，且单位时间冲蚀的面积也减少，导致材料表面变得粗糙不平。

3）靶距对抛光表面形貌的影响

图 5.30 为靶距对抛光表面形貌的影响。本组实验以靶距为变量，其值分别为 10mm、15mm。可以看出，当靶距增大到 15mm 时，抛光表面存在很多断裂面，材料的冲蚀率较大，此时材料的冲蚀主要是以脆性断裂冲蚀为主，材料表面会存在明显的脆性断裂去除痕迹，致使表面形貌较差。

(a) *v*=4mm/s　　　　　　　　　　　　　(b) *v*=8mm/s

图 5.29　嘴移动速度对抛光表面形貌的影响

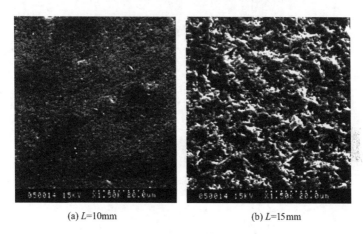

(a) *L*=10mm　　　　　　　　　　　　　(b) *L*=15mm

图 5.30　靶距对抛光表面形貌的影响

4）磨料流量对抛光表面形貌的影响

从图 5.31 中可以看出，表面形貌的好坏不能单凭磨料流量的大小而定，因为正如磨料流量对抛光表面粗糙度的影响一样，对于给定的加工条件，材料表面的冲蚀率是磨粒数目和磨料粒子冲蚀动能共同作用的结果。因此并不是磨料流量越大，表面形貌越好。

5）冲蚀角度对抛光表面形貌的影响

从图 5.32 中可以看出，冲蚀角度增大后，抛光表面形貌发生了变化。这是因为冲蚀角度增大后，材料的冲蚀机理发生变化。由原来的塑性剪切去除变换为脆性断裂去除，磨料垂直方向上的冲蚀能量增大，表面质量变差。因此要获得较好的表面形貌，要尽可能采用较小的冲蚀角度。这与冲蚀角度对抛光表面粗糙度的影响一致。

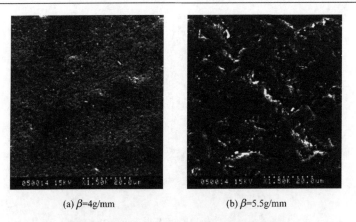

(a) $\beta=4\text{g/mm}$　　　　　　　　(b) $\beta=5.5\text{g/mm}$

图 5.31　磨料流量对抛光表面形貌的影响

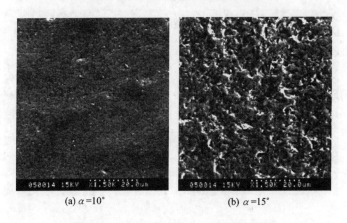

(a) $\alpha=10°$　　　　　　　　(b) $\alpha=15°$

图 5.32　冲蚀角度对抛光表面形貌的影响

5.5　小　　结

本章从磨料气射流加工技术的发展现状、研究现状、原理和特点、理论模型、仿真与实验研究、发展趋势等方面详细地介绍这种新型加工方法。与传统加工方法相比，磨料气射流加工刀具没有接触到加工表面，可以避免加工过程中的颤动和震动，磨料气射流加工具有以下优点：加工范围广，既能加工各种金属材料，也能加工陶瓷、玻璃和高分子聚合物等非金属材料；适应性好，只要高压气流束能直接达到的地方，都可以用磨料气射流进行加工，特别适合复杂表面形状的工件；加工表面质量好，残余应力和热影响较小，因此适合于加工热敏、压敏、脆性、塑性和复合型等各种性质的材料，而且具有独特的加工效果和显著的经济效益；磨料气射流加工装置结构简单，制造成本低。喷嘴可以由人工或机械手操作移动，加工安全方便；但 AJM 也存在很多问题与不足，如加工精度低、去除率慢和喷嘴容易堵塞。此外，磨料气射流加工不适合加工大型零件和去除超大毛刺；在加工孔时加工时间与孔深度不成比例，并在深孔加工时效率低；磨料是否能混合均匀且磨料的流量能否得到精确的控制也会影响加工的均匀性；一些磨料在加工后可能会滞留在工件表面，影响表面粗糙度和加工效率并对环境造成污染。这有待于进一步研究。

参 考 文 献

樊晶明, 王成勇, 王军. 2005. 微磨料空气射流加工技术的发展[J]. 金刚石与磨料磨具工程, 1:25-30.

樊晶明. 2009. 微磨料气射流加工理论研究[D]. 广州: 广东工业大学.

韩平植. 1993. 用途广泛的磨料气喷射加工技术[J]. 机械科技, 2: 18-20.

韩平植. 1994. 磨料气喷射技术[J]. 磨床与磨削, 4:028.

侯永振. 2009. 精密磨料气射流抛光技术研究[D]. 济南: 山东大学.

李大奇, 张雷微. 2007. 细磨料喷射加工仿真与实验研究[J]. 现代制造工程, 1.

阎秋生. 2004. 微磨料气射流加工的原理和应用[J]. 新技术新工艺, 4:20-22.

翟建华. 2005. 计算流体力学(CFD)的通用软件[J]. 河北科技大学学报, 26(2):160-165.

张立锋. 2006. 间歇式微细磨料喷射系统开发与喷射仿真研究[D]. 长春: 吉林大学.

周熙熙, 阎秋生. 2003. 磨料喷射加工加工特性研究[J]. 机械研究与应用, 16(3):31-32.

周熙熙. 2003. 磨料喷射加工机理及其应用研究[D]. 汕头: 汕头大学.

Balasubramaniama R, Krishnana J, Ramakrishnan N. 2000. An empirical study on the generation of an edge radius in abrasive jet external deburring (AJED)[J]. Journal of Materials Processing Technology, 99: 49-53.

Belloy E, Sayah A, Gijs M A M. 2000. Powder blasting for three-dimensional microstructuring of glass[J]. Sensors and Actuators, 86: 231-23.

Getu H, Ghobeity A, Spelt J K, et al. 2007. Abrasive Jet micromachining of poly methylm-ethacrylate[J]. Wear, 263: 1008-1015.

Shipway P H, Hutchings I M. 1996. The role of particle properties in the erosion of brittle materials[J]. Wear, 193(1): 104-113.

Wakuda M, Yamauchi Y, Kanzaki S. 2002. Effect of workpiece properties on machinability in abrasive jet machining of ceramic materials[J]. Precision Engineering Journal of the International Societies for Precision Engineering and Nanotechnology, 26: 193-198.

Zhang L, Kuriyagawa T, Yasutomi Y, et al. 2005. Investigation into micro abrasive intermittent jet machining[J]. International Journal of Machine Tools & Manufacture, 45: 873-879.

第 6 章　水射流抛光

6.1　概　　述

磨料水射流是19世纪80年代迅速发展起来的一种抛光技术，它是在水射流加工技术的基础上发展起来的集流体力学和表面技术于一体的一种新型密集加工技术。其基本机理是在高压作用下利用含有细小磨料粒子的抛光液，与工件表面发生冲击、冲蚀而微量去除材料，以达到抛光的目的。磨料水射流抛光技术作为一种新型的精密抛光技术，其纤细的射流束径能够产生较小的去除斑点，且射流束长度柔性可控，不易与工件形成机械干涉，具有适用范围广、无亚表面损伤、无热影响、反作用力小、加工精度高、材料去除稳定、能抛光高陡度非球面等诸多优点，是一种具有广阔应用前景的高精度光学镜面加工方法。此外，磨料水射流抛光技术在抛光管件内部光整加工和硬质金属零件等领域也有非常广阔的应用前景。

相比于传统的抛光技术，磨料水射流抛光技术的优点在于：首先，其加工工具是液体状，不存在抛光盘的磨损情况，面形精度易于控制，并且由于在加工过程中，抛光液不断循环流动保证抛光工件温度不变，没有热效应影响，同时还能自动清除加工产生的碎屑。其次，抛光头是一很小的液体柱，能适合各种形状工件的抛光，抛光特性不受工件上抛光部位的影响。此外，由于磨料水射流抛光加工使用的设备相对比较简单，在进行抛光加工时可根据工件的形状特点、加工部位的加工要求，选择合适的喷嘴，同时可以针对不同的加工材料选择相应的磨料，使用起来十分方便。因此磨料水射流对零件表面的抛光加工具有独特的优势，它可以加工复杂的零件表面，尤其是采用常规抛光方法难以加工的异形面。

射流作用于物体表面，破坏物体表面原有的结构和状态，从而达到射流清污、剥层和切割功效，在射流中加入磨料可以大大地降低射流压力。射流对物体材料的破坏作用过程和机理极其复杂，这一过程不仅与射流的参数相关，而且与作用材料的性质密切相关。

总体来说，国内对于磨料水射流的研究还比较少，只有少数学者进行了探索性实验研究，尚未形成系统广泛的研究成果。而国外则有大量的研究报道和实验设备，取得了较为显著的成果。

水滴石穿的实质是微小的冲量对时间的积分。高压水射流加工技术正是利用相同的原理，将动量加大，时间缩短，达到断石、断铁、切割的目的。人们在很早的时候就开始利用很高压力的水流进行材料的加工和切割。1870年前后，美国在加利福尼亚州的金矿中用增压后的水流开采矿石，俄国人也曾用水采煤。在20世纪60年代，密苏里大学林业系的诺曼·弗朗兹发明了高压水射流的切割实验装置。该装置的核心是一个单缸增压器，压力可以达到344.7MPa，用这样的高压水可以切割木材。这一装置引起包括著名的依格所尔公司在内的许多压力设备制造商和研究单位的兴趣。1971年第一台商用水切割试验机在杰克逊的阿尔顿纸品公司投入应用，用于切割层压纸管，其厚度达到12.7mm，并且可以在纸管上切出各种形状。高压水切割技术真正的商品化应用是20世纪80年代初洛克韦尔飞机公司用水切割机切割BI轰炸机的钛合金零件，节约了50%的成本。目前许多国外的公司用高压水切割各种材料，甚至用于军舰制造。

高压水除了用于切割，还可用于除锈、清洗，以及建筑与道路施工等方面，涉及造船、航空、汽车、机械制造、轻工和城建等许多行业。

1987年洛克希德航空系统公司开发了四轴水切割机器人，用于石墨增强树脂、钛合金板材和薄壁大口径管材的切割。依格所尔公司的水切割系统与机器人组合成汽车工业机器人在瑞典得到应用，该机器人可以切割汽车车头的衬里、门板和地毯。在军工上，美国人应用高压水切割军舰上使用的异型橡胶零件以及潜艇外贴降噪橡胶层。

高压水射流技术在国内的应用开始于20世纪80年代，随着国际上水射流理论的成熟和成功的商业化，国内对这项技术的认识也不断加深，很多专家学者对此开展了大量的研究和探讨，使得国内的新型高压水射流的应用和研究得到快速发展，在落煤、破岩、船舶除锈、喷射钻井、机场除胶和除漆等领域得到极为迅速的推广。

纵观水射流技术的发展，大致可将其分为四个阶段：①20世纪60年代是以低压水射流采矿为主的初期阶段，同时以静压试验和化工流程为主要目的的高压泵、增压器和高压管件的研制取得了许多商品化成果，这为高压水射流技术的到来奠定了基础。②20世纪70年代是高压水射流发展的实验阶段，主要针对采煤机、清洗机开展水射流工业试验，该时期的主攻方向是提高以水为介质的高压设备的压力和可靠性，同时开发多种形式的射流。此外，一些国际会议的开展极大地推动了国际水射流界的交流和发展，尤其是自1972年开始由英国流体机械研究集团主办的国际水射流技术会议(International Conference on Jetting Technology)、自1981年开始由美国水射流技术协会主办的美国水射流技术会议(American Water Jet Conference)和自1990年开始由国际水射流协会及日本水射流协会主办的亚太国际水射流技术会议(Pacific Rim International Conference on Water Jet Technology)等。③20世纪80年代是高压水射流技术迅速发展阶段，突出体现在高压、超高压、大型化、成套化和专用化等方面。新型水射流形式以产品化、规模化和商品化发展，以清洗、除锈、切割应用的可靠性、安全性迅速拓展至各工业部门。④20世纪90年代主要针对一些高难度加工进行研究，如机器人多维水切割、水下切割、井喷管口切割、干冰切割等技术，国际会议的主题基本上围绕着水切割展开，丰富、完善水切割研究与应用已经成为国际水射流界的焦点和热点，同时这一领域的标准与技术专著也大量出现。

如果从低压冲刷到高压破碎是射流技术应用的一次飞跃，那么从高压破碎到低压抛光则可以称得上是射流技术应用的又一次突破。图 6.1 所示为荷兰 TNO 应用物理研究所与瑞士 FISBA-Optik 公司合作改装后的磨料水射流抛光数控机床。

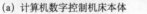

(a) 计算机数字控制机床本体　　(b) 工作中的喷嘴与工件

图 6.1　磨料水射流抛光数控机床

这是世界上首次将射流技术应用于光学抛光领域，它是由荷兰TNO应用物理研究所的Fähnle和Brug等实现的。1998年，他们利用浓度为10%的800目SiC(平均粒径为21.8μm)作为磨料进行射流抛光试验，试验对象为一块BK7平面光学玻璃，实验结果表明磨料水射流抛光可以使玻璃表面RMS值由初始的350nm降到抛光后的25nm。对于抛光过的光滑玻璃表面，粗糙度初始值为1.6nm，而再经过射流抛光后表面粗糙度基本维持不变。目前他们获得的抛光表面Ra值可以达到1nm 左右，并且抛光去除点的重复性可控制在±5%以内。随后，他们还做了去除函数模型、材料去除机理，以及实验工艺的相关研究工作，验证了磨料水射流应用于超精密抛光领域的可行性。并于2003年与英国Zeeko公司合作研制开发七轴液体射流抛光机床FJP600，如图6.2所示。其将液体射流抛光(Fluid Jet Polishing，FJP)与干涉仪在线测量技术(Interferometric In-Process Measurement，IIPM)结合，可以对自由曲面进行修形与抛光，其期望的面形精度PV值小于60nm，表面粗糙度RMS值达到1nm，并且可以加工直径600mm、质量为150kg的工件。他们的研究表明，磨料水射流抛光技术可以获得很大范围的材料去除率且可以获得不同的去除斑点形状，在一些材料上可以获得表面粗糙度RMS值优于10nm的实验结果。

(a) FJP600　　　　　　　　　　　　　　(b) 在位干涉测量

图 6.2　FJP600 机床及其在位干涉测量系统

　　美国罗彻斯特大学的 DeGroote 利用碳化硅抛光液和羰基铁(Carbonyl Iron，CI)抛光液进行射流抛光对比实验研究，试验设备如图6.3所示。实验研究了不同抛光液对不同加工材料的去除效率和表面粗糙度的影响关系。试验表明，在三天的加工过程中，抛光液的 pH 和去除效率明显下降。与圆形颗粒的 CI 粒子(平均粒径为3μm) 相比，具有不规则形状的碳化硅磨粒(平均粒径为5μm)具有更高的材料去除效率，但其所获得的抛光表面普遍比 CI 粒子抛光过的表面要粗糙，并且试验发现，材料去除率和表面粗糙度与被加工材料的机械特性有密切关系。试验中同时验证了纳米金刚石微粉(平均粒径为20nm)的加入对抛光结果的影响。试验表明，由于纳米金刚石微粉颗粒相对于 CI 粒子非常小，其在射流加工中几乎不参与材料去除作用，只是有助于抛光液悬浮稳定性的提高。

(a) 8L抛光液循环系统　　　　　　　　　　(b) Zeeko FJP机床局部结构

图 6.3　FJP 试验设备

加拿大LightMachinery公司的水射流抛光机床FJP1150F如图6.4(a)所示，它可自动抛光复杂表面、微细槽等结构零件以及轻质薄型元件，如图6.4(b)所示。其最大加工工件尺寸为150×150×50（长×宽×高，单位为mm），面形精度可达6nm，表面粗糙度的RMS值可达1nm。同时拥有对波前误差进行随机校正的软件。采用该设备对加工前误差为60nm/50mm（50mm为工件尺寸）的工件进行抛光，可将加工后的误差控制在10nm/50mm。

(a) FJP1150F　　　　　　(b) 轻质薄型元件

图 6.4　LightMachinery FJP1105F 及其加工的产品

日本的Horiuchi等也对磨料水射流抛光技术进行了研究，试验设备示意图和局部照片如图6.5所示。他们应用低浓度高速度的抛光特点，利用质量浓度为0.8%的白色氧化铝抛光液，磨料平均粒径为0.6μm，抛光射流速度为91m/s，对一平面光学玻璃（BK7）进行了修形。抛光后，玻璃面形的PV值由151nm降低到29nm，而粗糙度较抛光前略有增加，由1.49nm增加到1.53nm。同时，对去除斑点的形貌与工艺参数对去除效率的影响关系进行了实验研究。

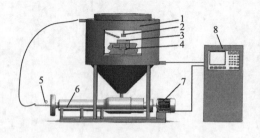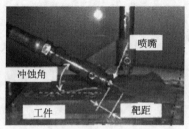

(a) 试验设备示意图　　　　　　(b) 喷嘴工件照片

图 6.5　试验设备示意图和局部照片

1—腔体；2—喷嘴；3—工件；4—XY轴；5—压力计；6—泵；7—发动机；8—NC 控制器

　　国防科学技术大学的李圣怡和李兆泽等于 2011 年根据多轴运动系统分析,研制了磨料水射流抛光机床,如图 6.6 所示。机床采用模块化组合结构,主体为一龙门式立铣框架。工作台可沿 X 方向平动,工作台上装有抛光装置的自旋转 C 轴系统,Y 轴运动通过横梁实现,其上装有 Z 向进给系统,Z 向工作台上装有摆头转台实现 A 方向的转动,A 向转台上安装工件自转系统 C',X、Y、Z、A、C' 五轴数控联动即可实现平面、球面和非球面等各种镜面结构的磨料水射流加工。

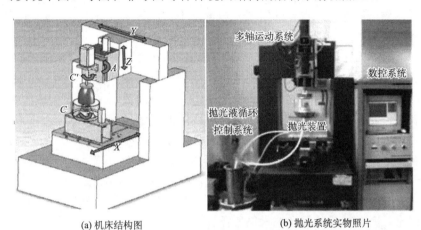

(a) 机床结构图　　　　　　　　　　　　　(b) 抛光系统实物照片

图 6.6　磨料水射流抛光机床结构图和实物照片

　　该磨料水射流抛光机床的主要规格参数见表6.1,它可以实现 ϕ 200mm 以内平面、球面、非球面和各种复杂曲面的抛光与修形加工。

表 6.1　机床的主要规格参数

结构形式	龙门框架结构、六轴五联动数控系统
外形尺寸	1200mm × 750mm × 1290mm
加工对象	光学玻璃、金属等
加工范围	工件直径小于 200mm
伺服进给系统 X 轴	滚珠丝杠+滚动导轨+光栅尺、200mm 行程
伺服进给系统 Y 轴	滚珠丝杠+滚动导轨+光栅尺、200mm 行程
伺服进给系统 Z 轴	滚珠丝杠+滚动导轨+光栅尺、100mm 行程
摆动工作台 A	交流伺服驱动转台
旋转工作台 C'	交流伺服驱动转台
旋转工作台 C	交流伺服驱动转台

（1）通过五轴(X、Y、Z、A、C')联动能够实现任意复杂曲面的面形修整加工。

（2）工件倒置，喷嘴在下，有利于加工凹型零件的内部，防止因抛光液在工件内部沉积而影响加工效果。

（3）根据射流抛光时材料去除函数的特点，特增加喷嘴倾斜自旋转装置(C轴)，以获得近高斯型的去除函数分布。

国内对磨料水射流抛光的研究基本都处于对理论模型、工艺影响因素、喷嘴的设计、射流抛光中的误差分析与控制等方面的研究阶段，而自主研发的成套设备较少。迄今为止，据报道西安工业学院的李福援等对磨料水射流抛光的工艺参数以及试验装置进行了相关的实验研究；西华大学的雷玉勇等研制出了四轴磨料水射流机床 HJ300-0503。

总之，自磨料水射流技术应用于高精度镜面光学抛光领域以来，国内外许多学者都对其展开大量的研究工作，也取得了一系列的成果。但从公开文献报道来看，对其研究还停留在理论、基本工艺和加工设备阶段，尚未真正将其应用于实际的光学加工中，尤其没有发挥磨料水射流抛光技术在高陡度、微小零件，以及对材料适应性强等加工方面的优势，因此与其他抛光方法在光学加工领域的成功应用相比，磨料水射流抛光技术仍急需证明其优良的超精密加工能力，以及其在一些特殊加工领域中的巨大优势作用。

Hashish对液体磨料射流抛光金刚石薄膜的可行性进行了探索性实验。通过实验发现，利用600目的SiC磨料可以将金刚石薄膜从3μm抛光到1.3μm。Fähnle等利用液体磨料射流抛光平板玻璃时，玻璃表面粗糙度从初始的475μm降低到5μm。Booij等在磨料液体射流抛光玻璃过程中，通过调整主要工艺参数(如加工时间、磨料浓度、磨料尺寸和靶距等)，发现材料去除速度有可能控制在1nm/min以内。Booij和Fähnle等通过实验发现，在磨料液体射流抛光过程中，通过调整喷嘴的运动轨迹，可以得到面形精度为N10的平面。Wilhelmus利用实验验证了磨料液体射流可以对球面进行预抛光和抛光加工。其研究结果表明：在抛光过程中，材料去除速率取决于磨料的锋利程度及其动能的大小。

在国内，苏州大学方慧对射流抛光技术进行了系统的研究，尤其针对射流抛光的边缘效应问题进行了仿真与实验研究，其研究表明该方法不存在常规抛光方法中出现的边缘效应问题，如图 6.7 所示，并且建立了一个三轴(其中两轴数控)数控液体喷射抛光系统。利用此系统，他们对ϕ90mm(顶点曲率半径为 277.2mm，二次曲面常数 k 为-2.69)的一凸非球面进行了数控抛光试验。试验最终得到某一截面的面形 PV 值优于 0.15μm，其表面粗糙度 Ra 达到 2.25nm。

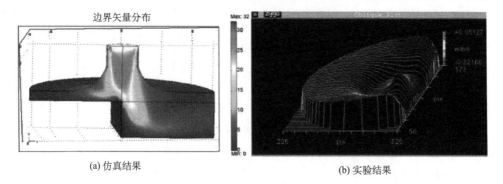

(a) 仿真结果　　　　　　　　　　　　　　　(b) 实验结果

图 6.7　射流抛光边缘效应问题研究

　　中国科学院光电技术研究所的施春燕对垂直冲击时的材料去除模型展开理论分析，建立其理论模型，并通过实验验证了该理论模型的正确性。同时，她对射流抛光的工艺影响因素、喷嘴的设计、射流抛光中的误差分析与控制，以及热效应等问题展开了非常系统而全面的研究。

　　2012 年，彭家强、宋丹路等研究了磨料水射流抛光技术对金属材料的去除力和去除模型。他们通过采用单颗粒磨料粒子使材料产生塑性变形来研究磨料水射流对金属材料的去除力，通过对纯水射流冲击材料的作用力和射流中磨料射流对材料的作用力和接触应力的理论推导，得出在磨料射流中轴线上可获得磨料颗粒去除金属材料最大打击力和最大剪应力及最大拉应力；通过建立伯努利方程，得到射流压力与金属材料的剪切力和拉应力的直接关系，为工程上磨料水射流抛光喷嘴设计和泵压选择提供理论参考依据。

　　另外，杨乾华和刘继光等通过实验研究认为，磨料射流对铁合金异形曲表面的磨削抛光是可行的，并得出了较为合理的抛光方案。西安工业学院的李福援等对磨料水射流抛光的工艺参数和试验装置进行了相关的实验研究。西南科技大学杨乾华研究了磨料水射流抛光钛合金材料，取得了比较好的实验效果，抛光效率非常高，对抛光异形曲面工件的表面抛光加工具有一定的借鉴作用。中国石油大学的王瑞和等对磨料水射流中的磨料颗粒进行相应的力学分析，给出了基本假设条件和物理模型，并对磨料颗粒受到的各力进行数学描述，为磨料水射流抛光的机理分析提供理论支持。山东大学朱洪涛等对中高压磨料水射流加工硬脆材料的冲蚀机理进行了大量的理论与实验研究。

6.2　基本原理与特点

6.2.1　磨料水射流抛光的基本原理

磨料水射流抛光技术是利用混有磨料的射流液体束在高压作用下对光学零件进行冲击碰撞、冲蚀而达到抛光的目的，其抛光基本原理如图6.8所示。磨料和基载液(一般为水)在容器中经过机械搅拌均匀后，由一个相对低压的压力系统将其吸入，用喷嘴形成射流，射流束以一定的冲击速度喷射到工件表面，对其进行加工去除作用，最后使用过的抛光液在防护罩和收集器的作用下经过滤后重新回到容器中以备循环使用。工件一般安装在一个可以进行自转运动、摆动运动和直线运动的多轴数控主轴上，通过摆动和直线运动可以设定工件加工表面法线与喷嘴轴线间的夹角及其工件距离喷嘴的基准距。在抛光过程中，混合有磨料粒子的抛光液经高压泵加速后，以一定的速度从喷嘴喷出冲击工件表面，产生径向速度，使得磨料粒子与工件表面产生相对运动，此时磨料颗粒就如同一把微小的柔性车刀，对工件表面实现切削、划刻加工，实现抛光加工；抛光结束后，磨料粒子跟随水流回流到收集器，如此循环往复，可对工件实现连续抛光。在抛光过程中，高速磨料粒子如同一把柔性的车刀，对工件表面进行切削加工；只要保证射流液体自身的工艺参数稳定，以及其与工件间的角度和距离的恒定，就可以获得长时稳定的去除函数，从而通过控制该去除函数在工件各局部区域的驻留时间，实现工件表面面形误差的修正，达到确定性抛光修形的目的。

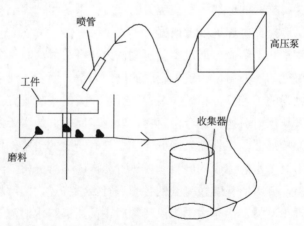

图 6.8　磨料水射流抛光原理

射流作用于物体表面，破坏物体表面原有的结构和状态，从而达到射流清污、剥层和切割功效，射流对物体材料的破坏作用过程和机理极其复杂，在射流中加入磨料可以大大地降低射流压力。磨料水射流以一定角度冲击抛光工件时，磨料对工件的冲击力可分解为水平分力和垂直分力。水平分力对工件上的凸峰产生削凸整平作用，垂直分力对工作表面产生挤压，使工件表面产生冷硬作用。

抛光初期，工件表面的凹谷处会滞留一部分磨料水射流混合液，形成一层薄膜。露置在薄膜外的凸峰会先受到磨料的冲击作用而被去除，使工作面得到明显的平整。通常表面粗糙度为微米级，这一过程通常称为一级抛光，即粗抛光。在此过程中，材料的去除量较大，需要选用颗粒较大的磨料，目前其材料去除机理被认为与普通磨料水射流加工机理相似。在磨料水射流抛光过程中，磨料去除工件表面材料的机制主要有两种，一种是塑性变形机制引起的，磨料对工件表面的冲击使材料向两侧隆起，这种过程并不会直接引起材料的切削过程，但随后在磨粒的作用下材料产生脱落而形成二次切屑。同时，磨粒也对工件表面有切削过程，这个过程可直接去除材料，形成一次切屑。另一种是利用混有磨料粒子的抛光液对工件的碰撞冲击、剪切刻划作用来去除材料。

粗抛光后，工件表面上只留下较小的凸峰，这时水平冲击分力减小了，垂直冲击分力增大，使得磨料对工作表面的挤压作用增强，这一过程通常称为二级抛光，即精抛光。在这一过程中，材料去除量很小，需要选用细颗粒磨料。这一阶段材料的去除机理至今还处于研究阶段。有学者认为，当材料去除尺度为纳米级别时，由于去除深度小于其临界切削深度，这时塑性流动便成为材料去除的主要方式，纳米尺度的磨料对工件的作用主要是挤压磨削。

6.2.2　磨料水射流抛光的特点

磨料水射流抛光技术具有应用范围广、去除斑点小、无亚表面损伤、适应于高陡度、小曲率半径工件加工和成本低等特点，具有广阔的发展前景，磨料水射流抛光技术的优点主要包括以下几个方面。

（1）对工件形状适应性强，能实现各种复杂面形的加工。抛光头是很小的液体柱，能适合如齿轮、叶轮、各种模具、精密机械零件等的各种型孔、型面与各种特殊复杂表面的抛光。尤其可以伸入高陡度非球面的内部和框体工件的内壁，对其内腔进行加工。

（2）无亚表面损伤。磨料水射流抛光的抛光头是一段细长的液体射流束，并且冲击压力一般在 1MPa 以下，因此加工过程中抛光面质量不受抛光盘变形的影响，不会改变材料的力学和物理性能及产生磨料硬、热损伤等。

（3）抛光精度高。选择合适的磨料及粒度大小并选择合适的喷射压力，磨料水射流抛光技术可以获得非常微小而精确的材料去除，得到高精密的表面面形。

（4）去除斑点小。细小的射流束可以产生很小的加工斑点，有益于加工微小零件，同时抛光液的循环使用既可以保证被抛光件的温度恒定，同时又可以自动清除加工碎屑。

（5）加工材料范围广。磨料水射流能精密抛光的材料种类范围非常大，包括光学玻璃、半导体材料、晶体材料、硬质金属材料，甚至是磁性材料等。

（6）加工清洁。不产生有害人体健康的有毒气体和粉尘等，对环境无污染，提高了操作人员的安全性。抛光液基本不损耗，可重复使用，寿命较长。

（7）加工磨具为高速高压液流，加工过程中不会变钝，减少了磨具准备、刃磨等时间，效率高。喷嘴与加工表面无机械接触，能实现高速加工。

（8）设备维护简单，操作方便，可以灵活地选择加工起点和部位，通过数控可以进行复杂形状的自动加工。

当然，磨料水射流也存在一些不足，主要表现在其加工效率较低，一般只能用其加工小尺寸零件；另外，由于其特殊的材料去除方式，在加工部分材料表面时，容易在表面产生凹坑，从而在一定程度上影响了表面质量的进一步提高。

总体而言，由于磨料水射流抛光技术具有众多的突出优点，从被应用于高精度镜面抛光领域至今，该技术已取得了巨大的发展，特别是在对高陡度非球面加工中表现出色，已成为高精度光学镜面不可或缺的加工方法之一。

6.3　理　论　模　型

在喷射去除过程中，水与磨料到底各自发挥着怎样的作用，到底是什么原因引起了材料的去除，以及材料到底是以什么样的方式被去除，一直是磨料水射流抛光研究领域的一个难点，这也在一定程度上限制了磨料水射流抛光技术在精密光学加工领域的应用与推广。

本节从射流冲击理论出发，深入研究了磨料水射流抛光技术的材料去除机理与模型。

6.3.1　无磨料水射流结构

工程所用水射流绝大多数是湍流流动，其实际结构与运动机理极其复杂，在流体力学理论分析上，其运动的基本图形是边界层流动。

在喷嘴出口处，水射流的速度是均匀的，而水射流一离开喷嘴就卷吸周围的介质，并与环境介质形成的边界层存在极大的速度差，由此而产生一个垂直于水射流轴心方向的力，该力与速度差成正比关系。在这些力与水射流内部湍流波动的作用下，其与环境介质发生的质量与动量交换使水射流表面出现波状分离。水射流流体与环境介质的质量与动量交换过程也就是水射流的传播与扩散过程。水射流的扩散首先开始于水射流表面并逐渐向轴心发展，因此在距喷嘴一定距离内形成一锥形的等速流核区。水射流核区内水射流的轴向动压力、流速和密度基本保持不变。水射流的边界变宽、速度降低，从而使速度保持初始速度不变的区域不断减少。速度等于零的边界称为外边界，水射流速度保持初始速度的边界称为内边界，内外边界之间的区域为边界层。

显然，边界层的宽度随着离开出口距离的加大而不断扩张，导致水射流中保持初始速度不变的区域不断减少。当内边界与水射流轴线相交时，即水射流截面上只有轴线上的速度为初始速度时，这个水射流截面称为转折面或过渡面。在过渡面之前，水射流轴心线上的速度始终保持初始速度不变；在过渡面之后，水射流轴心线上的速度开始逐渐衰减。

在水射流的外边界上，水射流与周围介质相互作用将产生极不稳定的漩涡，这些漩涡的运动可以是横向的，也可以是纵向的。这些漩涡有大尺度的，也有小尺度的，大尺度的漩涡运输能量，小尺度的漩涡耗散能量。这些大大小小的漩涡运动和分布都是杂乱无章的、随机的。在边界层内由于漩涡的运动使流体质点之间产生质量和动量的交换，导致在水射流边界层内产生沿水射流横向和轴向的匀速变化。

6.3.2　磨料水射流结构

磨料水射流的结构与水射流的结构大致相同。工程所用水射流绝大多数是湍流流动，其实际结构和运动机理极其复杂，流体力学的运动规律表明，从喷嘴以每秒几百米的高速喷出的磨料水射流通常处于紊流状态，而紊流的一个特点就是横向掺混，导致磨料水射流边界上的微细液滴与周围的气体(空气)之间发生动量交换，从而把周围的气体吸入到磨料水射流中，并随磨料水射流一起运动，促使磨料水射流的气体吸入量和横截面积随射程的增大而增大，而射流速度则随射程的增大而减小。1974 年日本学者 Yanaida 和 Ohashi 首先利用几何图形描述了水射流的特征图，后来经众多学者的实验与丰富，该特征图成为国际上磨料水射流学术界公认的射流结构图，如图 6.9 所示。由此可见，磨料水射流是由高速运动的含有气体、磨料和水滴组成的多相流。快速运动的磨料水射流具有很大的动能，接触到被加工的工件材料时，磨料水射流的动能大部分消耗于被加工材料的切削和变形上。

在喷嘴出口处，射流的深度是均匀的，而射流一离开喷嘴就卷吸周围的介质，其与环境介质形成的边界层存在着极大的深度差，由此而产生一个垂直于射流轴心方向的力，该力与深度差成正比关系。在这些力和射流内部湍流波动的作用下，其与环境介质发生的质量与动量交换，使射流表面出现波状分离。其构成和波长依赖于射流排出情况。射流流体与环境介质的质量和动量交换过程即是射流的传播与扩散过程。射流的扩散首先开始于射流表面并逐渐向轴心发展。因而，在距喷嘴一定距离内形成锥形的等速流核区。射流核区内射流轴向动压力、流速和密度基本保持不变。

如图 6.9 所示，将射流分为初始段、基本段和消散段。

1. 射流初始段

由喷嘴出口至转折面区域。射流一离开喷嘴就与环境介质发生剧烈的动量交换和紊动扩散，但仍有一部分处于中心线附近的射流介质保持喷嘴出口初始速度，这部分介质组成等速核心，是射流的精华。在等速核心的内部不存在横向或纵向的速度梯度，各点的速度大小、方向均相同，因此其属于一种有势流动（无旋运动），等速核心也称为势流核（potential core）。

射流的内应力和外边界之间的区域为剪切层，该区域是由射流介质与环境介质相掺混合而形成的紊流混合区。该区内存在速度梯度，因而产生雷诺应力，随着靶距的增加核心区逐渐减小。

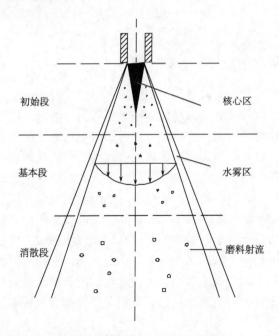

图 6.9　磨料水射流的结构示意图

2. 射流基本段

转折面以后至消散段间的区域。射流起始段后较长一段射流为射流基本段。该段内射流轴向流速和动压力逐渐减小，其变化呈双曲线关系，如图 6.10 所示。而在垂直于轴心的截面上，轴向动压力与流速自最大值迅速减至边界上的最小值，其变化呈高斯曲线关系。同时该段内的射流仍保持完整，并且有紧密的内部结构。

射流的紊动特性在该段中充分地表现出来，该区域也是由射流介质与环境介质互相掺混而形成的紊流混合区，与射流初始段混合区没有本质的区别，只是在射流基本段内被卷吸的环境介质增多，混合区的平均速度逐渐减小，对于高速射流，这两个混合区的雷诺数都在紊流区内，因此两个混合区的速度分布规律应是相互的。

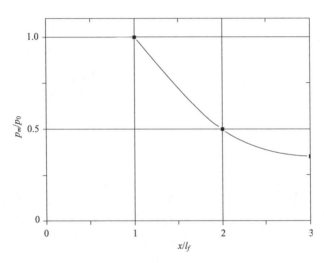

图 6.10　射流轴心动压沿程变化规律

P_m—轴心动压；P_0—起始段内轴心动压；x—轴-距离，l_f—取样长度

3. 射流消散段

基本段以外的区域。射流基本段后即为射流消散段。此时射流与环境介质已完全混合，射流轴向速度与动压力相对较低。例如，在大气中，射流已变成水滴与空气的混合物或雾化。显然在射流消散段，射流介质卷吸环境介质的能力基本殆尽，雾化区的作用基本模糊了边界层，由边界向轴心连线表明该点所在轴心面是雾化区的开始，射流在该区域已没有什么凝聚力。

由于射流基本段与消散段间的划分较为模糊，两段间无明显的特征变化界面，所以许多学者只把射流分成起始段和基本段两段加以讨论。

射流各段在工程应用中具有不同的功能。初始段用于材料切割最为有效，而基本段对清洗、除锈、修整加工、表面抛光和去毛刺等作业更为有利，消散段则主要应用于射流降尘、除尘等工艺中。

6.3.3　磨料水射流表面抛光机理

如前所述，在磨料水射流抛光过程中，磨料去除工件表面材料的机制主要有两种：一种是由塑性变形机制引起的，另一种是由断裂机制引起的。后者在脆性材料中显得特别重要。当施加冲击压力较大、磨料尖锐和材料的断裂韧度与硬度的比值越低，材料越趋向于压痕断裂，即冲击后沿冲击的痕迹发生断裂。材料的硬度决定了磨料颗粒可能压入的深度。如果压痕深度大于产生断裂的临界深度时，材料因断裂机制产生的去除过程就会优先发生。

磨料水射流中的磨粒对金属零件表面的加工不仅有磨粒的冲击磨削作用，而且有水射流对工件表面的冲蚀作用。在加工过程中，磨粒的磨削作用将工件表面的高点去除，同时其冲击作用使工件表面产生冲击微裂纹，在磨粒的连续冲击和水楔作用下，微裂纹得到扩展直至最后脱落使材料发生剥蚀。

20 世纪 70 年代 Adler 等的研究表明，水射流对材料表面的去除主要发生在射流的基本段。射流去除材料的四种作用模式分别为变形、压力波传播、横向喷射、水压的穿透。

水射流对材料去除的力学影响过程主要由两个阶段组成：(a)射流压力达到射流横向喷射冲蚀所需压力的压力积累阶段。(b)使材料表面被切除的压力释放阶段。水射流对工件表面的力学影响如图 6.11 所示。在(a)阶段，水射流与工件表面的接触面积随着时间增加逐渐扩大，非均匀的压力积累已达到最大值，这将使材料发生变形和纹理变化，材料表面失效主要发生在压力集中的区域，通常由冲击力造成的压力波传播是微裂纹产生的主要原因。在(b)阶段，当压力累积到一定的程度时，射流对材料表面产生横向喷射的冲蚀和射流压力产生的水力渗透将会对材料表面产生切削。水射流在(a)阶段主要发生冲击作用，在(b)阶段主要发生剪切作用。

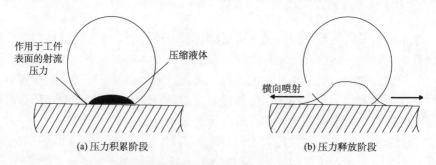

(a) 压力积累阶段　　　　　　　　　(b) 压力释放阶段

图 6.11　水射流对工件表面的力学影响

在磨料水射流冲蚀工件表面时，磨料粒子与工件表面的塑性剪切冲蚀过程分为弹性滑擦、耕犁和微切削三个阶段，如图 6.12 所示。

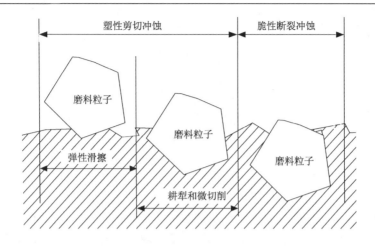

图 6.12　单颗粒磨料粒子对工件材料的冲蚀

在弹性滑擦阶段，磨料粒子压入材料表面较浅，工件材料处于弹性变形阶段，这一阶段磨料冲蚀对材料的去除没有贡献，材料表面产生的变形可以完全恢复，因此也不会改变工件的表面形貌。当磨料粒子进一步压入工件材料后，磨料粒子的冲蚀进入耕犁阶段，工件材料开始发生塑性变形，在冲蚀沟痕两侧出现隆脊。这一阶段磨料粒子的冲蚀会改变工件表面的形貌，也会引起少量材料的去除，材料被冲蚀表面是塑性剪切变形面。随着磨料粒子压入材料的深度继续增大，在磨料粒子前面的堆积的材料逐渐增多，剪切裂纹将在这些材料的剪切滑移表面上成核并扩展，最终导致材料被剪切去除，与此同时冲蚀沟痕两侧的隆脊会增高甚至部分隆脊也会发生剪切裂纹扩展而被去除。如果磨料粒子冲蚀动能较高，那么压入材料的深度超过某一临界值后，冲蚀过程就会转变为脆性冲蚀阶段。

在磨料水射流抛光工艺中，磨料粒子对材料的去除是提高表面质量的手段而非最终目的。因此在磨料水射流抛光中，应将磨料粒子的冲蚀过程尽量控制在塑性冲蚀阶段，以保证冲蚀表面为材料的塑性剪切变形表面，少出现甚至不出现脆性断裂表面。同时通过磨料粒子对材料的耕犁和塑性微切削作用来实现材料的微量去除，获得低表面粗糙度和高表面完整性的抛光表面。

6.3.4　磨料水射流抛光模型

在磨料水射流抛光中，通过磨料粒子对工件材料的塑性微切削作用来实现材料的微量去除，达到降低表面粗糙度、提高表面质量的目的。最终抛光获得的表面粗糙度主要由材料去除过程、材料原有表面质量和材料本身的微观结构所决定。

假定磨料粒子对绝对光滑的理想表面进行冲蚀，冲蚀后的表面粗糙度完全由磨料粒子的冲蚀沟痕构成，则表面粗糙度可以表示为 Ra。根据磨料粒子冲蚀过程

的断裂力学分析，磨料水射流对材料表面的抛光作用模型表达式为

$$\mathrm{Ra} = \frac{1}{l}\int_0^l |Z(x)|\,\mathrm{d}x = \frac{1}{4}\frac{L^2 \cot(\psi)n}{an} = \frac{1}{4}L\cot(\psi) \tag{6.1}$$

式中，Ra 为抛光完成后的最终表面粗糙度，单位为 μm；$|Z(x)|$ 为表面轮廓与中线的距离，单位为 μm；l 为取样长度，单位为 μm；L 为冲蚀压痕特征长度，单位为 μm；ψ 为磨粒半顶角，单位为 °；n 为冲蚀次数。

　　式(6.1)是磨料粒子冲蚀理想光滑表面形成的表面粗糙度，但在实际抛光工艺中，工件表面具有前一工序加工所形成的纹理。抛光工艺是在此基础上做进一步的微量去除加工。在磨料水射流抛光工艺中，使用较低的射流压力、小粒径的磨料和较小的冲蚀角度，因此磨料粒子的有效冲蚀动能较低，在工件表面形成的冲蚀沟痕的深度很小，要比工件前一工序形成的表面粗糙度值小。在磨料的单次冲蚀抛光过程中，工件在前一工序形成的表面不会被完全去除。而且磨料粒子的粒径尺寸比工件表面粗糙度尺寸大至少一个数量级，磨料粒子无法冲蚀到低于中线平面的凹谷，只能对材料表面中的凸峰进行有效去除。磨料水射流抛光正是以这种不断去除凸峰的方式实现降低工件表面粗糙度的目的。理论上讲，只要对工件表面的冲蚀次数足够多，磨料粒子的冲蚀总会将前一工序的表面纹理完全去除，只留下磨料粒子冲蚀沟痕形成的表面粗糙度。但实际上，无限制增加冲蚀次数是不可能的，也是完全没有必要的。只要冲蚀抛光的表面粗糙度和表面完整性满足了表面加工要求，那么没有必要将前一工序的加工纹理完全去除。

　　总之，对于单次冲蚀(或冲蚀次数较少)所形成的抛光表面，其表面形貌不可避免地会继承前一工序加工纹理所形成的表面形貌特征，抛光表面的表面粗糙度对前一工序加工所形成的表面粗糙度有强烈的依赖性。

1. 射流理论模型

　　6.4.2 节已经对磨料水射流结构进行了说明，此处再进一步说明。根据射流理论，混有磨料粒子的抛光液以极高的速度从喷管喷出后，由于抛光液同周围外部气体的吸附和混杂作用，射流沿进程逐渐扩散。如图 6.13 所示，运动可分为两个阶段：射流初始段和射流主段。在射流初始段内，形成了以 AOB、A'O'B' 为边界的紊流射流边界混合区和以 AO'A' 为边界的射流核心区。在射流核心区内，压力和流速均不变，等于喷管出口处的压力和速度。随着射流的前进，射流核心区逐渐缩小，经过一定距离后便完全消失。初始阶段后，射流充分发展，形成射流主段，该段内速度由轴心向外逐渐变小，并且轴心处的速度沿射流前进的方向逐渐衰减。

　　由射流理论得知，流体离开喷管后其运动具有自模性，速度分布为高斯分布形式，即

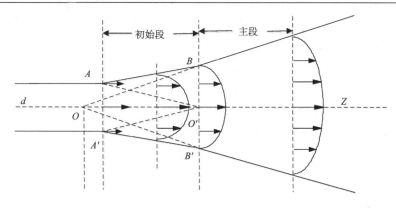

图 6.13　射流速度分布

$$\frac{v}{v_m} = \exp\left(-0.693\eta^2\right) \tag{6.2}$$

式中，v_m 为射流轴心处速度(对于射流初始段中紊流射流边界混合层，v_m 指 AO' 和 $A'O'$ 线上的速度)；v 为射流截面任一点处的速度；$\eta = y/b$，b 为射流半宽度，y 为任意点到射流中心线的距离。

抛光液与工件表面碰撞的瞬间，沿轴向动量的分量由初始的正值迅速变为零或由于反弹而具有较小的负动量分量值，若忽略微小的反弹作用，则此时磨料粒子对工件表面的冲击压力为

$$\frac{p}{p_m} = \frac{\rho v^2}{\rho v_m^2} = \left[\exp\left(-0.693\eta^2\right)\right]^2 \tag{6.3}$$

式中，p_m 为轴心处压力；p 为任意点 η 处压力；ρ 为抛光液密度。

同时根据喷口的结构形式，可将射流分为圆形自由射流、平面自由射流、环状射流和同轴射流等。考虑到该技术中利用的喷管一般是圆柱状的，且出口处也为圆形，因此射流体从喷管射到工件表面前，射流的形式属于圆形自由射流。本章将重点讨论圆形自由射流的一般特征。

2. 圆形自由射流

在密度和液体的动力黏滞系数不变的情况下，射流体在空间的运动过程满足不可压缩流动的纳维埃-斯托克斯(N-S)方程式，其矢量形式为

$$\begin{cases} \rho(\boldsymbol{V} \cdot \nabla)\boldsymbol{V} = -\nabla \boldsymbol{P} + \mu \nabla^2 \boldsymbol{V} \\ \nabla \cdot \boldsymbol{V} = 0 \end{cases} \tag{6.4}$$

式中，$\boldsymbol{V}$ 为流体的运动速度；ρ 为流体密度；μ 为流体的动力黏滞系数；$\boldsymbol{P}$ 为外界对流体的作用力。

考虑到射流在空间分布的对称性，采用柱坐标系。

连续性方程为

$$\frac{1}{r}\frac{\partial(rv_2)}{\partial r}+\frac{1}{r}\frac{\partial v_3}{\partial \theta}+\frac{\partial v_1}{\partial x}=0 \tag{6.5}$$

式中，v_1、v_2、v_3分别为柱坐标系中在x、r、θ方向的流速。

从圆孔射出的圆形自由射流及其与周围流体的掺混问题，可以按照流动对称于射流体的轴线处理，在$\omega=0$的θ方向上，其导数也为零，并设外围空间的静压强为常数；同时，对于射流有

$$v_1 \gg v_2, \frac{\partial}{\partial r} \gg \frac{\partial}{\partial x} \tag{6.6}$$

并假设射流体的空间分布不随时间变化，可得到简化的沿x方向的单个方程为

$$v_1\frac{\partial v_1}{\partial x}+v_2\frac{\partial v_1}{\partial r}=\frac{1}{\rho r}\frac{\partial}{\partial r}(rv_1\frac{\partial v_1}{\partial r}) \tag{6.7}$$

则连续性方程变为

$$\frac{1}{r}\frac{\partial(rv_2)}{\partial r}+\frac{\partial v_1}{\partial x}=0 \tag{6.8}$$

式(6.8)即为圆形自由射流的基本方程。

若忽略流体的黏性，则式(6.4)中应去掉黏性项$\mu\nabla^2 V$，变为无黏性不可压缩流动，即

$$\begin{cases}\rho(V\cdot\nabla)V=-\nabla P \\ \nabla\cdot V=0\end{cases} \tag{6.9}$$

可认为无黏性不可压缩流动的解是纳维埃-斯托克斯(N-S)方程式的精确解，但是一般来说该方程所要求的边界条件(即无滑移条件)不能满足，因此在实际求解时，还应考虑流体的黏性，采用式(6.4)描述射流体的运动状态。

3. 冲击理论

1) 前人的研究方法和工作

射流体从喷管喷出，若遇到外界物体的阻隔，则与物体表面发生碰撞，如图6.14所示。射流体在与工件表面碰撞时，沿轴向动量的分量由初始的正值迅速变为零或由于反弹而具有较小的负动量分量值。在射流体与工件碰撞的瞬间，对工件产生冲击压力。碰撞之后，射流体将沿工件表面向外流动。

由于自由射流冲击工件表面时，射流体在工件表面流场的分布与对工件表面

产生的压力场的分布均比较复杂，国外的学者一般采用高速照相方法进行研究。
在研究中，Bowden 和 Brunton 应用两个高速摄像系统，一个是 6 闪光的克兰兹-
沙尔丁系统(Cranz-Schardin)，另一个是贝克曼特理(Beckman Whitley)旋转照相机。
通过在极短的时间内拍摄射流体的运动特征来研究液体碰撞工件表面时流场的特
性，并利用偏振光来照明被作用的工件，应力双折射现象会显示出工件内部应力
是如何在撞击过程中形成的，以此来研究被撞工件的变形情况，并进一步研究工
件的变形机理。

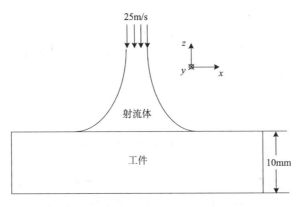

图 6.14　射流体与工件表面的碰撞示意图

　　Mabrouki、Raissi 和 Cornier 利用高速照相机研究射流体与工件碰撞时，工件
表面流体的分布情况和工件内部压力的分布情况。射流体从喷管喷出时，在出射
距离还比较小时射流头部速度为均匀分布，并未到达所谓的高斯型分布状态；但
是随着距离工件表面距离的减小，在射流头部速度分布出现变化，射流轴心处由
于受冲击波的影响，速度变小，而边缘则具有相对较大的速度分布，导致边缘处
的射流体先与工件发生碰撞，而轴心处的射流体还未与工件表面碰撞便沿工件表
面向外部流动，在工件表面相互作用的中心部分出现速度几乎为零的区域，称为
速度空穴。同样他们应用应力双折射现象得到了工件表面和内部压力的分布。

　　射流体与工件表面碰撞时，射流体的速度分布与对工件表面产生的压力分布
对于研究分析液体喷射抛光技术材料去除机理是极其重要的，而该方面的工作很
难从理论上求得，只能借助于有限元模拟软件模拟研究射流体与工件表面碰撞后
射流体速度场的分布和对工件表面产生的压力场的分布。

　　根据流体力学理论，对于冲击射流，由于液体射流在高的撞击速度下撞击的
瞬间是以可压缩的方式起作用的，当运动的液体柱前沿突然受阻而停止，而且没
有侧向流动，那么在运动液体柱中形成的压力为

$$P=\rho V_C V \tag{6.10}$$

式中，V 为液体柱的速度；V_C 为压缩波在液体中的速度；ρ 为液体的密度。

虽然此时没有物理的约束以防止射流的侧向流动，但是释放波从射流边上蔓延到液柱中心将经过一个有限的时间。释放波的前沿压力为 P，在波的后面，液体将开始沿径向向外流动，而压力最后降低到稳定流动的值。之后流动趋于稳定，形成稳流。最大压力在射流体与工件撞击的瞬间产生，但是对玻璃材料，其抗压强度大于抗拉强度，并且在材料内部没有危险裂纹时，内部的破坏强度很高。通常轴向的静压力并不能达到材料破坏的值，往往是表面上流体径向流动的结果使材料发生破坏，为此研究液体喷射抛光材料的去除机理时，只需要考虑碰撞冲击之后射流体在工件表面的运动情况。

经过一段时间稳流建立之后，忽略重力场作用，而考虑射流体的黏性时，流体的运动满足方程式(6.4)。

6.4　工　艺　研　究

6.4.1　磨料粒子类型、颗粒直径对抛光的影响

在磨料水射流抛光中，通过磨料粒子对工件材料的塑性微切削作用来实现材料的微量去除，达到降低表面粗糙度，提高表面质量的目的。最终抛光获得的表面粗糙度主要由材料去除过程、材料原有表面质量和材料本身的微观结构所决定。因此，磨料粒子的类型、颗粒形状、颗粒直径(目数)等对磨料水射流抛光具有重要影响作用。

磨料的种类很多，从理论上讲，任何一种有一定硬度的微细颗粒都可以作为磨料，因此磨料的来源十分广泛。常用的磨料有氧化物系、碳化物系、高硬磨料系和软磨料系等四类。不同种类磨料的抛光效果是不同的，各自有其适用的范围。

抛光时，首先应选择比工件材料硬度高的磨料种类，这样才能切入被抛光的工件表面，使工件表面受到切削作用；其次要保证磨料粒子在抛光液中保持一定的化学稳定性，以免在加工过程中与其他物质发生化学反应。磨料水射流抛光时，要求磨料与水均匀混合，不能使用比重过大或磨粒过粗的磨料。为了重复使用，要求磨料具有机械强度大和耐撞击的特性。

如前所述，抛光工艺的本质是在加工工件表面进行微量去除加工。在磨料水射流抛光工艺中，磨料粒子在工件表面形成的冲蚀沟痕的深度很小，要比工件前一工序形成的表面粗糙度值小。磨料粒子的粒径尺寸比工件表面粗糙度尺寸大至少一个数量级，磨料粒子无法冲蚀到低于中线平面的凹谷，只能对材料表面中的凸峰进行有效去除，磨料水射流抛光正是以这种不断去除凸峰的方式实现降低工件表面粗糙度的目的。

　　磨料粒子对粗糙表面冲蚀后形成表面形貌，可以近似认为是原有形貌叠加上磨料粒子冲蚀沟痕的波形。由表面粗糙度Ra值的定义可知，其相当于材料表面轮廓曲线的凸峰面积与凹谷面积之和除以取样长度所得的平均高度值。

　　兰州理工大学的马颖、刘洪军等通过选用氧化铁、氧化铝、二氧化硅和碳化硅为磨料进行抛光实验，各材料性质如表 6.2 所示。

表 6.2　磨料物理性能

磨料	密度/g/cm³	硬度/莫氏
氧化铁	5~5.2	5
氧化铝	3.95~4	8
二氧化硅	3	6
碳化硅	3.22	9.2

　　实验中保持喷射距离(5mm)、喷射角度(45°)、喷射压力(1.4MPa)不变，分别用将氧化铁、氧化铝、二氧化硅和碳化硅作为磨料对原型表面进行抛光，考察在抛光 30min 后试件的表面粗糙度值，结果如表 6.3 所示。

表 6.3　不同种类磨料抛光效果

磨料	粗糙度/μm
氧化铁	0.72
氧化铝	1.01
二氧化硅	0.85
碳化硅	1.17

　　从表 6.3 中可以看出，硬度较小的磨料对原型表面抛光效果好，这可能是同一大小的磨料粒子在撞击表面时，硬度较小的磨料切入表面深度比硬度大的磨料切入表面深度浅些，随时间的延长，凸凹峰的高度差会达到相对较小的数值。

　　同时他们针对不同大小的磨料粒子对抛光效果的影响进行了相关实验，磨料的颗粒尺寸可用磨料的粒度表示。实验选用氧化铁(Fe_2O_3)磨料，粒度(目数)分别为 100、300、500，实验中保持喷射距离(5mm)、喷射角度(45°)、喷射压力(1.4MPa)不变，考察在抛光各时间段下工件的表面粗糙度值。在抛光初始阶段，使用较大粒度磨料粒子能很快降低表面粗糙度，但随着抛光时间的增加，试件获得的表面粗糙度比用小粒度磨料抛光获得的表面粗糙度大。粒径越大，加工表面越粗糙。这是因为在抛光初始阶段，试件表面台阶高度差大，大粒度的磨料去除材料速度较快，迅速降低表面粗糙度，但随着抛光时间的增加，试件表面小台阶高度差逐渐降低，大粒度的磨料不能进一步减小试件表面小台阶高度差，也就无法获得更好的试件表面。

　　粒径大的磨料粒子生产效率高，适用于粗磨；粒径越小，生产效率越低，加工粗糙度值也越小，适用于精磨。磨粒粗，加工效率高，但不容易达到表面粗糙度要求；反之，磨粒越细，加工效率就低，但达到的表面粗糙度要求就高。在磨料水射流抛光工件时必须根据工件材料性质和加工的要求选择粒度。同一种磨料，若粒度不同，则加工效果也不一样。

6.4.2　磨料浓度与分布对抛光的影响

　　在磨料水射流中，磨粒的浓度分布可采用高斯分布的形式，即在主体段为

$$C = C_n \exp\left[-\left(\frac{l}{\lambda d_e} \right)^2 \right] \tag{6.11}$$

式中，C 为磨料水射流任意点的磨粒浓度；C_n 为磨料水射流断面上中心点的磨粒浓度；λ 为大于 1 的系数；d_e 为射流特性厚度；l 为截面任意点到轴线的距离。

　　在初始混合层为

$$C = C_0 \exp\left[-\frac{(r - d_e)^2}{\lambda r_m} \right] \tag{6.12}$$

式中，C_0 为出口断面的磨粒浓度；r_m 为任意断面核心区射流半径；λ 为经验系数取 1.12。

　　对于磨料水射流应用物质守恒定律，射流任意断面的磨粒的通过量应等于出口断面的相应值，在主体段可以表示为

$$\int_0^\infty Cv \cdot 2\pi r\, \mathrm{d}r = C_0 v_0 \frac{\pi D^2}{4} \tag{6.13}$$

式中，C_0 为出口断面的磨粒浓度；v_0 为磨料水射流的初始速度；D 为主体段的磨料水射流直径。

　　由试验资料可知，可采用正态分布表示流速的关系，即

$$v = v_m \exp\left(-\frac{l^2}{r^2} \right) \tag{6.14}$$

式中，v 为射流任意点速度；v_m 为同截面中心轴线上点速度；r 为射流截面半径。

　　将式(6.12)和式(6.14)代入式(6.13)积分得

$$\int_0^\infty Cv \cdot 2\pi l\, \mathrm{d}l = \int_0^\infty C_m \exp\left[-\left(\frac{l}{\lambda d_e} \right)^2 \right] \cdot v_m \exp\left(-\frac{l^2}{r^2} \right) \frac{1}{2} \mathrm{d}(l^2) = C_m v_m d_e^{\,2} \frac{\pi \lambda^2}{1 + \lambda^2} \tag{6.15}$$

即

$$C_0 v_0 \frac{\pi D^2}{4} = C_m v_m d_e^2 \frac{\pi \lambda^2}{1+\lambda^2} \tag{6.16}$$

考虑线性扩展关系

$$d_e = \varepsilon x \tag{6.17}$$

式中，ε 为射流系数；x 为任意截面到喷嘴的距离。

由射流各截面动量守恒可得 v_m 与 v_0 的关系为

$$\frac{v_m}{v_0} = \frac{1}{\sqrt{2}\varepsilon} \left(\frac{D}{x} \right) \tag{6.18}$$

式中的各个参数已经在上面介绍过。

将式(6.17)和式(6.18)代入式(6.16)，最后得

$$\frac{C_m}{C_0} = \frac{1+\lambda^2}{2\sqrt{2}\lambda^2 \varepsilon} \left(\frac{D}{x} \right) \tag{6.19}$$

将 $\lambda = 1.12$，$\varepsilon = 0.114$ 代入式(6.19)得

$$\frac{C_m}{C_0} = 5.59 \left(\frac{D}{x} \right) \tag{6.20}$$

由式(6.20)可以对磨料水射流的任意断面磨料浓度进行估算,可以根据此式对磨料水射流在工件表面抛光过程中到达工件表面的磨粒质量进行估计。通过估算可以了解磨料的浓度变化对工件抛光的影响。

磨料浓度越大，意味着在抛光过程中单位时间内与工件表面发生有效碰撞的磨料粒子越多，切削速率越快，粗糙度下降也相对较快。磨粒被磨料射流驱动并不是在瞬时就获得切削工件的速度。根据流体力学的原理，磨粒在恒定速度运动射流中的速度可表示为

$$v_z = v \frac{vt}{vt + \dfrac{8 r_m \rho_z}{3 f_0 \rho_f}} \tag{6.21}$$

式中，v_z 为磨粒在射流中的速度；v 为射流速度；t 为抛光时间；r_m 为磨粒半径；ρ_z 为磨粒密度；f_0 为磨粒在射流中运动阻力系数；ρ_f 为磨料浓度。

由式(6.21)可知，射流中磨料浓度越高，磨粒在射流中的速度就越大。磨料水射流在喷射过程中，体积相对不变，在其他抛光工艺都相同的情况下，磨粒获得的动能越大，对工件表面的抛光效果越好。为了提高磨料的浓度，可在抛光液中放入一定比例的助悬浮剂，以便悬浮起更多的磨料粒子。在抛光金属材料时，可再加入少量的防锈剂。

为了验证磨料浓度对原型抛光效果的影响，马颖、刘洪军等也进行了相关的实验。采用在抛光液中将氧化铁磨料(500 目)的配比分别定为 3%、5%、8%、10%，分别测量在相同的时间段获得的原型表面粗糙度。磨料浓度越大，在抛光初始阶段，试件表面粗糙度下降越快，这是由于磨料粒子数量的增加造成单位时间内与试件表面发生的碰撞次数加大，被切除的试件材料量也相应增多。随时间的延长，所得原型表面粗糙度基本趋于相同值，这主要是由磨料粒子大小决定的。实验证明 5%～8%浓度是比较合适的。

6.4.3　水射流冲击压力对抛光的影响

根据流体力学理论，对于冲击射流，射流体在高撞击速度下，撞击瞬间是以可压缩的方式作用的。当水射流冲击工件材料时，水柱前沿突然受阻而停止，而且没有侧向流动，此时水射流对工件材料的冲击压力 P_{im} 为

$$P_{im}=\rho_W V_0 V_{im}=\dot{m}V_0 \tag{6.22}$$

式中，P_{im} 为水射流对工件材料的冲击压力，单位为 MPa；ρ_W 为水的密度，单位为 kg/m^3；V_0 为压缩波在水中的速度，单位为 m/s；V_{im} 为射流的速度，单位为 m/s；$\dot{m}_m$ 为射流的质量流量，单位为 kg/min。

Erastov 对射流的质量流量进行了定义，即

$$\frac{\dot{m}}{\dot{m}_m}=\left(1-\xi^{1.5}\right)^3 \tag{6.23}$$

式中，$\dot{m}$ 为射流的质量流量，单位为 kg/min；$\dot{m}_m$ 为进行比较的射流的质量流量，单位为 kg/min；ξ 为射流半径比，$\xi=\dfrac{r}{r_0}$，r 为进行比较处的射流半径，单位为 mm，r_0 表示恒定靶距的射流半径，单位为 mm。

因此可得水射流对工件材料的冲击压力分布规律为

$$\frac{P_{im}}{P_m}=\left(1-\xi^{1.5}\right)^2 \tag{6.24}$$

式中，P_m 为进行比较的水射流的冲击压力，单位为 MPa，其余符号的意义与上面相同。

由式(6.22)可知，水射流对工件材料的冲击压力与射流速度成正比。由式(6.24)可知，水射流对工件材料的冲击压力与射流径向半径成反比。

磨料水射流对材料表面的去除是一个复杂的作用过程。其中包括磨料粒子对工件材料的撞击、剪切或微切削，以及水射流的影响、撞击产生热的影响、多次侵蚀的影响等。因此，磨料水射流对材料表面去除的累积损伤和工件表面开始发

生侵蚀现象的压力临界值的确定成为去除模型研究的重点和难点。

借用 Springer 的研究成果，磨料水射流对材料表面的冲击压力可表达为

$$P_{im}=\lambda_0 \dot{m} V_0 \geqslant M_s \tag{6.25}$$

式中，λ_0 为综合影响系数，其确定主要受磨料粒子尺寸、材料表层厚度、材料和射流特性等因素的影响，一般情况下 $\lambda_0=1$；$\dot{m}$ 为射流的质量流量，单位为 kg/min；V_0 表示压缩波在水中的速度，单位为 m/s；M_s 为材料的屈服强度。

由式(6.25)可知，水射流对工件材料的冲击压力是一个动态压力，当压力大于或等于材料表层的屈服强度时，材料表层将被去除，磨料水射流对工件材料表面的抛光作用得以实现。

苏州大学的余景池、方慧等通过保持喷射距离(8mm)、工作时间(5min)、入射角(60°)不变，调节射流压力来考察冲击压力对抛光效果的影响。在一定压力范围内，材料去除量与射流压力近似呈线性关系。这与传统抛光技术中作用压力与去除量的关系是一致的。射流压力增加，射流出口速度增大，抛光液与工件碰撞后剪切作用增强，材料去除量随之增大。

6.4.4　射流靶距对抛光的影响

基于 Springer 的研究，Meng 等对动态射流提出了一个预测射流靶距和去除深度的数学模型，即

$$\text{SOD}_C = f(\eta_0, \beta, \lambda, n, C_0, \rho_w, \xi, r_n, C, P_s, k, u, S_u, \rho_c) \tag{6.26}$$

$$h = f(\xi, C, \text{SOD}, \text{SOD}_C, n) \tag{6.27}$$

式中，SOD_C 为射流靶距；h 为去除深度；β、λ、n 为经验常数；C_0、ρ_w、ξ、r_n、C、P_s、k 为加工参数和流体特性；u、S_u 为材料特性；η_0 为材料表面单位面积的质量损失；C 为扩散系数；P_s 为系统压力；k 为定义射流压力损失的常数；u 为喷嘴移动速度。

射流中的单个液滴的能量损耗定义为

$$\gamma = \beta \left(\frac{\lambda P_{im}}{S_u} \right)^n \left(\frac{\pi D_d^3}{6} \right) \rho_e \tag{6.28}$$

式中，γ 为单个液滴的能量损耗；D_d 为液滴直径；S_u 为材料的拉伸强度；ρ_e 为材料密度。上述数学模型并没有考虑射流结构对材料去除趋势的影响。

由式(6.28)可知去除深度表达式并不可积，因此射流靶距和去除深度不能定义为一个封闭形式的方程。这个数学模型是为了描述去除深度随射流靶距增加的变化趋势，在射流靶距的变化比为 0.6 时，去除深度达到最大值。Meng 通过实验研究得出动态射流的射流靶距和去除深度的曲线关系，如图 6.15 所示。

通过对金属材料的实验研究表明，材料的去除与靶距有很大的关系，不同靶距的水射流对钛钢表面的作用如图6.16所示。在靶距很小的情况下，材料去除程度不明显，当射流随着靶距的增加而分解成液滴后，对材料表面的作用才开始发生。

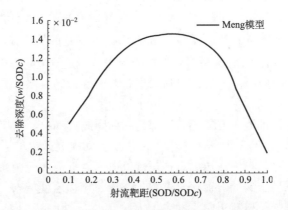

图 6.15　射流靶距和去除深度的曲线关系

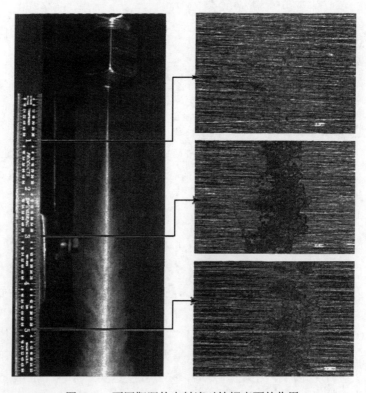

图 6.16　不同靶距的水射流对钛钢表面的作用

可以看出，靶距是一个很重要的参数，不同的靶距作用在工件表面的作用力是不一样的。射流对工件表面打击力最大时的靶距称为最佳靶距。了解靶距与射流基本参数间的关系，有利于确定射流作业的最佳工况。

马颖等也进行了相关研究来测试喷射距离对原型表面粗糙度的影响，实验保持喷射压力（1.4MPa）、喷射时间（10min）、喷射角度（45°）不变，改变喷射距离的大小，分别测量所得试件表面粗糙度如图 6.17 所示。

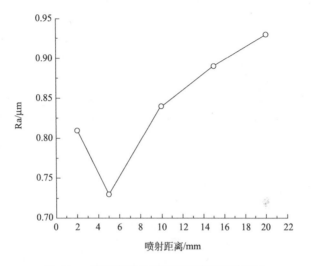

图 6.17　喷射距离对原型表面粗糙度的影响

由图 6.17 可知，对于给定条件，原型表面粗糙度对应一最佳喷射距离，因为在最佳喷射距离内，随着喷射距离减小，磨料粒子冲击能量增大，有利于材料的去除；但如果超出最佳喷射距离范围，对于给定的喷射压力，磨料粒子流压力和速度降低，磨料粒子到达工件表面的速度也相应减少，材料去除率降低。如果继续加大喷射距离，那么可能没有材料去除发生。如果喷射距离过小，那么所得试件表面粗糙度反而较最佳喷射距离所得的大，这可能是由于射流束在未充分扩散之前就与试件发生碰撞。在碰撞的瞬间，整个射流的头部迅速上抬，先前射流里的磨料粒子与后续射流里的磨料粒子发生碰撞，降低了磨料粒子对试件表面小台阶的有效剪切力。

6.4.5　喷射角度对抛光的影响

喷射角度是指喷射轴线与加工表面切线的夹角，又称为入射角或攻角。它决定磨料粒子对抛光表面的冲击力方向和性质，即 P_y/P_x 的值（P_x、P_y 分别为水平 x、垂直 y 方向上的压力）。工件材料不同，喷射角度对其的影响也不同。

　　射流与工件表面碰撞的瞬间，沿轴向动量的分量由初始的正值迅速变为零或由于反弹而具有较小的负动量分量值。若忽略微小的反弹作用，则此时磨料粒子对工件表面的冲击压力为

$$\frac{P}{P_M} = \frac{\rho v^2}{\rho v_M^2} = [\exp(-0.693k^2)]^2 \tag{6.29}$$

式中，P_M 为轴心处压力；P 为任意点处压力；ρ 为抛光液密度；v 为任意点处射流速度；v_M 为轴心处射流速度；k 为无量纲系数。

　　磨料水射流抛光时磨粒受力分析如图 6.18 所示。假设射流轴线与被抛光表面的夹角为 θ，则可对磨粒在被抛光表面上的冲击力 P 进行分解。其中水平方向的分力只使工件表面的凸峰处产生弯距，进而产生削凸整平作用。垂直方向的分力则提供磨粒切入工件表面的动力。通过调整冲击力 P 与被抛光表面之间的夹角 θ，即可控制 P_x 和 P_y 的大小，以适应不同材质和工艺要求所需要的 P_y/P_x 的值。

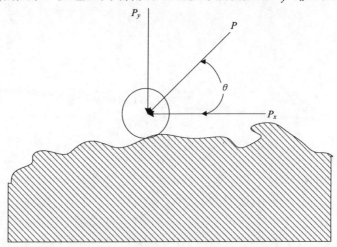

图 6.18　磨粒碰撞工件表面受力分析

　　通过实验，抛光液配方为：5%氧化铁(500 目)磨料微粉，1.5%聚丙烯酰胺(悬浮剂)，93.5%水。保持喷射时间(30min)、喷射压力(1.4MPa)、喷射距离(5mm)不变，先后调节喷枪轴线与试件表面切线夹角为 30°、45°、60°、90°，测得抛光后原型表面粗糙度如图 6.19 所示。

　　由于磨料水射流抛光主要靠磨料粒子的剪切作用达到去除材料的目的，所以在给定的加工条件下，存在着最佳喷射角度。在最佳喷射角度内，水平分力 P_x 磨削效果与垂直分力 P_y 切入材料的深度达到最优。大于最佳喷射角度，垂直分力 P_y 变大，磨料粒子切入材料表面深度加大，造成表面凸凹峰高度差相应加大，导致粗糙度偏大。小于最佳喷射角度，垂直分力 P_y 变小，磨料粒子切入材料表面深度

变浅，造成磨削减小凸峰高度的趋势变弱，从而降低抛光效率。

实验证明在喷射角度为 45° 左右时抛光效果最好。当喷射角为 45° 时，根据射流理论，射流体在该处与试件表面碰撞后向外流动时存在大角度的弯折现象。由动量定理可以知道，该处磨料粒子对材料的碰撞剪切作用大大提高，材料的去除量多。

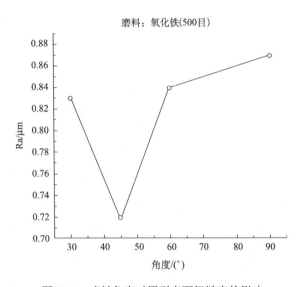

图 6.19　喷射角度对原型表面粗糙度的影响

6.4.6　工件表面形状对抛光的影响

磨料水射流冲击物体表面时，被冲击物体具有不同的表面形状，使射流改变方向，在其原来的喷射方向失去一定动量。这部分动量将以作用力的形式传递到工件表面上。连续射流对工件表面的作用力是指射流对工件冲击时的是稳定冲击力——总压力。

首先研究理想射流对工件表面的作用力。理想水射流是指射流断面恒定不变，断面内速度分布均匀，射流的性质不随工件离喷嘴距离加大而改变。

图 6.20 是射流冲击工作表面示意图。

可以看出，射流冲击工件表面的动量为 ρqv，冲击工件表面后的动量为 $\rho Qv\cos\varphi$。因此射流作用在工件表面的作用力为

$$F = \rho qv - \rho qv\cos\varphi = \rho qv(1 - \cos\varphi) \tag{6.30}$$

式中，ρ 为磨料水射流的流体密度，单位为 kg/m^3；v 为磨料水射流流体密度，单位为 m^3/s；q 为射流束的体积；φ 为水射流冲击工件表面后离开工件表面的角度。

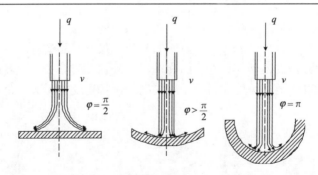

图 6.20　磨料水射流对工件的冲击

式(6.30)表明，射流对工件表面的作用力不仅与射流密度、速度有关，还与射流离开工件表面的角度 φ 有关。角度 φ 取决于工件表面形状。

由式(6.30)可以看出：

（1）当 $\varphi=\dfrac{\pi}{2}$ 时，射流作用在物体表面上的作用力为 $F=\rho q v$；

（2）当 $\varphi=\pi$ 时，射流完全反射，射流作用在工件表面上的作用力达到最大值，即 $F=2\rho q v$。

设射流为轴对称射流。由喷嘴出口断面至基本段的动量方程为

$$\int_0^A \rho_B v_x^2 (1+C_m)\,\mathrm{d}S = I_0 \tag{6.31}$$

$$I_0 = m_B v_B + m_n v_n \tag{6.32}$$

式中，I_0 为喷嘴出口断面上射流的动量，即空气的动量和混合物动量之和；m_B 表示空气的质量流量；m_n 为磨料水射流的质量流量；v_B 为喷嘴进口处的空气速度；v_n 为喷嘴出口处的空气速度；C_m 为射流边界层混合物的质量分数；ρ_B 为空气密度；v_x 为边界层中任一点的速度；S 为射流断面面积。

式(6.32)为理论动量计算公式。因为射流压力、速度和磨粒的分布复杂性，在边界存在空气(气相)和液滴(液相)两相的混合流动，所以很难对其进行精确的计算。但从式(6.30)中可以看出，射流的冲击与射流的基本参数是紧密相关的。射流任意点的速度又和射流在出口处的流体速度有直接的关系。

当然，求出射流冲击工件表面的总作用力并不能表征射流对工件的破坏能力。对工件起破坏作用的是射流对工件的冲击压力，即单位面积的作用力，也就是压强，但射流对工件的作用力仍是一重要参数。

目前对于工件表面形状对抛光影响的实验不是很多，只对未抛光的毛面和抛光过的亮面分别在相同的条件下用磨料水射流的方法对其进行抛光实验。

方慧等选择长为25mm、直径为2.5mm的圆柱形喷管，调节喷管到工件的距离

约为7mm。为效果明显起见，暂时采用垂直喷射（垂直喷射抛光效率高），同时喷管以 v=150mm/min进行匀速直线运动，以实现对整个面的抛光。实验工件材料为平面K9玻璃。实验表明，未抛光的毛面随着工作时间的延长，抛光区的表面粗糙度值逐渐下降，最后趋于稳定，表面粗糙度最终稳定在20nm左右，而抛光好的亮面随着作用时间的延长，材料的去除量不断增加，表面粗糙度也随之增加。随着加工时间继续增加（此时去除量为PV=1.6μm），表面粗糙度不再增加，逐渐趋于稳定值，最后得到的表面粗糙度Ra为18nm左右。

6.5　小　　结

　　磨料水射流抛光技术是在磨料水射流加工技术的基础上发展起来的集流体力学、表面技术于一体的一种新型密集加工技术。总的来说，国内外对于其研究还比较少，只有少数学者进行了探索性实验研究，尚未形成系统广泛的研究成果。由于磨料水射流抛光加工使用的设备简单，在进行抛光加工时可根据工件的形状特点、加工部位的加工要求，选择合适的喷嘴；针对不同的加工材料，选择相应的磨料，因此使用十分方便，特别适合加工一些用其他加工方法不能加工的工件。

　　目前随着科技的发展，在磨料水射流抛光技术的基础上，与传统的抛光技术相结合，产生了新的抛光技术，如与金属电解抛光技术结合产生的电解磨料喷射复合抛光新工艺，其原理是：当混合液从喷嘴喷出时，电解液在喷嘴与工件之间形成导电介质，喷嘴与工件间距离较近且接通电解电源，发生电解作用并在工件表面形成钝化膜。钝化膜会阻碍电解的继续进行，而磨料的喷射作用可以去除钝化膜，且轮廓凸峰处的钝化膜容易最先被去除，使凸峰处金属的电解溶解速度比凹处快，从而表面粗糙度得到改善。

　　大量研究表明，在磨料水射流抛光加工中，有超过 25 个加工参数对加工结果有直接的影响。而在磨料水射流抛光加工中，只研究磨料种类、磨料粒度、喷射压力、喷射距离、喷射角度等几个参数对加工结果的影响是远远不够的。此外，磨料流中磨料的分布规律和速度分布规律都有待于理论研究和实验验证；针对不同材料和加工条件的优化加工模型有待于完善。总之，磨料水射流抛光加工还处于发展和完善阶段，随着对加工机理认识和实验研究的深入，磨料水射流抛光在工业生产中，特别是在工件异形型面的光整加工中将会发挥更大的作用。

　　理想的磨料水射流抛光加工结果是材料去除量小，表面质量高。若想得到理想的抛光结果，则需要选用压力低、磨料尺寸小的磨料水射流，即微磨料水射流。但目前微磨料水射流的理论还不成熟，有以下几个主要问题有待解决。

　　（1）微细磨料水射流的形成。普通的磨料水射流形成是利用文杜里效应引射使磨料进入水射流的，但 Miller 发现，当射流直径小于 300μm 时，这种使磨料进入水射流的方式已不能应用。目前对于微磨料水射流混合机理的研究还少见报道。

（2）磨料团聚。当磨料颗粒为纳米级时，磨料的表面能很大，在磨料水射流形成过程中，磨料颗粒有团聚趋势。在磨料水射流精抛光加工时，需要用到纳米级的磨料，而对于磨料水射流中纳米级磨料的分散问题目前还没有解决。

（3）微细磨料加工时发生喷嘴堵塞。由于微细磨料水射流喷嘴尺寸较小，在射流开关的过程中极易堵塞。有的学者利用阀控制磨料进入喷嘴的时间，但同时阀的快速磨损破坏又成为一个新的问题。

（4）因为对磨料水射流抛光技术的研究处于起步阶段，从实验到理论都还没有形成成熟的抛光工艺理论。磨料水射流精抛光加工时，材料去除机理是微观去除机理，各种材料的微观去除机理至今还没有定论。

（5）磨料水射流抛光加工（尤其是精抛光加工时）选用的磨料尺寸很小，而由于经济和技术原因，喷嘴尺寸很难做到很小。由于喷嘴尺寸与磨料尺寸比很大而引起的尺寸效应对于加工的影响规律尚不清楚。

因此可以看出对于磨料水射流抛光技术的研究还处于初级阶段，今后应从理论、实验两方面对磨料水射流抛光技术进行进一步深入研究。

参 考 文 献

车翠莲, 黄传真, 朱洪涛, 等. 2007. 磨料水射流抛光技术的研究现状[J]. 工具技术, 41(10):14-16.

成建联, 宋国英, 李福援. 2002. 磨料水射流抛光时工艺参数对工件去除量的试验研究[J]. 西安工艺学院学报, 22(1):67-71.

董志勇. 2005. 射流力学[M]. 北京: 科学出版社.

方慧, 郭培基, 余景池. 2004. 液体喷射抛光材料去除机理的研究[J]. 光学技术, 30(2):248-250.

方慧, 郭培基, 余景池. 2006. 液体喷射抛光技术材料去除机理的有限元分析[J]. 光学精密工程, 14(2):218.

方慧. 2004. 液体喷射抛光技术[D]. 苏州: 苏州大学.

方慧. 2007. 数控液体喷射抛光技术[D]. 苏州: 苏州大学.

方景礼. 2005. 金属材料抛光技术[M]. 北京: 国防工业出版社.

郭子中, 陈玉璞. 1983. 流体动力学[M]. 北京: 人民教育出版社.

李兆泽. 2001. 磨料水射流抛光技术研究[D]. 长沙: 国防科学技术大学.

刘增文. 2007. 精密微磨料水射流加工系统及实验研究[D]. 济南: 山东大学.

彭家强. 2012. 磨料水射流对金属材料去除力和去除模型的研究[J]. 机械设计与制造, 2:008.

邱刚. 2007. 基于 PMAC 的水射流机床开放式数控系统的研究[D]. 成都: 西华大学.

邵飞. 2007. 用于 SLA 原型的磨料水射流抛光工艺研究[D]. 兰州: 兰州理工大学.

沈忠厚. 1998. 水射流理论与技术[M]. 东营: 石油大学出版社.

陶彬. 2003. 高压水射流加工理论与技术基础研究[M]. 大连: 大连理工大学出版社.

汪恺. 2004. 表面结构[M]. 北京: 中国计划出版社.

汪庆华, 李福援, 万宏强. 2005. 磨料水射流装置特性研究[J]. 液压与气动, 10:43.

王明波, 王瑞和. 2006. 磨料水射流中磨料颗粒的受力分析[J]. 中国石油大学学报(自然科学版), 30(4):47-49.

王永青, 周根然, 张卓. 1995. 三相磨粒流喷射加工工艺研究[J]. 电加工, 6:38-41.

薛胜雄. 1998. 高压水射流技术与应用[M]. 北京: 机械工业出版社.

薛胜雄. 2006. 高压水射流技术与应用[M]. 北京: 机械工业出版社.

杨乾华, 刘继光, 徐慧. 2003. 磨液射流磨削抛光钛合金的试验研究[J]. 钛工业进展, 2:22-24.

杨世春. 2001. 表面质量与光整技术[M]. 北京: 机械工业出版社.

袁卓林. 2010. 磨料水射流表面抛光技术的理论及实验研究[D]. 成都: 西华大学.

朱洪涛. 2007. 精密磨料水射流加工硬脆材料冲蚀机理及抛光技术研究[D]. 济南:山东大学.

第 7 章 磁射流抛光

7.1 概 述

磁射流抛光技术结合了电磁学、磁流体力学、流体动力学和光学加工理论，是一门综合磨料水射流抛光技术特点和磁流变抛光技术特点的新型抛光方法，属于确定性的柔性抛光范畴，能够实现较远距离的确定性抛光。

磁射流抛光技术利用磁流变液在外磁场作用下发生磁流变效应的独特性质，使用一个在喷嘴出口附近的局部轴向磁场稳定磁流变液射流束，可以消除初始扰动对射流结构的破坏，从而获得一个稳定、汇聚的射流束，提高了去除函数的稳定性和抛光能量，并扩大了抛光工具的加工距离。因此，这种加工技术适合如高陡度非球面、大长径比内腔、自由曲面和小尺寸非球面光学零件等复杂形状的确定性精密抛光。

图7.1所示为磁射流抛光原理图，混有磨料的磁流变液在搅拌箱中搅拌均匀后，通过升压系统以一定的压力到达喷嘴。携带着磨料的磁流变液由高磁导率的喷嘴出射后，受到由电磁螺线管产生的轴向磁场的磁化作用而发生磁流变效应，磁流变液中的铁磁颗粒在外磁场作用下排列成链状结构，导致表观黏度迅速增大抑制扰动，从而使得射流束稳定。虽然冲出螺线管后磁场逐渐消失，使得射流束的稳定性开始减弱，但是由于残余磁场和黏性影响，射流束仍然可以在几十厘米的距离内维持稳定。

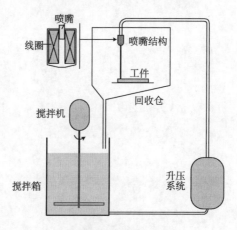

图 7.1 磁射流抛光原理

　　磁射流抛光技术的优势可以归纳为以下几个方面：其一，磁射流是一个非接触式的小尺寸柔性抛光技术；它能自动适配局部表面，为确定性精密抛光复杂形状表面提供了适应性；抛光工具（或者称为"抛光模"）不会磨损，因为实际抛光的不是喷嘴，而是靠磁射流冲击工件表面而产生的径向剪切作用去除材料。其二，去除特征稳定；加工过程中对加工表面的影响能保持恒定，这也是确定性面形修整的最主要要求；另外，还可以很容易地通过改变喷嘴和倾斜角度来优化抛光去除函数的大小和形状。其三，对加工距离不敏感；磁射流的独特性有助于消除由喷射带来的扰动力，从而避免由扰动带来的液柱发散和不稳定，提高射流的喷射能量。其四，通过控制射流速度、压力、磁场强度和液体浓度等因素改变去除效率，从而可以有效适应不同面形加工需求。其五，零件装卡产生的微小翘曲变形不影响加工精度，这得益于其依赖柔性铺展流动性能而去除材料，不同于刚性工具的到位去除。其六，磁射流能确定性精密抛光的材料种类范围很宽，包括光学玻璃、熔融石英、半导体材料和单晶材料等。

　　然而，磁射流抛光技术也存在一些技术不足，例如：

　　（1）磁射流属于小工具抛光技术，加工过程中易出现碎带误差。

　　（2）最直接获取的去除函数呈现倒 W 状分布，因此会影响加工的收敛性。

　　磁射流抛光技术是在磨料水射流抛光技术的基础上发展的新型加工方法，最早由美国 QED 公司 Kordonski 等首先应用于抛光领域中。

　　在1999年和2003年，QED公司分别申请了第一个磁射流抛光技术专利和改进专利，并与Rochester大学合作，于2006年研制CNC抛光机床。在此基础上，QED公司还验证了通过磁射流技术能够在不同材料和形状的工件上获得PV值和表面粗糙度为几十纳米的精密光学表面。对铝拱形头罩内凹球型小玻璃体进行磁射流抛光（小玻璃体的参数：曲面半径为20mm，直径为23mm，球形玻璃体近似头罩顶部形状），其PV值223nm，粗糙度为50nm，抛光后PV值为44nm，粗糙度为6nm，面型误差PV值提高了5倍、粗糙度提高了8倍。利用上面的设备对凹球面陶瓷进行喷射，初始面PV值1740nm，RMS值为255nm，加工后PV值为133nm，RMS值为12.1nm；另外对不规则几何体进行喷射，初始面型PV值为304nm，RMS值为73.4nm，抛光后PV值为47nm，RMS值为6nm；对球面进行抛光，初始面型PV值为408nm，抛光后PV值为42.5nm。相关研究人员对球形石英玻璃头罩进行了磁射流抛光，该玻璃外径为97mm，内径为92mm，高为41.2mm，外球面曲率半径为50.5mm，内球面曲率半径为48mm，厚为2.5mm，两面抛光。

　　OptiPro Systems 设计并采用磁射流技术抛光了厚圆顶，CeraNova 设计并抛光了薄圆顶，其直径均大于 65mm，均采用子孔径拼接干涉仪（Sub-aperture Stitching Inteferometer, SSI）进行数值误差检测。厚圆顶的初始误差为 6.7μm 的 PV 值和 1.16μm 的 RMS 值，经过磁射流抛光之后降低到 1.5μm 的 PV 值和 0.19μm 的 RMS

值，精度提高了 6 倍；薄圆顶经过磁射流的预抛光， PV 值为 1.56μm、RMS 值为 0.268μm，在经过磁射流的抛光后达到 0.3μm 的 PV 值和 0.02μm 的 RMS 值。抛光过程中用各种角度入射，最大达到±30°来使射流束能够达到圆顶的边缘，这种方式和共形圆顶的加工是相同的，其抛光结果再次说明了对于拱形和尖顶的内表面的抛光能够达到很高的精度。

此外，苏州大学、国防科学技术大学、浙江工业大学、中国科学院长春光学精密机械与物理研究所、北京理工大学等对磁射流抛光所需的磁场和磁流变液进行研究，取得了一定的成果。但是目前我国对一些关键性技术还处于研究阶段，与国外的发展仍有一定的差距。

7.2　流体动力学理论基础

7.2.1　直角坐标系中连续性方程

微元六面体，边长分别为 dx、dy、dz，中心点流速为 v_x、v_y、v_z，密度为 ρ，如图 7.2 所示。

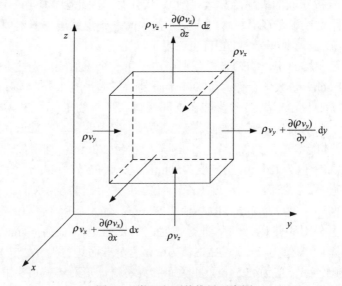

图 7.2　微元六面体推导示意图

1. 可压缩流体三维流动连续性方程

$$\frac{\partial \rho}{\partial t} + \frac{\partial(\rho v_x)}{\partial x} + \frac{\partial(\rho v_y)}{\partial y} + \frac{\partial(\rho v_z)}{\partial z} = 0 \qquad (7.1)$$

适用范围：定常流动或非定常流动；可压缩流体或不可压缩流体。

物理意义：单位时间内通过单位体积表面流入的流体质量，等于单位时间内内部质量的增量。

2. 可压缩定常流动连续性方程

当为恒定流时，有

$$\frac{\partial \rho}{\partial t} = 0 , \quad \frac{\partial(\rho v_x)}{\partial x} + \frac{\partial(\rho v_y)}{\partial y} + \frac{\partial(\rho v_z)}{\partial z} = 0 \tag{7.2}$$

3. 不可压缩流体定常流动或非定常流动连续性方程

当为不可压缩流时，有 ρ=常数，则

$$\frac{\partial v_x}{\partial x} + \frac{\partial v_y}{\partial y} + \frac{\partial v_z}{\partial z} = 0 \tag{7.3}$$

不可压缩流体流动时，流速在 x、y、z 轴方向的分量沿其轴向的变化率互相约束。物理意义为：不可压缩流体单位时间内流入单位空间的流体质量(体积)与流出的流体质量(体积)之差等于零。

7.2.2　无黏性流体的运动微分方程

在无黏性运动流体中微元六面体受力为单位质量力在各坐标轴方向的分量 (X, Y, Z)，流体动压强为 p，根据 $\Sigma F = ma$，可推导出无黏性流体的运动微分方程(欧拉运动方程)为

$$\left. \begin{array}{l} X - \dfrac{1}{\rho}\dfrac{\partial p}{\partial x} = \dfrac{\mathrm{d}v_x}{\mathrm{d}t} \\[2mm] Y - \dfrac{1}{\rho}\dfrac{\partial p}{\partial y} = \dfrac{\mathrm{d}v_y}{\mathrm{d}t} \\[2mm] Z - \dfrac{1}{\rho}\dfrac{\partial p}{\partial z} = \dfrac{\mathrm{d}v_z}{\mathrm{d}t} \end{array} \right\} \tag{7.4}$$

比较：欧拉平衡微分方程 $\left. \begin{array}{l} X - \dfrac{1}{\rho}\dfrac{\partial p}{\partial x} = 0 \\[2mm] Y - \dfrac{1}{\rho}\dfrac{\partial p}{\partial y} = 0 \\[2mm] Z - \dfrac{1}{\rho}\dfrac{\partial p}{\partial z} = 0 \end{array} \right\}$ →欧拉运动方程的特例。

在欧拉研究方法中，$v_x = f(x, y, z, t)$，则 v_x 的全微分为

$$\mathrm{d}v_x = \frac{\partial v_x}{\partial x}\mathrm{d}x + \frac{\partial v_x}{\partial y}\mathrm{d}y + \frac{\partial v_x}{\partial z}\mathrm{d}z + \frac{\partial v_x}{\partial t}\mathrm{d}t \tag{7.5}$$

$$\frac{\mathrm{d}v_x}{\mathrm{d}t} = \frac{\partial v_x}{\partial x}v_x + \frac{\partial v_x}{\partial y}v_y + \frac{\partial v_x}{\partial z}v_z + \frac{\partial v_x}{\partial t} \tag{7.6}$$

式(7.6)右侧：前三项表示质点由于位置移动而形成的速度分量的变化率——位变加速度；后一项表示质点经 $\mathrm{d}t$ 时间的运动后而形成的速度分量的变化率——时变加速度。

故欧拉运动方程可表示为

$$\left.\begin{array}{l} X - \dfrac{1}{\rho}\dfrac{\partial p}{\partial x} = \dfrac{\partial v_x}{\partial x}v_x + \dfrac{\partial v_x}{\partial y}v_y + \dfrac{\partial v_x}{\partial z}v_z + \dfrac{\partial v_x}{\partial t} \\[3mm] Y - \dfrac{1}{\rho}\dfrac{\partial p}{\partial y} = \dfrac{\partial v_y}{\partial x}v_x + \dfrac{\partial v_y}{\partial y}v_y + \dfrac{\partial v_y}{\partial z}v_z + \dfrac{\partial v_y}{\partial t} \\[3mm] Z - \dfrac{1}{\rho}\dfrac{\partial p}{\partial z} = \dfrac{\partial v_z}{\partial x}v_x + \dfrac{\partial v_z}{\partial y}v_y + \dfrac{\partial v_z}{\partial z}v_z + \dfrac{\partial v_z}{\partial t} \end{array}\right\} \tag{7.7}$$

7.2.3 不可压缩黏性流体运动微分方程

在运动着的不可压缩黏性流体中取微元平行六面体流体微团，作用在流体微元上的各法向应力 σ 和切向应力 τ 如图 7.3 所示。

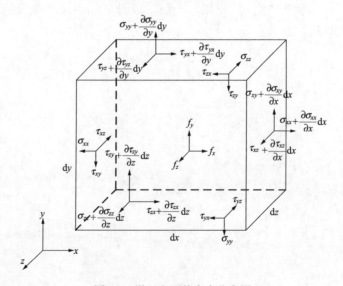

图 7.3　微元六面体应力分布图

黏性流体的运动微分方程为

$$f_x + \frac{1}{\rho}\left(\frac{\partial \sigma_{xx}}{\partial x} + \frac{\partial \tau_{yx}}{\partial y} + \frac{\partial \tau_{zx}}{\partial z}\right) = \frac{\mathrm{d}v_x}{\mathrm{d}t}$$

$$f_y + \frac{1}{\rho}\left(\frac{\partial \sigma_{yy}}{\partial y} + \frac{\partial \tau_{zy}}{\partial z} + \frac{\partial \tau_{xy}}{\partial x}\right) = \frac{\mathrm{d}v_y}{\mathrm{d}t} \tag{7.8}$$

$$f_z + \frac{1}{\rho}\left(\frac{\partial \sigma_{zz}}{\partial z} + \frac{\partial \tau_{xz}}{\partial x} + \frac{\partial \tau_{yz}}{\partial y}\right) = \frac{\mathrm{d}v_z}{\mathrm{d}t}$$

实际流体的面积力包括：压应力和黏性引起的切应力。该切应力由广义牛顿内摩擦定律确定（μ 为黏度系数），即

$$\tau_{xy} = \mu\left(\frac{\partial v_x}{\partial y} + \frac{\partial v_y}{\partial x}\right) = \tau_{yx}$$

$$\tau_{yz} = \mu\left(\frac{\partial v_y}{\partial z} + \frac{\partial v_z}{\partial y}\right) = \tau_{zy} \tag{7.9}$$

$$\tau_{zx} = \mu\left(\frac{\partial v_z}{\partial x} + \frac{\partial v_x}{\partial z}\right) = \tau_{xz}$$

由于黏性切应力的存在，实际的流动流体任一点的动压强各向大小不等，即 $p_{xx} \neq p_{yy} \neq p_{zz}$。任一点动压强为

$$p = -\frac{1}{3}(\sigma_{xx} + \sigma_{yy} + \sigma_{zz}) \tag{7.10}$$

法向应力的本构方程为

$$\sigma_{xx} = p - 2\mu\frac{\partial v_x}{\partial x}$$

$$\sigma_{yy} = p - 2\mu\frac{\partial v_y}{\partial y} \tag{7.11}$$

$$\sigma_{zz} = p - 2\mu\frac{\partial v_z}{\partial z}$$

并利用不可压缩流体的连续性微分方程

$$\frac{\partial v_x}{\partial x} + \frac{\partial v_y}{\partial y} + \frac{\partial v_z}{\partial z} = 0 \tag{7.12}$$

得到不可压缩黏性流体的运动微分方程，即纳维埃-斯托克斯(N-S)方程

$$\frac{\mathrm{d}v_x}{\mathrm{d}t} = f_x - \frac{1}{\rho}\frac{\partial p}{\partial x} + \frac{\mu}{\rho}\left(\frac{\partial^2 v_x}{\partial x^2} + \frac{\partial^2 v_x}{\partial y^2} + \frac{\partial^2 v_x}{\partial z^2}\right)$$

$$\frac{\mathrm{d}v_y}{\mathrm{d}t} = f_y - \frac{1}{\rho}\frac{\partial p}{\partial y} + \frac{\mu}{\rho}\left(\frac{\partial^2 v_y}{\partial x^2} + \frac{\partial^2 v_y}{\partial y^2} + \frac{\partial^2 v_y}{\partial z^2}\right) \tag{7.13}$$

$$\frac{\mathrm{d}v_z}{\mathrm{d}t} = f_z - \frac{1}{\rho}\frac{\partial p}{\partial z} + \frac{\mu}{\rho}\left(\frac{\partial^2 v_z}{\partial x^2} + \frac{\partial^2 v_z}{\partial y^2} + \frac{\partial^2 v_z}{\partial z^2}\right)$$

N-S方程的矢量形式为

$$\frac{\partial \boldsymbol{v}}{\partial t} + (\boldsymbol{v} \cdot \nabla)\boldsymbol{v} = \boldsymbol{f} - \frac{1}{\rho}\nabla p + \frac{\mu}{\rho}\nabla^2 \boldsymbol{v} \tag{7.14}$$

由于引入了广义牛顿剪切定律，故 N-S 方程只适用于牛顿流体，处理非牛顿流体问题时可以用应力表示的运动方程。

N-S方程是不可压缩流体理论中最根本的非线性偏微分方程组，是描述不可压缩黏性流体运动最完整的方程，是现代流体力学的主干方程。N-S方程有四个未知数：v_x、v_y、v_z和p，将N-S方程和不可压缩流体的连续性方程联立，理论上可通过积分求解，得到四个未知量。一般而言，通过积分得到的是微分方程的通解，再结合基本微分方程组的定解条件，即初始条件和边界条件，确定积分常数，才能得到具体流动问题的特解。

7.3　液柱保形机理

水射流抛光技术属于冲击射流研究范畴，对圆形平面紊动冲击的射流分为三个区域：自由射流区（Ⅰ区）、冲击区（Ⅱ区）、壁面射流区（Ⅲ区）。其中Ⅰ区流动特性与自由射流相同；Ⅱ区射流经历了显著的弯曲，存在很大的压力梯度；Ⅲ区变成几乎平行于壁面的流动，如图 7.4 所示。为了获得稳定加工，应该限制喷射距离在初始段内。

为了能够得到较长的Ⅰ区，喷射应该具有以下三个方面的要求：①喷嘴出射面具有比较均匀的能量分布，即优良的初始值；②当液体喷出喷嘴的瞬间应有一定的约束，弥补由于液柱约束力突变带来的径向跳变扩散；③喷射液有较高的黏度，减小喷射过程中的紊流现象。为了在喷嘴出射面获得均匀的能量分布，可以利用优化喷嘴结构的方法，下面将进行详细介绍。可以直接通过改变液体的组成或比例获得永久性的高黏度混合液，但是这样必然加大系统的承载，对系统性能要求也将更加苛刻，为此人们提出利用智能材料来实现增大黏度的方法。即在液体未脱离喷嘴之前混合液具有较低的黏度值，当液体喷出喷嘴的瞬间，通过某种方法增加液体的表观黏度，使得液体黏度增加但不增加系统承载。磁流变液具有这种特性：如果在液体喷出喷嘴的瞬间受到磁场的束缚作用，其表观黏度将瞬间增大，而且在喷嘴喷口处由于磁场的束缚，液体跳变也将降低。

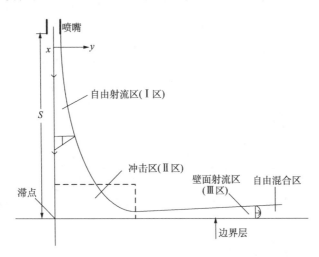

图 7.4　紊动冲击射流流动分区

在磁射流抛光中，磁流变液中悬浮的磁性颗粒在受到外磁场作用时，会沿着外磁场方向排列成纤维状或链状结构，作用在固相颗粒的磁力矩将通过黏性形式传递给基载液，从而造成磁流变液宏观黏度改变的现象，使液体的表观黏度增加；同时，链间粒子极化后的相互作用力可以承受外界的横向剪切力，表现出某种固态的属性。

磁流变液的性质类似于铁磁流体，下面利用铁磁流体的相关理论分析磁流变液的流动特性。可以分两部分讨论：流动的铁流体与普通流体接触界面的不稳定性分析以及均匀磁场内射流的稳定性分析。

1. 流动的铁流体与普通流体接触界面的不稳定性分析

两种流体界面不稳定性示意图如图 7.5 所示。

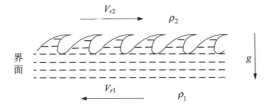

图 7.5　两种流体界面不稳定性示意图

首先假定只存在平行于未扰动分界面的平行磁场，两层流体具有的密度和磁导率分别是 ρ_1、ρ_2 和 μ_1、μ_2，流速为 V_{r1}、V_{r2}。根据铁磁流体的相关理论，此时的色散方程可以表述为

$$-\rho_1(\omega - k_1 V_{r1})^2 \coth k_1 h_1 + \rho_2(\omega - k_2 V_{r2})^2 \coth k_1 h_2$$
$$= k_1(\rho_1 - \rho_2)g + k_1^3\sigma + \frac{(\mu_2 - \mu_1)^2(k_1 H_{0r})^2}{\mu_2 \coth k_1 h_2 - \mu_1 \coth k_1 h_1} \tag{7.15}$$

利用临界值可以计算出临界波数 k_{1c}，进而求出在平行磁场中的两种流体之间界面处保持稳定时能够允许的相对流动速度为

$$(v_{r1} - v_{r2})^2 < \frac{\rho_1 + \rho_2}{\rho_1\rho_2}\left[2\sqrt{(\rho_1 - \rho_2)g\sigma} + \frac{(\mu_1 - \mu_2)^2 H_{0r}^2}{\mu_1\mu_2}\right] \tag{7.16}$$

从式(7.16)可知，若两种流体的磁导率相等，则无论施加多大的平行外磁场，都对界面稳定性不发生影响；若两种流体的磁导率不相等，则外磁场越大，保持稳定所允许的相对速度就越大。

2. 均匀磁场内射流的稳定性分析

为了分析均匀磁场内射流的稳定性，这里做出以下假设：周围空气是静止的，表面上的重力忽略，射流束速度较低，属于线性小扰动。作用在界面上的力有：磁流体压力 P_1，磁化压力 P_s、P_m、P_n，表面张力 P_c，空气压力 P_a。表面平衡方程为

$$P_1 + P_s + P_m + P_n = P_a + P_c \tag{7.17}$$

将稳定部分和扰动部分分开得

$$P_1' + P_s' + P_m' + P_n' = P_c' \tag{7.18}$$

式中：（1）$P_1' + P_s' = -\rho\dfrac{\partial \varphi_{V'}}{\partial t} = \dfrac{\omega^2 \rho}{k_1 I_1(k_1 r_0)}r' I_0(k_1 r)$。

（2）磁化压力为 $P_m' = -\dfrac{(\mu_1 - \mu_0)(\mu_1 - \mu_2)k_1 H_0^2}{\mu_1 I_1(k_1 r_0) - \mu_2 G I_0(k_1 r_0)}r' I_0(k_1 r)$。

（3）法向磁化压力为 $P_n' = 0$。

（4）表面张力扰动量为 $P_c' = -\dfrac{r'}{r_0^2}(1 - k_1^2 r_0^2)\sigma$。

将式(7.20)整理得色散关系为

$$\omega^2 = \frac{(\mu_1 - \mu_0)^2 k_1^2 H_0^2 I_1(k_1 r_0)^2 K_0}{\rho[\mu_1 I_1(k_1 r_0)^2 K_0 + \mu_0 I_0(k_1 r_0)^2 K_1]} - \frac{k_1\sigma I_1(k_1 r_0)}{\rho r_0^2 I_0(k_1 r_0)^2}[1 - (k_1 r_0)^2] \tag{7.19}$$

当 $H_0 = 0$ 时波长临界值为

$$\lambda_c = 2\pi r_0$$

由式(7.19)可知，磁场对界面的稳定性是有帮助的。当磁场为零时，扰动波长大于射流柱的圆周长度，界面不稳定，只有扰动波长小于射流柱的圆周长度，界面才能保持稳定。

7.4　去除函数模型与特性

去除函数是高精密抛光加工的基础，因此研究去除函数具有重要的意义。抛光加工过程中，磨料在流体介质的携带下，冲击工件表面并沿径向散开，此时工件表面受到来自磨料的作用力可以被分为垂直于工件表面的压力和平行于工件表面的剪切力。根据材料的去除机理，当剪切力大于工件对磨粒的阻力时，在一定压力的辅助作用下，可以实现材料的去除；当压力小于临界压力，磨粒翻越材料表面的凸点部分，那么材料只发生弹性变形，不能实现材料的去除；同样，当剪切力小于阻力时也将不能实现材料的有效去除。因此材料去除的主导因

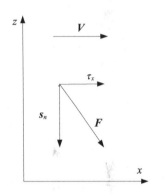

图 7.6　工件表面材料的受力和磨

素是剪切力，辅助因素是压力。只有辅助压力大于等于临界压力值且剪切压力大于阻力时，才能够实现材料的去除，如图 7.6 所示。

根据以上的受力分析，加工区域 S 内剪切功率 W 可表示为

$$\dot{W} = -\int_S \boldsymbol{F} \cdot \boldsymbol{V} \, \mathrm{d}A = -\int_S (\boldsymbol{\tau}_x + \boldsymbol{s}_n) \cdot \boldsymbol{V} \, \mathrm{d}A = -\int_S \boldsymbol{\tau}_x \cdot \boldsymbol{V} \, \mathrm{d}A \tag{7.20}$$

式中，$\tau_x = s_n / S = P\mu_f$。那么

$$\dot{R} = K'w = K' | \tau_x \cdot V | \tag{7.21}$$

扩展到三维情况，有

$$\dot{R} = K' = | \tau_{yx} V_x | + | \tau_{yz} V_z | \tag{7.22}$$

磁射流抛光技术中，具有两种典型的去除函数分布，即垂直工件表面喷射的去除函数和斜入射喷射去除函数。从这两种去除函数可以衍生出类高斯状去除函数、垂直入射偏心旋转去除函数和斜入射偏心旋转去除函数。一般而言，可以将这四种去除函数分为两大类。第一大类以喷嘴静止方式喷射，即垂直入射喷射和

斜入射喷射，被称为喷嘴静入射喷射；第二大类以喷嘴旋转方式喷射，即垂直入射偏心旋转和斜入射偏心旋转，被称为旋转喷射。

7.4.1 喷嘴静入射去除函数分布研究

1. 垂直入射喷射磁射流分布

当磁流变液束喷射到工件表面附近时，剩磁作用已经削弱很多，因此在抛光液冲击范围内可以简化为自由冲击射流。在液体冲击到工件表面的瞬间，受到工件的反向作用力，射流头部压力迅速增加，使得液柱产生反向运动的趋势，但同时与射流正向的液体发生相互作用，使得液柱内部产生了很大的能量，产生沿径向由轴心向外的压力梯度。在梯度压力的作用下，轴线周围射流在未到达工件表面之前便沿径向向外运动。在轴心碰撞效应最强，冲击压力最大，并且随着径向向外逐渐降低；射流在由中心向外运动，向外的压力大于阻力时，速度沿径向逐渐增大，随着此方向压力的减小，直到降低到小于阻力，速度开始逐渐下降。结合压力和速度的分布可知，材料的去除在中心区域最小，并沿着径向变大，之后又变小。压力可以表示为

$$p = p_d + p_m \tag{7.23}$$

式中，$p_d = p_{max} \cdot \exp(-0.834\eta_p^2) \cdot Q(\eta_H/\eta_{0.834}, T, d)$；$p_m = \mu_0 \int_0^{H(x_s,y)} M\,\mathrm{d}H$。

其中，p_{max} 为轴线压力，$p_{max} = \rho g u_{max}^2/2$，$u_{max}$ 为与喷嘴直径和喷射压力有关的量；η_H 为磁场影响下的液体的浓度，$\eta_{0.834}$ 为标准液体的浓度（水），$\eta_H = \eta_0 + \alpha \cdot H^n$；$T$ 为温度；d 为冲击深度；Q 为与 $\eta_H/\eta_{0.834}$、T、d 有关的系数；M 为磁流变液的磁化强度；H 为外加磁场的磁场强度。

因此压力可表示为

$$p = p_d + p_m = p_{max} \cdot \exp(-0.834\eta_p^2) \cdot Q(\eta_H/\eta_{0.834}, T, d) + \mu_0 \int_0^{H(x_s,y)} M\mathrm{d}H \tag{7.24}$$

磁射流冲击面速度 V 分布为

$$\begin{cases} y = C_1 \left(\log \dfrac{\sqrt{1+q+q^2}}{1-g} + \sqrt{3}\arctan\dfrac{\sqrt{3}q}{2+q} \right) \cdot F_4^* \left(\dfrac{\eta_H}{\eta_{0.834}}, b_0, T, d \right) \\ u = 2C_2 qq' \cdot F_5^* \left(\dfrac{\eta_H}{\eta_{0.834}}, b_0, T, d \right), \quad q' = \dfrac{1-q^3}{3} \end{cases} \tag{7.25}$$

式中，F_4^*、F_5^* 为与磁场、温度和喷嘴直径有关的量；u 为与喷射速度分布 V 有关的量；q 为界与 0~1 内的变量；C_1、C_2 为常量。

为简化模型，设喷射到工件表面时磁场为零。获得垂直入射喷射的抛光斑形状如图 7.7 所示，e 为抛光斑中心到去除量最大处的径向距离。

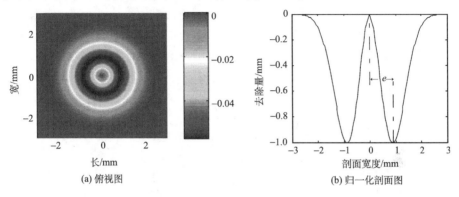

(a) 俯视图　　　　　　　　　　(b) 归一化剖面图

图 7.7　垂直入射喷射去除分布

图 7.8 为流场数值仿真(Computational Fluid Dynamics, CFD)去除函数分布的结果。图 7.8 (a)为有限元仿真的冲击射流场速度分布的结果，初始速度为 20mm/s。可以看出，抛光加工的等速核一直持续到工件表面，由于撞击的作用，速度开始向外发散，并且在喷射中心产生滞点。图 7.8 (b)为归一化去除函数分布的结果，与图 7.7 基本一致。

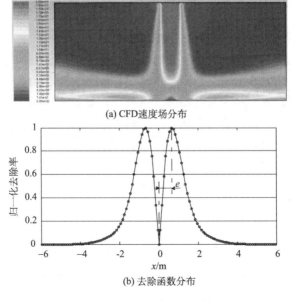

(a) CFD速度场分布

(b) 去除函数分布

图 7.8 CFD 仿真去除函数

　　图7.9为利用ZYGO GPI干涉仪测量的垂直静入射时抛光斑的分布结果。采用氧化铈浓度为4 wt.% (平均颗粒直径2μm)的磁流变抛光液，喷射压力为0.6 MPa、喷射时间为3min、1mm直径的喷嘴。实验与理论仿真结果基本一致：抛光斑中间的材料去除较小，随着半径增加，材料的去除先增加后减小，因此抛光斑呈现规则的环状结构，去除的剖面呈W状，并且在每一个环带去除是基本不变的。

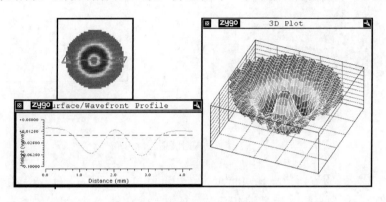

图 7.9　垂直静入射去除实验图

2. 喷嘴斜入射喷射去除分布

　　对于斜冲击磁射流抛光，其射流特性比垂直冲击射流特性更加复杂，冲击压力与壁面速度分布不对称，射流周围的液体厚度分布也不同，材料的去除分布会因冲击角度的不同而表现得不同。根据射流流体理论，射流速度沿喷射方向不断衰减，导致在靠近喷嘴的一方喷射距离小，冲击速度大，剪切作用较大，同时由于流体在该处与工件表面碰撞后向外流动时，存在大角度的弯折现象，导致对材料碰撞剪切作用大大提高，材料的去除量较多。在远离喷嘴一方，磨粒主要以横向摩擦的形式与工件表面相互作用，去除量少，并随着距离的增大而趋于零。

　　若假设液体喷射到工件表面时磁场完全消失，则此喷射模型与磨料水射流抛光的喷射模型是相同的，因此材料的去除量为

$$R \propto p(x,\theta)\big[v(x,\theta)-v_K\big]^2 \propto \frac{\tau(x,\theta)}{f}\big[v(x,\theta)-v_K\big]^2 \tag{7.26}$$

式中，p、v 分别为压力和速度分布。

　　将生成射流的两侧分成两部分，那么去除量可以表示为

$$\begin{cases} R_1 = K\tau(x,\theta)[v(x,\theta)-v_k]^2(1+\cos\theta) \\ R_2 = K\tau(x,\theta)[v(x,\theta)-v_k]^2(1-\cos\theta) \end{cases} \tag{7.27}$$

式中，$\tau(x) = \tau_{\max}\left\{0.18H / x - (0.18H / x + 9.43x / H)\exp\left[-114(x / H)^2\right]\right\}$。

图7.10利用CFD仿真75°冲击壁面时的速度和压力分布，初始速度为20mm/s。研究面1 为沿着冲击方向的平面，研究面2为冲击的工件表面，研究面3为通过冲击轴线且垂直于面1的平面。从研究面1上的速度分布可知，此时的射流不再对称，而且滞点相对垂直入射时后移。研究面2上的压力分布明显呈不对称性，为椭圆分布，但是在研究面3上的速度场分布仍然保持着对称性。

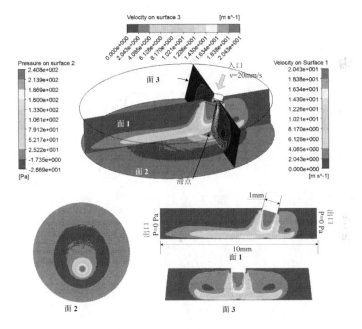

图 7.10　75°冲击角的 CFD 仿真分布

采用氧化铈浓度为 4 wt.%（平均颗粒直径 2μm）的磁流变抛光液对工件表面进行冲击，喷射压力为 0.6 MPa、喷射时间为 3min、1mm 直径的喷嘴，K9 光学玻璃。分别采用不同入射角 75°、60° 和 45° 进行喷射，实验结果如图 7.11 所示。

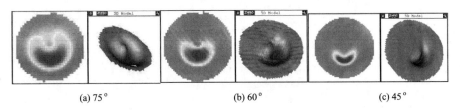

　　(a) 75°　　　　　　　　　　　(b) 60°　　　　　　　　　　　(c) 45°

图 7.11　斜射流冲击抛光斑分布

7.4.2　旋转喷射去除函数模型和分布

偏心旋转喷射模型的示意图如图 7.12 所示。偏心距为 e，角速度为 w。$p(r_2, \theta_1)$ 为工件上任意一点。r 为 M 状去除函数绕 o 点的半径，r_1 为绕 o_1 的偏心旋转抛光斑的半径；因此 o_1 到 o 的距离为偏心距 e。θ 为 $\overline{po}$（长度为 d）和 x 轴的夹角。当 M 状去除函数绕 o_1 旋转一周，在 p 处扫过的角度为 $2\theta'$。

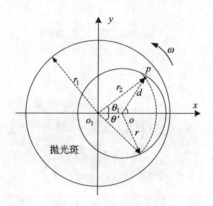

图 7.12　偏心旋转喷射模型

在偏心旋转的过程中，不仅存在着液体的冲蚀速度，还存在着由于偏心旋转导致的旋转速度。在图 7.13 中，v_e 为偏心旋转的速度，v_l 为液体的速度。$p(r_2, \theta_1)$ 点的相对速度为

$$
\begin{cases}
\boldsymbol{v} = \boldsymbol{v}_l + \boldsymbol{v}_e \\
\boldsymbol{v}_e = \boldsymbol{\omega} \times \boldsymbol{r}_2
\end{cases}
\tag{7.28}
$$

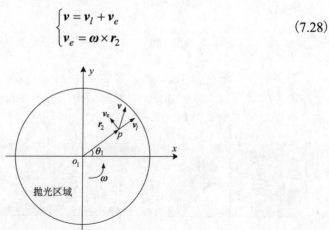

图 7.13　偏心旋转速度模型

在实际加工中一般选取的偏心旋转速度都比较小,而且由于喷嘴尺寸的影响,偏心距离也将比较小。当喷嘴的直径为 1mm 时,偏心距 e 为 0.5mm,角速度 $|\omega|$ 为 2π rad/s,计算得 $|v_e|$ 将等于 6.3×10^{-3}m/s,相对于 20m/s 的 $|v_l|$,$|v_e|$ 将被忽略。此时 v 就直接简化为 v_l。

对于整个偏心旋转抛光斑,可以将其分为三个区域,如图 7.14 所示。第一个区域 a 是半径为 $r-e$ 区域内的圆,此区域中的点在整个偏心旋转过程中都在 M 状去除函数覆盖下;第二个区域 b 为 $r-e$ 到 $r+e$ 之间的环带,每个点只被覆盖一部分时间,即 $(-\theta',\theta')$;第三个区域 c 为大于 $r+e$ 区域。因此抛光斑中的任意一点可以被描述为

$$R_1(r_2)=\int_{t_1}^{t_2}R(d,\theta)\mathrm{d}t=\frac{1}{\omega}\begin{cases}\int_{-\pi}^{\pi}R(d,\theta)\mathrm{d}\theta_1, & 0\leqslant r_2\leqslant r-e\\[2mm]\int_{-\theta'}^{\theta'}R(d,\theta)\mathrm{d}\theta_1, & r-e<r_2<r+e\\[2mm]0, & \text{其他}.\end{cases}\quad(7.29)$$

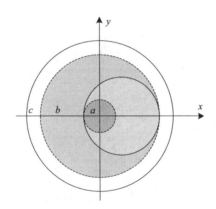

图 7.14 偏心旋转抛光斑

式(7.29)可以被简化为

$$R_1(r_2)=\frac{1}{\omega}\cdot\int_{-\bar{\theta}}^{\bar{\theta}}R(d,\theta)\mathrm{d}\theta_1\quad(7.30)$$

其中

$$\begin{cases}\bar{\theta}=\arccos\left\{[(r_2^2+e^2-r^2)/(2r_2e)]\cdot\mathrm{rect}[(r_2-r)/(2e)]-\mathrm{step}(r-e-r_2)\right\}\\[2mm]d=(e^2+r_2^2-2er_2\cos\theta_1)^{1/2}, & 0\leqslant r_2<r+e\\[2mm]\theta=\arcsin(r_2\sin\theta_1/d)\end{cases}$$

1. 垂直有偏心旋转喷射

由图 7.9 很明显看出喷射抛光去除分布为特殊的环状结构,这样的去除函数很难使得抛光加工收敛,而较佳的去除函数是类高斯状分布去除函数。为了获得类高斯状的去除函数,一个很直观的方法是让这种形式的抛光斑绕其中心外一点旋转(即垂直入射偏心旋转)。垂直入射喷射的喷嘴绕距其为 d_l 的中心轴旋转,即可获得高斯状的去除函数分布,偏心距离 dl 一般小于抛光斑的半径。垂直入射偏心旋转的原理图如图 7.15 所示。

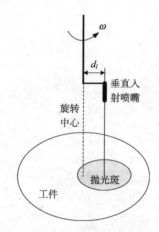

图 7.15　垂直入射偏心旋转原理图

根据偏心旋转的原理,选择合适的偏心距 d_l 即可以获得类高斯状的去除函数,如图 7.16 所示。下图为偏心距为 1mm 的抛光去除函数分布图。可以看出,此时的去除分布为中间最大,随着半径的增大去除越来越小,总体形状为类高斯状的分布。

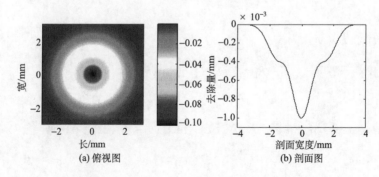

(a) 俯视图　　　　　　　(b) 剖面图

图 7.16　偏心距为 1mm 的抛光去除函数分布图

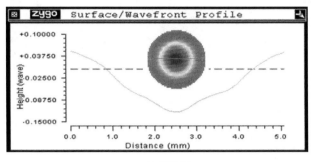

(b) 实验值

图 7.16　偏心距为 1mm 的抛光去除函数分布图(续)

　　不同的偏心距喷射的去除量分布也是不同的，在此选取偏心距 d_l 为 0.6e、e、1.4e 和 1.8e 进行去除分布曲线簇，如图 7.17 所示。从图中看出，当偏心距不同时，去除量分布将发生明显变化，并且去除斑的直径也随着偏心距的增加而增大。用离去除中心喷射斑半径二分之一范围内去除量 $W_{1/2}$ 与总去除量 W 之比评价抛光特性曲线接近理想分布的程度，此值为趋近因子 F，表示为

$$F = \frac{W_{1/2}}{W} \tag{7.31}$$

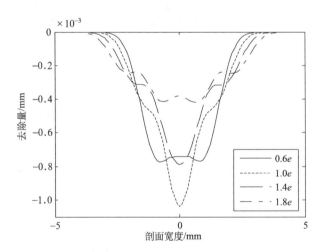

图 7.17　不同偏心距去除分布曲线簇

　　选取偏心距为 0.4e、0.6e、0.8e、e、1.2e、1.4e、1.6e、1.8e、2e 和 2.2e 进行分析，计算各个偏心距的趋近因子并作图。从图 7.18 中可以看出，当偏心距 d_l 为 0.8e 时，其趋近因子达到最大值，约为 93%。

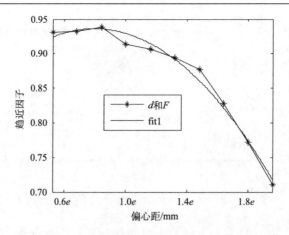

图 7.18   不同偏心距下趋近因子拟合图

2. 斜入射旋转喷射

采用斜入射旋转喷射也可以获得类高斯状去除分布。根据式(7.27)计算出的材料去除分布是不规则的，为获取规则的去除分布可以利用斜入射旋转喷射。斜入射旋转喷射抛光方式和垂直入射旋转喷射抛光方式相似，区别是喷嘴的入射方式不同，因此对偏心半径 d_l 的要求也不相同。这种加工方式的原理图如图 7.19 所示。

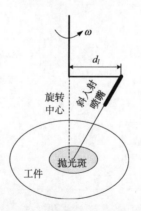

图 7.19   斜入射旋转喷射原理图

根据图 7.19 所示的加工方法，选择合理的喷射角和偏心距，即可获得不同形式的类高斯状去除函数。图 7.20 为入射角分别为 75°、60° 和 45° 的偏心旋转抛光斑。

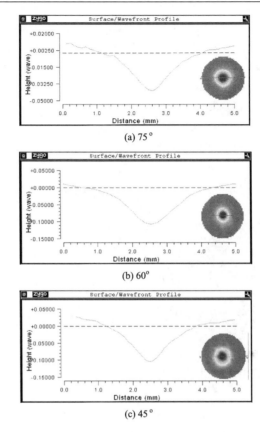

(a) 75°

(b) 60°

(c) 45°

图 7.20　斜入射旋转喷射抛光斑

7.5　工 艺 研 究

　　加工稳定性取决于稳定的去除函数，为了获取稳定的去除函数，需要研究各影响因素与去除函数之间的关系以及抛光边缘效应等因素对去除分布的影响。这种技术是一种复杂的抛光技术，涉及流体动力学、场致流变学和电磁理论等，因此影响材料去除分布的因素是多元化的。本节主要研究各影响因素对磁射流抛光去除函数的影响以及边缘效应对去除函数的影响，验证垂直入射喷射方式抛光去除函数分布。

7.5.1　各因素对抛光去除的影响研究

　　影响磁射流抛光的因素是多元化的，这里主要从喷射距离、喷嘴直径、喷射压力、喷射时间、混合液浓度和线圈磁场强度对抛光斑的影响进行研究。实验采用垂直喷射的方式，实验样件为K9玻璃，抛光粉为氧化铈（平均直径为2μm），磁性颗粒为羧基铁粉颗粒（平均直径为3～5μm），采用单因素变量逐一分析各因素对材料去除分布的影响。

采用垂直喷射方式，去除函数的轮廓如图 7.21 所示。可以看出，垂直入射去除函数的分布形式主要表现为：抛光斑中间的材料去除较小，随着半径增加，材料的去除先增加后减小，因此抛光斑呈现规则的环状结构，去除的剖面呈 W 状，并且在每一个环带去除是基本不变的。采用图中的参数 D、H、h 和 d 对去除函数进行评价。D 为整个抛光斑的直径；H 为抛光斑的深度；d 为抛光斑中去除量最大环带的直径，即剖面曲线中的谷间距；h 为剖面曲线的峰谷值。

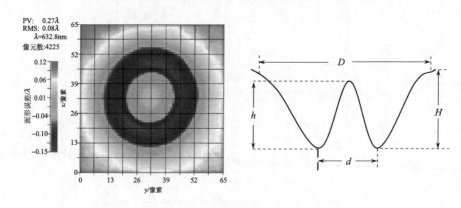

图 7.21　垂直喷射实验抛光斑

1. 喷射距离对去除分布的影响

如图 7.22 所示，从实验曲线可见 D 和 d 基本保持不变，但同时 H、h 有微小的减少。产生微小的变化量的原因可以解释为：当混合液体脱离磁场分布区域后，虽然有剩磁作用，但是作用程度慢慢减小，所以液体逐渐趋于变回具有牛顿流体特性的物质，并随着距离的增加，液柱开始慢慢扩散，导致喷射的能量不集中，

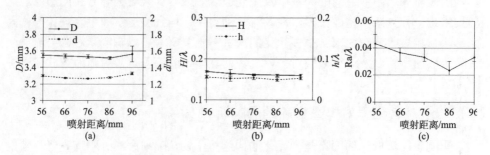

图 7.22　喷射距离对抛光去除分布的影响

即材料去除变小，但是这种变化是微小的。另外，抛光的粗糙度变化不大。因此可以认为喷射距离对磁射流抛光去除分布的影响可以忽略。

2. 抛光时间对去除分布的影响

磁射流抛光过程是磨料粒子与工件相对运动时产生剪切力将多余的材料去除，因此去除量是所去除粒子的累积结果，应该与作用时间成正比关系。实验结果如图 7.23 所示。D、H 和 h 均随抛光时间的增加而增大，d 基本不变。随着时间的增加，抛光深度增加，这样将导致粒子刻蚀面积增加，即 D 变大，但是并不影响最大去除点的位置。另外，粗糙度随着抛光时间的增加有着明显的增加。

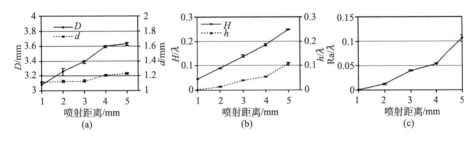

图 7.23　喷射时间对去除的影响

3. 喷嘴直径

从图 7.24 可以看出，曲线 D/R 和 d/R(R 为喷嘴的半径)基本保持不变，分别稳定在 3.84 和 1.33。h/H 随着喷嘴直径的增加而增加。

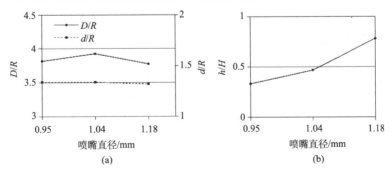

图 7.24　喷嘴直径对抛光去除分布的影响

4. 混合液浓度对去除分布的影响

混合液浓度对去除分布的影响如图 7.25 所示。D 和 h 基本保持不变，而 H 和 h 随着浓度的增加而增大。随着浓度的增大，单位时间冲击到工件表面的粒子数将增多,对材料刻蚀的程度将增大,因此去除深度增;但是由于冲击压力不变,所以其刻蚀的范围以及最大冲蚀位置保持不变。另外,冲蚀后材料表面的粗糙度 Ra 基本保持不变。

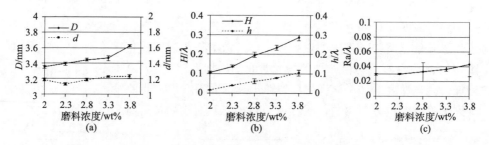

图 7.25　混合液浓度对抛光去除分布的影响

5. 抛光压力对去除特性的影响

抛光压力对去除分布的影响如图 7.26 所示。D、d、H、h 都随着浓度的增加而增大。当压力变大时,液体流束的不稳定性将增强,另外临界压力的范围也将扩张,这样将导致喷射面积增大。同时磨料粒子的流速也将增大,单个磨料粒子所具有的冲蚀能也将增加。从而去除深度明显增加,但是冲蚀后材料表面的粗糙度 Ra 也将增大。

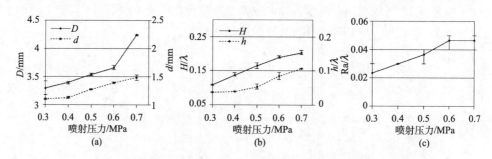

图 7.26　抛光压力对抛光去除分布的影响

6. 电流对去除特性的影响

从图 7.27 可知,D 和 d 随着电流强度的增加而有所减小,H 有所增加。这是因为电流增大使得射流束周围的磁场强度增加,从而使射流束的能量更加集中,黏度增大,抗扰动性能增强,从而射流束的发散减小,最终抛光斑的直径减小和抛光深度增加。另外,粗糙度变化不大。

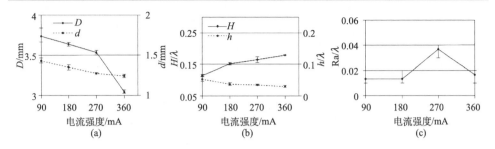

图 7.27　电流强度对抛光去除分布的影响

对比以上各因素对去除函数分布的影响发现：喷射距离、喷嘴直径、喷射压力、喷射时间、混合液浓度和线圈磁场强度这几个因素对抛光去除分布的影响是不同的，喷射距离对去除分布几乎没有影响，喷嘴直径对去除分布直径和抛光斑谷间距的影响比较明显，喷射压力对去除深度的影响较大，喷射时间主要对去除深度有影响，混合液浓度对去除深度的影响较大，线圈磁场强度对去除分布的直径、抛光斑谷间距和去除深度都有明显影响，如表 7.1 所示。

表 7.1　各影响因素对抛光斑形状的影响

	D	d	H	h	h/H
喷射距离	0	0	0	0	0
喷射时间	+	0	+	0	-
抛光压力	+	+	+	+	
磨料浓度	+	0	+	+	-
电流强度	-	-	+	-	+
喷嘴直径	+	+			+

注："0"表示没有影响；"+"表示抛光斑形状参数随影响参数的增大而增大；"-"表示抛光斑形状参数随影响参数的增大而减小。

7.5.2　垂直有偏心旋转喷射去除函数研究

采用不同的偏心距将对材料产生不同的去除效果。实验的喷射时间为 2min，喷射距离为 85mm，喷射压力为 0.4MPa，喷嘴直径为 1mm，喷射线圈电流为 280mA，选取偏心距 $0.8e$、e、$1.4e$ 和 $2.2e$，获得的去除函数分布如图 7.28 所示。可以看出，去除函数非常规整，而且在每一个环带中能量的分布是相同的；图中线 1 为实验获得的轮廓线，线 2 为理论仿真的去除函数轮廓线。

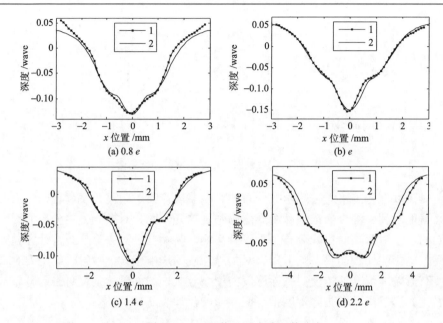

图 7.28　不同偏心距去除函数分布

7.5.3　抛光边缘效应研究

对于一些抛光技术，当有效抛光区域完全在工件面内时，工件边缘将会发生翘边现象；当有效抛光区域超出工件面域时，往往会出现由于去除量过多而导致的塌边现象，抛光中的这种现象称为边缘效应。边缘效应的存在使得加工边缘地带的可控性降低，针对抛光加工边缘效应的研究已经成为光学抛光加工中一个重要方面。产生这种效应的主要原因是材料去除函数分布发生了变化，因此要消除边缘效应，要求材料去除函数分布在加工过程中始终保持不变。磁射流抛光技术继承了磨料水射流抛光技术的优点，包括抛光中不存在边缘效应。

在抛光过程中，工件边缘射流载体分子受力分析如图 7.29 所示。P_1、P_2 为喷射在工件边缘的两个相邻磨料载体分子，在两分子接触到工件表面的瞬间，竖直方向受到向下的压力，此时分子 P_1 受到工件表面的支撑不能继续向下运动，分子 P_2 将在竖直方向压力的作用下继续下行，随着两分子间距离的增大，两分子间将产生吸引力的作用，但是分子间的作用力远小于分子受到的其他力，分子 P_2 对分子 P_1 的作用力可以忽略，此时分子 P_1 的运动状态和不在边缘喷射时的情况基本相同。因此在有效抛光区域内去除函数分布几乎没有变化。

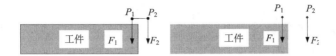

图 7.29　工件边缘磁射流载体分子受力分析图

实验参数包括：喷射时间为5min，喷射距离为85mm，喷射压力为0.4MPa，喷嘴直径为1mm，喷射时线圈电流为280mA，选取喷射中心到工件边缘距离为10mm和0.6mm。实验结果如图7.30所示。

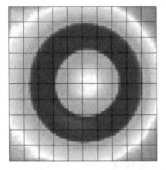

(a) 喷射中心到边缘距离为10mm

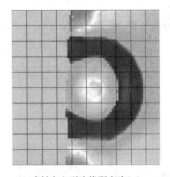

(b) 喷射中心到边缘距离为0.6mm

图 7.30　边缘效应实验对比图

可以看出，喷射中心距边缘为 0.6mm 的抛光斑为喷射中心距边缘为 10mm 的抛光斑的一部分，而且形状基本没有很大的变化。另外，在两组抛光实验中，抛光斑的峰谷值 d_2 和去除深度 h 没有明显的变化。

以上实验证明：在各项参数保持不变的情况下，磁射流抛光技术在加工不同位置时，均能够获得相同的去除函数分布，即边缘效应可以忽略。这进一步证实了边缘效应与磨料载体关系：磨料载体分子间的作用力越小，其抛光的边缘效应越小。

根据磁射流的这个特性，对 K9 面型进行局部修整，选取左下边缘较高的部位进行去除，如图 7.31(a)所示。选取栅线路径，如图 7.31(b)所示。获得最终面型，如图 7.31(c)所示。可以明显看出，在边缘处面型较高部分的材料被有效去除，同时并没有明显的边缘效应产生。

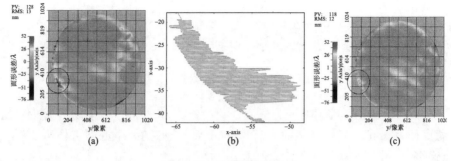

(a)　　　　　　　　　　　(b)　　　　　　　　　　　(c)

图 7.31　边缘效应实验

7.5.4　磁射流线抛光工艺

线抛光研究对加工光学表面面型有着重要的意义，下面将详细介绍不同情况下线抛光的去除特性。

1. 单线材料去除

单线抛光的说明图如图 7.32 所示。磁射流液柱冲击到工件表面后产生 M 状去除函数，此抛光斑沿一维方向运动将产生单线去除特性。

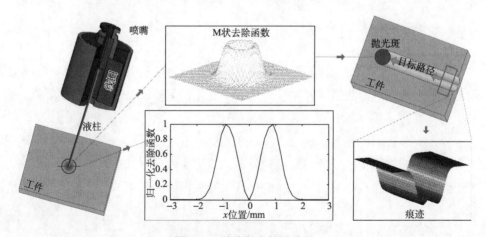

图 7.32　单线抛光的说明图

使用 MATLAB 进行仿真，设定喷嘴运行速度为 1mm/s，像素点间距为 0.05mm，运行 20mm，得仿真结果如图 7.33 所示。由 (a) 和 (b) 可以看出，去除量由零平滑地增加至痕迹底端；(c) 图中，沿 A 向的剖面轮廓可以看出，线抛光痕迹的两端与抛光斑的初始形状相似，是去除量增加的过渡段，中间段平稳的延伸；(d) 图中，沿 B 向的剖面轮廓线可以看出，由于去除函数是中心对称的，也具有 W 状的外形，但是中间段的突起值远小于抛光斑的中间突起值。

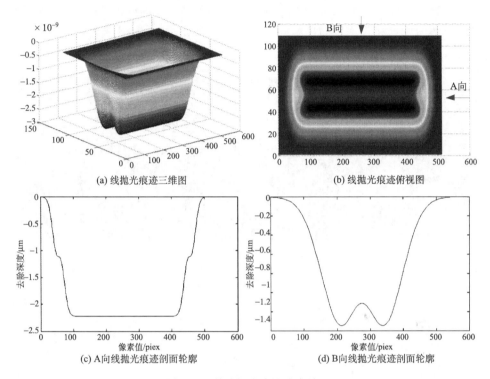

(a) 线抛光痕迹三维图

(b) 线抛光痕迹俯视图

(c) A向线抛光痕迹剖面轮廓

(d) B向线抛光痕迹剖面轮廓

图 7.33　单线抛光痕迹仿真结果

图 7.34 所示为运动速度为 0.01mm/s 时不同喷射压力的去除分布。(a) 采用压力为 0.4MPa 时的材料去除分布，材料去除的深度为 0.05λ。(b) 采用压力为 0.5MPa 时的材料去除分布，材料去除的深度为 0.066λ。(c) 采用压力为 0.6MPa 时的材料去除分布，材料去除的深度为 0.099λ。总体来说，抛光深度随着抛光压力的增大而变大。

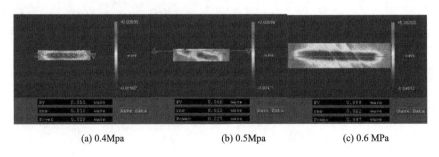

(a) 0.4Mpa　　　　　　　(b) 0.5Mpa　　　　　　　(c) 0.6 MPa

图 7.34　不同压力下材料去除痕迹

图7.35所示为抛光压力为0.7MPa时喷嘴不同运动速度的去除分布。(a)采用速度为0.1mm/s时的材料去除分布，材料去除的深度为0.032λ。(b)采用速度为0.05mm/s时的材料去除分布，材料去除的深度为0.069λ。总体来说，抛光深度是随着抛光速度的增大而变大。

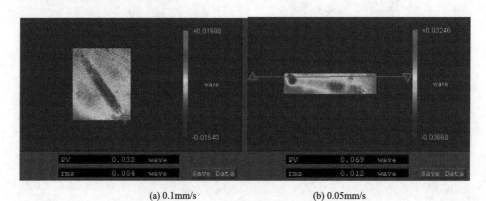

(a) 0.1mm/s   (b) 0.05mm/s

图 7.35   不同速度下材料去除痕迹

2. 双线材料去除

抛光中路径线间隔一般小于抛光斑的半径，所以工件表面某一点的材料去除量将为所有经过该点的抛光斑作用效果的总和。因此多线加工特性的研究很有必要的，以双线为例，如图 7.36 所示。

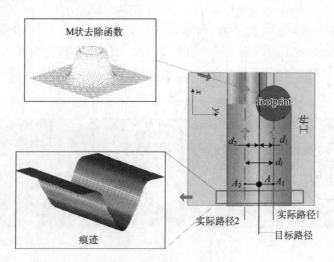

图 7.36   双线抛光的说明图

通过选择不同的线间距可以获得不同的加工痕迹。如图 7.37 所示，分别采用 0.6mm、1.4mm、2.3mm 和 3.6mm 的线间距。当线间距为 0.6mm 时，其剖面曲线为 U 状；当线间距为 1.4mm 时，其去除形状类似于高斯状，但是出现了明显的台阶状；当线间距为 2.3mm 时，剖面线又呈现为 U 状，此时的 U 形类似于线间距为 0.6mm 时的形状，但是明显比其宽；当线间距为 2.3mm 时，在剖面中心出现了明显的凸起，表明此时的两条线即将分离。

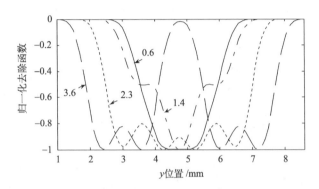

图 7.37　不同线间距抛光痕迹示意图

图 7.38 所示为采用不同间距的抛光痕迹分布。从(a)中可以明显发现，获得的材料去除量与仿真结果基本相似。(b)为不同线间距时抛光深度的变化。当间隔

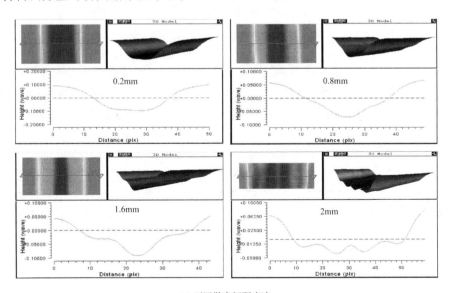

(a) 不同抛光间距痕迹

图 7.38　不同间距的抛光痕迹分布

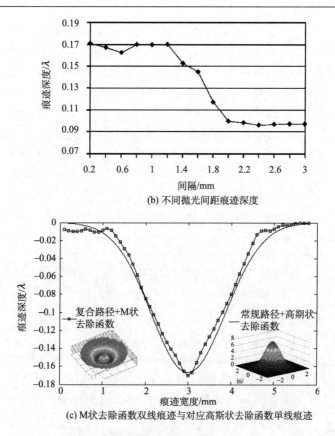

(b) 不同抛光间距痕迹深度

(c) M状去除函数双线痕迹与对应高斯状去除函数单线痕迹

图 7.38　不同间距的抛光痕迹分布(续)

小于 1.2mm 时，去除深度基本保持一致；当间隔大于 1.8mm 时，去除深度也将趋于平稳，这是由于两条线即将分离。从(c)中可以看出，当线间距为 0.8mm 时，其剖面近似于用高斯状去除函数沿着单线运动所产生的痕迹。此时的抛光痕迹可以扩展高精密加工进程中。

　　根据间隔为 0.8mm 时的实验条件，对直径为 23mm 的 K9 玻璃进行加工，初始面型为：PV=0.256λ，RMS=0.068λ，如图 7.39(a)所示。采用栅线路径。根据栅线路径和双线的叠加方法，生成适合加工的复合路径如图 7.39(b)所示。路径参数为：d_l=0.8mm，d=2mm。根据最小残差原理，获得路径上的驻留时间，最后转化为抛光机床的速度参数。获得的最终面型如图 7.39(c)所示，PV=0.038λ，RMS=0.005λ。

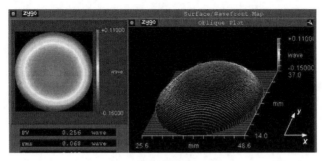

(a) 初始面型

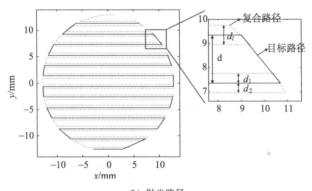

(b) 抛光路径

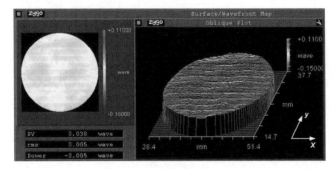

(c) 抛光后面型

图 7.39　应用双线的面型抛光设计

　　提取沿 x 向和沿 y 方向的平均功率谱密度（Power Spectral Density, PSD）曲线，如图 7.40 所示。沿 x 向的平均功率谱密度在加工后得到了明显的改善，如图 7.40（a）所示；沿 y 向的平均功率谱密度在一定程度上也到了改善，但是在加工后的曲线上出现了两个凸峰，分别位于 1mm 和 2mm 附近，这表明在加工中由加工路径引入了频带误差，如图 7.40（b）所示。

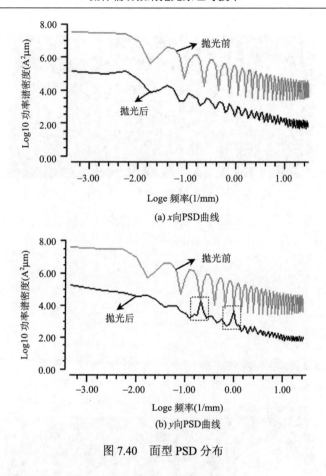

(a) x 向PSD曲线

(b) y 向PSD曲线

图 7.40　面型 PSD 分布

7.6　加　工　装　置

本节以北京理工大学自主开发的 **MJP-200** 磁射流抛光机床为例，主要介绍一种新型的磁射流抛光系统。喷头体是实现抛光设备最终目的的主要部件，是本实验装置的重点开发对象。喷头体的开发主要分为喷头整体运动的实现、喷嘴磁场的设计、喷嘴结构的选择与优化三个部分。

1）喷头整体运动的实现

在喷头部分能够实现四种不同的喷射方式，喷射方式示意图如图 7.41 所示。从图7.41（b）、（c）、（d）可知，在装置中需要偏心调节装置；从图（b）、（d）可知，在装置中需要角度调节装置；从（c）、（d）可知，在装置中需要转轴来实现旋转功能；另外，必须在喷嘴出口处设有轴向磁场产生装置和液体流通通路。

喷头整体设计如图 7.42 所示。采用这种结构,通过调节喷头的偏心距和角度,以及电机的运动,即可实现图 7.41 所示的四种喷射方式。

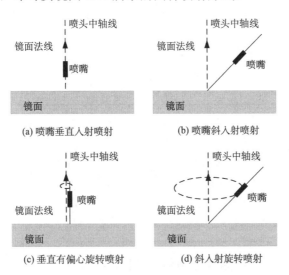

图 7.41 喷射方式示意图

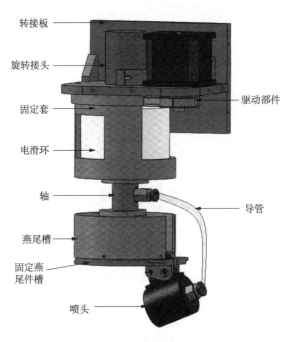

图 7.42 喷头整体设计

2）喷嘴磁场的设计

根据理论分析，设计电磁线圈尺寸如下：线圈内径 R_1 =6mm，外径 R_2 =18mm，总长 L=36mm，附有绝缘漆的线圈铜丝直径为 0.26mm，线圈匝数 n=4000。

3）喷嘴结构的选择与优化

对喷嘴结构的优化应该从喷嘴结构对喷射初始值的影响以及喷嘴结构与磁场耦合对磁场分布的影响两个方面来研究。

理想的射流喷嘴应符合以下要求：磨粒在整个冲击射流过程中的分布要均匀，从而要求从喷嘴喷出的水束受卷吸作用小，并保持射流的稳定，射流出射断面流速要分布均匀，抛光液能从喷嘴均匀射出，以利于磨粒的均匀分布；喷嘴出射射流的紊动强度要低，尤其在壁面射流过程中，磨粒与工件表面直接作用，磨粒的紊动强度越低，磨粒的运动越规则，对材料的去除表现得更加均匀性；喷嘴出射的射流在壁面上具有较优良的压力分布和速度分布曲线特性，磁流变液颗粒对喷嘴的磨损低；喷嘴不易磨损，使用寿命长，易拆卸，成本低。射流喷嘴的结构设计主要有圆柱型、锥型、锥柱型和锥柱扩散型。中国科学院光电技术研究所的相关研究人员对于这几种喷嘴的喷射特性进行了详细的研究，研究结论为：锥柱型喷嘴出口速度分布比较均匀，出口紊动强度与壁面紊动强度分布都比较小，出口磨粒浓度和壁面浓度分布表现最为均匀，所以采用锥柱型喷嘴进行射流抛光最为合适；收缩角为 13° 时，射流出口速度分布比较均匀，紊动强度较低，这个收缩角度的喷嘴应用于射流抛光最为合适，而且当长径比大于等于 4 时，紊流强度随着长径比的增大而减小。

喷嘴结构与磁场耦合对磁场分布的影响。为了使系统受到较低的承压，液体在喷嘴内部应该具有较低的黏度，不能被磁场磁化，因此喷嘴选用高磁导率材料制成。利用 ANSYS 有限元分析，对高磁导率外形轮廓为柱形的喷嘴对电磁线圈中磁场分布的影响进行仿真，如图7.43所示。可以看出，在喷嘴的内部磁场强度几乎为0，在喷嘴的出口附近为磁场分布最强的区域，并且随着远离这一区域磁场慢慢减弱，由于隔磁套筒的作用，使得外部磁场几乎为0。从以上分析可知，喷嘴对电磁线圈产生的磁场分布有较强的影响，且主要影响来源于喷嘴的外形结构，而与其内部结构几乎无关。因此可以通过合理设计喷嘴的外形来实现所需要的磁场分布。

基于电磁理论可知，磁荷倾向于聚集在磁极边界上，磁力线在空间的走向是沿着磁阻最小的路径分配。圆柱型磁极表面产生的磁场会向外发散而导致场强较弱，锥柱状喷嘴头部锥台形状对锥嘴末端区域具有聚焦、整形磁场的作用。因此，为获得较强的磁场分布需要采用外形为柱锥的锥柱型的喷嘴。喷头部分的设计如图 7.44 所示。

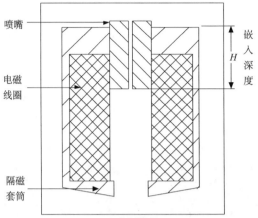

(a) 分析模型

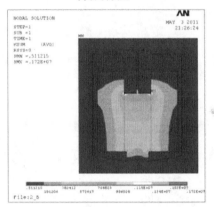

(b) 有限元分析

图 7.43　喷嘴有限元仿真

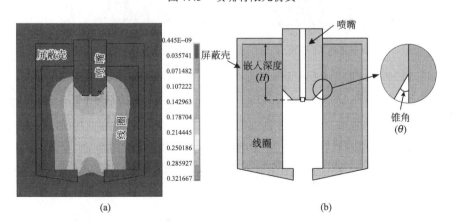

图 7.44　喷嘴结构参数定义

利用电磁学基本理论和 ANSYS 有限元分析方法，分析喷嘴的锥角、锥角台面半径、喷嘴相对线圈的嵌入深度等因素对于磁场分布的影响，最终得出以下优化设计方案。图 7.45 所示为对不同锥角的磁场分布进行的仿真。当锥角为 30° 时，其最大处的磁场强度为 0.367T；当锥角为 40° 时，最大处的磁场强度为 0.322T；当锥角为 50° 时，最大处的磁场强度的场强为 0.280T；当锥角为 60° 时，其可以获得最大强度为 0.27T 的场强。因此实际加工中常取 30° ～40° 之间的锥角。

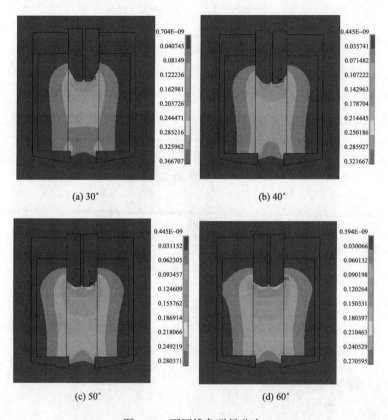

图 7.45　不同锥角磁场分布

不同的嵌入深度获得的磁场分布特性如图 7.46 所示。可以看出，随着嵌入深度的增加，喷嘴出口处汇聚磁场的最大强度也随之增加，但是磁场的变化梯度也迅速增加。一般选取嵌入深度大于 17mm，约为整个线圈高度的一半。

实际加工在 5 自由精密机床的带动下结合液体循环系统实现精密抛光，如图 7.47 和图 7.48 所示。

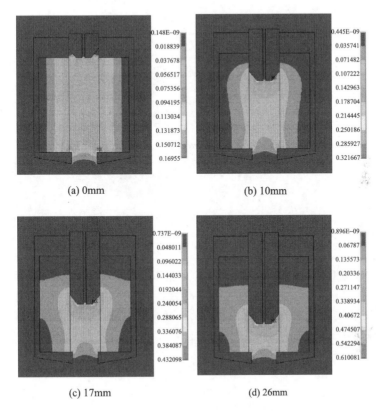

图 7.46　不同嵌入深度磁场分布

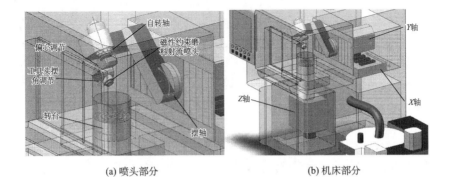

图 7.47　运动使能

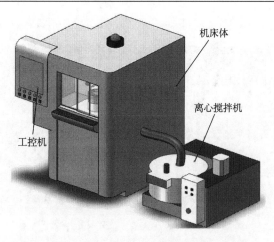

机床体

离心搅拌机

工控机

图 7.48   MJP-200 整体结构

一般的加工过程可以描述为：按照一定比例混合而成的抛光液在搅拌机中搅拌均匀；根据初始面型和去除函数规划合理的加工进程；工具头在机床的带动下运动到合适的位置，调节到需要的姿态，运动到加工起始点；电磁线圈上电；开启进程，工具头在机床的带动下，按照要求的路径和驻留时间以特殊的姿态对工件表面进行修整；加工后的废液，经回收仓回流到离心搅拌机中进行处理，重新利用。

7.7 小   结

本章介绍了磁射流抛光技术的相关内容，结合流体动力学理论建立了射流冲击的模型，进而结合电磁学理论研究了磁射流体液柱的拘束理论。基于这些理论最终建立了磁射流抛光的理论模型，包括静入射垂直喷射去除理论、静入射斜射流去除理论、垂直旋转喷射去除理论和斜入射旋转喷射去除理论。通过实验分析了各抛光因素对抛光去除分布的影响，结果表明：喷射距离对去除分布几乎没有影响，喷嘴直径对去除分布直径和抛光斑谷间距的影响比较明显，喷射压力对去除深度的影响较大，喷射时间主要对去除深度有影响，混合液浓度对去除深度的影响较大，线圈磁场强度对去除分布的直径、抛光斑谷间距以及去除深度都有明显的影响。通过对垂直入射喷射方式的去除函数分布进行实验研究，发现实验结果与理论吻合的比较好。实验研究了磁射流抛光技术的边缘效应，实验结果证明边缘效应可以忽略。另外，根据理论分析并结合实验研究对磁射流线抛光特点进行了全面的研究。在本章最后，结合作者多年的研究经验，介绍了磁射流抛光设备的具体设计过程和思路。

参 考 文 献

车翠莲, 黄传真, 朱洪涛, 等. 2007. 磨料水射流抛光技术的研究现状[J]. 工具技术, 41(10):14-16.

成建联, 宋国英, 李福援. 2002. 磨料水射流抛光时工艺参数随工件去除量的实验研究[J]. 西安工业学院学报, 22(1): 67-71.

程谟栋, 王成勇, 樊晶明, 等. 2007. 微磨料水射流加工技术的发展[J]. 金刚石与磨料磨具工程, 4: 63-67.

戴一帆, 张学成, 李圣怡, 等. 2009. 确定性磁射流抛光技术[J]. 机械工程学报, 45(5):171-176.

邓伟杰, 郑立功, 史亚莉, 等. 2007. 基于线性代数和正则化方法的驻留时间算法[J]. 光学精密工程, 15 (7):1009 -1016.

邓伟杰, 郑立功. 2009. 离轴非球面数控抛光路径的自适应规划[J]. 光学精密工程, 17(1):65-71.

丁金福. 2007. 基于 MastercAM 的模具曲面抛光路径生成方法研究[J]. 机械制造, 45(517).

董志勇.2005. 射流力学[M]. 北京:科学出版社.

方慧, 郭培基, 余景池. 2004. 液体喷射抛光材料去除机理的研究[J]. 光学技术, 30(2): 248-250.

方慧, 郭培基, 余景池. 2006. 液体喷射抛光技术材料去除机理的有限元分析[J]. 光学精密工程, 14(2):218-222.

郭文. 2009. 面形误差的迭代法修正模型建立与系统开发[D]. 北京: 北京理工大学.

胡永亮, 袁巨龙, 邓乾发. 2010. 双面研磨抛光中工件表面"塌边现象"的研究[J]. 新技术新工艺, 2:75-77.

李全胜, 成晔, 蔡复之,等. 1999. 计算机控制光学表面成形驻留时间算法研究[J]. 光学技术, 3:56 -60.

邵飞, 刘洪军, 马颖. 2007. 磨料水射流抛光技术及其发展[J]. 表面技术, 36(3): 64-66.

施春燕, 伍凡, 袁家虎,等. 2009. 基于MHD的磁射流抛光中流场的分析与模拟[J]. 光学技术, 35(5).

施春燕, 袁家虎, 伍凡, 等. 2008. 射流抛光喷嘴的设计[J]. 光电工程, 35(12):131-135.

施春燕, 袁家虎, 伍凡, 等. 2009. 基于 CFD 的射流抛光喷射距离的分析和优化[J]. 光学学报, 38(9):2419-2422.

施春燕, 袁家虎, 伍凡, 等. 2010. 冲击角度对射流抛光种材料去除面形的影响分析[J].光学学报, 30(2):513-517.

王飞, 冯之敬, 程灏波. 2005. 基于Kohonen自组织网络算法规划数控抛光路径[J]. 航空精密制造技术, 41(6):15-18.

王贵林. 2002. SiC 光学材料超精密研抛关键技术研究[D]. 长沙:国防科学技术大学.

王之江, 顾培森. 2009. 现代光学应用技术手册(下册)[M]. 北京:机械工业出版社.

吴其芬, 李桦. 2007. 磁流体力学[M]. 长沙:国防科学技术大学出版社.

许瑞, 鲁聪达, 南秀蓉. 2010. 磁射流抛光技术研究[J]. 轻工机械, 28(5):104-106.

张宝珍. 2003. 针型喷嘴结构对射流特性影响的实验研究[D]. 天津:天津科技大学.

张学成, 戴一帆, 李圣怡, 等. 2006. 磁射流抛光时几种工艺参数对材料去除的影响[J].光学精密工程, 14(6):1004-1008.

张学成, 戴一帆, 李圣怡,等. 2007. 基于 CFD 的磁射流抛光去除机理分析[J]. 国防科技大学学报, 29(4):110-115.

张学成, 戴一凡, 李圣怡. 2006. 磁射流抛光中的磁场的分析与设计[J]. 航空精密制造技术, 42(1):12-15.

张学成. 2007. 磁射流抛光技术研究[D]. 长沙:国防科学技术大学.

张云飞, 王洋, 王亚军, 等. 2010. 基于最优化思想的磁流变抛光驻留时间算法[J]. 应用光学, 31 (4)：657-662.

周旭升. 2007. 大中型非球面计算机控制研抛工艺方法研究[D]. 长沙:国防科学技术大学.

Cheng H B, Sun G Z. Feng Z J, et al. 2006. Micro-phenomenon and viscosity features of magnetorheological fluids at external field [J]. SPIE Proceeding, 6419.

Cheng H B, Wang T, Feng Y P, et.al. 2011. Process planning and tool design of magnetorehological jet finishing [J]. Applied Mechanics and Materials: 222-226.

Cheng H B, Yeung Y, Tong H. 2008. Viscosity behavior of magneticsuspensions in fluidassisted finishing [J]. Progress in Natural Science, 18(1):91-96.

Guo P J, Fang H, Yu J C. 2006. Edge effect in fluid jet polishing[J]. Applied Optics, 45(26): 4291-4296.

Guo P, Fang H, Yu J C. 2007. Computer-control fluid jet polishing[J]. SPIE Proceedings, 6722:672210.

Kordonski W, Shorey A, Trieard M. 2005. Jet induced high precision finishing of challenge optics [J]. SPIE Proceedings, 5869:586909.

Kordonski W, Shorey A. 2007. Magnetorheological(MR) jet finshing technology[J]. Journal of Intelligent Material Systerms and Strutures, 18:1126-1130.

Lee H, Yang M Y. 2001. Dwell time algorithm for computer-controlled polishing of small axis -symmetrical aspherical lens mold [J]. Optical Engineering, 40 (9):1936-1943.

Messelink W A C M, Waeger R, Meeder M, et al. 2005. Development and optimization of FJP tools and their practical verification [J]. SPIE Proceedings, 5869:58690A.

Shi C Y, Yuan J H, Wu F, et al. 2009. Analysis of parameters in fluid jet polishing by CFD [J]. SPIE Proceedings, 7282:72821Y.

Shorey A B, Kordonski W, Tricard M. 2004. Magnetorheological finishing of large and lightweight [J]. SPIE Proceedings, 5533:99-107.

Shorey A, Kordonski W, Trieard M. 2005. Dteministic precision of domes and conformal optic [J]. SPIE Proceedings, 5786:310-318.

Trieard M, Kordonski W I, Shorey A B. 2006. Magnetorheological jet finishing of conformal, Freeform and Steep Concave Optics [J]. Annals of the CIRP, 55:309-312.

Trieard M, Shorey A, Dumas P. 2006. Extending the application of sub-aperture finishing [J]. SPIE Proceedings, 6150:61501K.

Wang T, Cheng H B, Dong Z C, et al. 2013. Removal Character of vertical jet polishing with eccentric rotation motion using magnetorheological fluid [J]. Journal of Materials Processing Technology, 213: 1532-1537.

Wang T, Cheng H B, Chen Y, er al. 2013. Correction of remounting errors by masking reference points in small footprint polishing process [J]. Applied Optics, 52(33): 7851-7858.

Zhang X C, Dai Y F, Li S Y, et al. 2007. Optimization of removal function for magnetorheological jet polishing [J]. SPIE Proceedings, 6722:67221Y.

第8章 浮法抛光

8.1 概　　述

早在 1902 年，美国的 Hitchcook 和 Heal 就曾提出使玻璃液漂浮在熔融金属表面进行热处理的设想，但由于当时还没有连续水平成型方法而未能实现。最早产生这种想法的是英国的阿拉斯塔·皮尔金顿于 1953 年初开始着手实验，发明了一种生产平板玻璃的革命性的方法——浮法工艺(float process)，并于 1959 年建设了世界上第一条浮法玻璃生产线。

自1959年以来，浮法玻璃以其独特的优势得到了迅速的发展，平板玻璃总产量也得到大规模的提高。全世界平板玻璃总量从1960年的434万吨，增长到2001年年底的3560万吨，其中浮法玻璃达2880万吨，占平板玻璃总量的81%，并将持续提高。1977年，日本大坂大学的难波义治发明了浮法抛光(float polishing)加工超光滑表面技术。使用这项技术可使刚玉单晶的平面面形达到λ/20，表面粗糙度低于1nm Ra。1987年的研究报告表明，使用浮法技术进行多种材料的抛光实验，对ϕ180mm的工件进行加工，可以达到表面粗糙度优于0.2nm RMS，平面度优于λ/20=0.03μm。近年来德国也在研究类似抛光技术，德国乌尔姆大学的欧威研究表明，对白宝石材料ϕ7mm的工件进行抛光，30min后得到表面粗糙度小于0.05nm的结果。

中国洛阳浮法抛光技术是我国自行研制开发成功，被公认为与英国皮尔金顿、美国 PPG 齐名的世界三大浮法玻璃生产技术之一。我国洛阳玻璃厂从 1965 年开始实验室实验，到 1971 年第一条浮法玻璃生产线诞生，发展到 2004 年全国共新建、扩建、改建浮法玻璃生产线 121 条，可年产浮法玻璃 3 亿重量箱，占平板玻璃总量的 85%，占世界总量的 24%，居世界第一。

中国科学院长春光学精密机械与物理研究所应用光学国家重点实验室，在短波段光学的带动下，从 1992 年开始研究浮法抛光技术，已研制出一台抛光原理样机，并进行了大量实验。目前对 K9 玻璃样片的抛光实验结果表明，表面粗糙度优于 1nm Ra，使用的磨料粒度约为 25nm。有关实验正在继续进行，并且正在研制一台高精度的浮法抛光实验样机。

将浮法抛光样品与普通抛光样品比较，可以发现浮法抛光有许多优点。普通沥青式抛光使用硬度大于工件的磨料也可以获得超光滑表面的粗糙度指标，但对磨盘的平面度修正很有讲究，这影响到被抛光工件的面形。普通抛光后的工件，其边缘几何尺寸总不太好，经常有塌边或翘边现象；并且在高倍显微镜下可以看到表面有塑性畸变层。应用浮法抛光技术获得的超光滑表面，不仅具有较好的表面粗糙度和边缘几何形状，而且抛光晶体面有理想完好的晶格，亚表面没有破坏层，由抛光引起的表面残余应力极小。浮法工艺的优势有：建设快、投资省、质量好、产量高、成本低、品种多。

近几年，我国先后与国外合资兴建了两条大型浮法生产线，引进了一批先进技术和先进设备。经过科技攻关和消化吸收后，我国的浮法工艺水平和装备水平得到了较大提高。但与国外先进水平相比，尚有一定差距。下面从成型角度举例说明。

（1）生产规模：根据浮法的特点，生产规模越大，生产效率越高。

（2）生产品种：从产品厚度规格上，目前国外已能生产0.5～30mm范围的各种厚度，最大产品尺寸为3000mm×4000mm；从产品品种上，目前国外能够生产多种颜色的本体着色玻璃和在线喷涂热反射玻璃。而目前我国生产的厚度范围为2.5～12mm，最大产品尺寸为3000mm×2000mm，颜色玻璃的品种是茶、灰等少数几种颜色和电浮法玻璃。

（3）控制水平：在国外浮法生产过程的控制水平已达到了较高水平，以500吨级规模的浮法生产线为例，全线控制仅需要10人左右，而我国的垒线控制需要60人左右；50吨级规模的浮法生产线，国外装机功率是2500kW左右，而我国同样规模的锡槽装机功率则在4000kW左右。

（4）生产工况：锡槽内的温度分布和横向温差，以及槽内压力是直接影响生产工况的几个重要因素。在国外非常重视合理的温度分布和槽内压力，要求温度控制误差和横向温差在±5℃以内，槽内压力在几毫米水柱以上。我国还没有十分重视在整个锡槽内建立处理的温度制度，温度的控制误差和波动，以及横向温差经常在十几摄氏度左右。对于槽内压力尽管通过实践开始逐渐重视起来，但仍然达不到要求，槽内压力仪的水柱维持在零点几毫米。

（5）生产技术：经过三十多年的发展和完善，国外对浮法生产技术(厚度的转变、厚薄差和板宽的调整、事故的处理等)的掌握已达到了较高水平，但我国对于浮法生产技术的掌握还有相当差距，表现在厚度的转变时间较长、事故率较高、处理事故时间较长等。

（6）规范作业：国外浮法集三十年的经验和摸索，目前已制定和基本完善了一整套浮法生产各工序的作业规范。我国浮法在这一点上的差距是明显的，往往是仅凭个人的经验操作生产和处理生产出现的问题，并且经常随意更改工艺参数和工艺制度，这样就造成了生产的不稳定和产品质量的降低。

8.2　机理与模型

1. 去除机理

通常抛光对工件表面的去除被认为是机械切削的延续。在抛光过程中，磨料微粒嵌入沥青或其他弹性磨盘中，像无数微小的车刀切削工件表面，极少量去除材料。在这种情况下，磨料微粒与工件的接触点之间的压强应很小，否则会在工件表面形成划痕。在浮法抛光中，这种机械切削作用不占主要地位。采用较软的或较硬的磨料均可获得超光滑表面，并且表面粗糙度可达到亚纳米量级，接近原子尺寸，这说明浮法抛光中工件材料的去除是在原子水平上进行的。

原子的去除过程是磨料与工件在原子水平的碰撞、扩散、填充过程。根据热力学观点，固体中总存在一些坏点，如空穴、间隙原子、杂质原子、错位原子等，这些坏点有一定的平衡浓度，维持着固体的熵。关于金属或单原子晶体，其空穴的平衡浓度 C 为

$$C = \frac{n}{N} = \exp\left(\frac{-\Im}{KT}\right) \tag{8.1}$$

式中，N 为原子总数；n 为空穴总数；$\Im$ 为形成一个空穴所需要的能量；K 为玻尔兹曼常数；T 为热力学温度。

在浮法抛光中，工件与磨盘间由于抛光液的作用产生液膜，约几微米厚，磨料颗粒在液层中运动，不断碰撞工件表面。在碰撞的接触点，可能产生局部压力和温度升高。由式(8.1)可知，温度的升高导致工件与磨料颗粒碰撞表层的空穴数增加，并使原子间的键联减弱，如图8.1(a)所示，此时原子扩散就加剧了。工件表层的原子由于扩散作用进入磨料中，同时磨料原子也作为杂质原子填充到工件最表层的空穴中，成为一个坏点。

在抛光过程中，碰撞不断发生。坏点附近的工件表面原子所受结合力比其他部位小，当磨料颗粒撞击杂质原子附近时，被撞原子便被去除了，如图8.1(b)所示。

2. 理论模型

抛光装置示意图如图 8.2 所示。抛光是通过上盘(工件)与下盘(研磨盘)的相对运动，抛光磨料对工件表面进行材料去除的过程。工件表面各点材料去除量如何，关系到其平面度的好坏。各点相对研磨盘的运动轨迹是影响表面粗糙度的重要因素。下面将介绍材料去除情况和相对运动轨迹的有关内容。

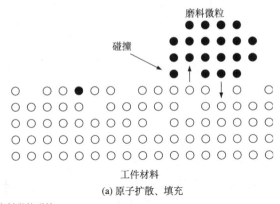

(a) 原子扩散、填充

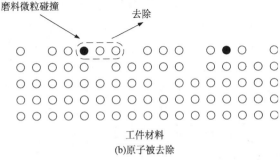

(b)原子被去除

图 8.1　浮法抛光过程中工件表面原子被去除过程

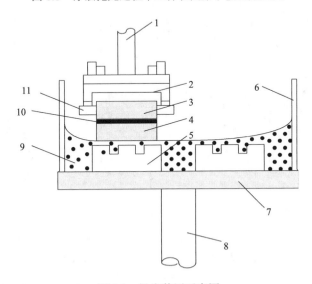

图 8.2　抛光装置示意图

1—上主轴；2—夹具；3—平模；4—工件；5—锡盘；6—液罩；7—钢盘；8—下主轴；

9—抛光液；10—黏结胶；11—拨杆

浮法抛光中材料的去除是磨料或抛光盘的机械磨削和抛光液化学腐蚀的综合作用，首先源于化学腐蚀。在浮法抛光过程中，工件靠自身重量浸泡于具有碱性成分和纳米磨料颗粒的抛光液中，并与锡盘定偏心、同方向、同转速旋转，抛光液运动产生的动压力使两者之间形成数微米的液膜。抛光液中的碱性成分腐蚀工件表面形成易于磨削的软质层，纳米磨料颗粒在液膜中运动，在与工件表面近似平行的方向上不断碰撞从而去除这一软质层，抛光液继续腐蚀暴露出来的新鲜表面，从而实现对工件材料加工表面的不断抛光去除，而且对去除材料和减少加工变质层都是非常有利的。

由于抛光液中的纳米磨料颗粒直径很小，在与零件表面近似平行的方向上碰撞时产生的切削力极弱，所以理论上能够实现原子级的材料去除，且不破坏材料的晶格组织，在被加工表面几乎不产生变质层，浮法抛光可获得极高的零件表面加工质量。

影响抛光的因素有很多，如压力、时间、速度、抛光液和温度等。根据相对运动轨迹的数学模型，工件与研磨盘同方向、同转速定轴回转，工件半径 r 上的点 $(r\cos\varphi_0,\ r\sin\varphi_0)$ 相对研磨盘的运动轨迹方程为

$$(X + r\cos\varphi_0)^2 + (Y - r\sin\varphi_0)^2 = r_p^2 \tag{8.2}$$

式中，$(X,\ Y)$ 为任意一点的坐标；$(r\cos\varphi_0,\ r\sin\varphi_0)$ 为坐标圆心，半径为 r 点的坐标；r_p 为运动轨迹的半径。

工件上任意点在研磨盘上走过的轨迹以 $(-r\cos\varphi_0, r\sin\varphi_0)$ 为圆心，转速为 ω，在研磨时间 t 内相对研磨盘的移动路程 l 相同，即 l（单位:mm）为

$$l = \omega r_p t \tag{8.3}$$

下面讨论玻璃液在锡液面上的抛光时间问题。

玻璃液离开流槽，自由悬落在锡液面上进行横向伸展并向前漂浮。玻璃液表面的不平整情况，从其断面上看，近似一条正弦曲线如图 8.3 所示，其数学表达式为

$$Y = a \cdot \sin\frac{2\pi x}{\lambda} \tag{8.4}$$

式中，a 为振幅；λ 为波长。

由于玻璃液的重力和表面张力是互相平衡的，把 $\lambda/2$ 范围内的表面升高，视为一个液滴。由拉普拉斯公式得出这两个力的作用情况为

$$\sigma \cdot \left(\frac{1}{R_1} + \frac{1}{R_2}\right) = G \cdot r_G \cdot Y \tag{8.5}$$

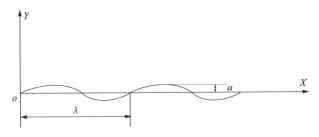

图 8.3　玻璃液横向伸展近似效果图

式中，σ 为表面张力；左边为表面张力的作用，其单位为$[g/s^2] \cdot [1/cm] = [g/cm \cdot s^2]$；右边为玻璃液柱的静压力，其单位为$[cm/s^2] \cdot [g/cm^2] \cdot [cm] = [g/cm \cdot s^2]$；$G$ 为剪切弹性模量；$\left(\dfrac{1}{R_1} + \dfrac{1}{R_2}\right)$ 为该液滴表面在 Y 点的平均弯曲度；r_G 为玻璃的密度。对式(8.4)求二阶导数，得到平均弯曲度为

$$Y'' = -\frac{4\pi^2}{\lambda^2} \cdot Y \tag{8.6}$$

Y 方向，朝上为正，朝下为负。就物理意义来说，可用其绝对值。故有

$$\left(\frac{1}{R_1} + \frac{1}{R_2}\right) = \frac{4\pi^2}{\lambda^2} \cdot Y \tag{8.7}$$

代入式(8.5)得

$$\lambda = 2\pi \cdot \sqrt{\sigma / G \cdot r_G} \tag{8.8}$$

由式(8.8)可知，表面张力和重力作用的结果是一个向下的压力 P，即

$$P = \left(\frac{4\pi^2}{\lambda^2} \cdot \sigma + G \cdot r_G\right) \cdot Y \tag{8.9}$$

当 $Y = a$ 时，这个向下的压力为最大值。

当波长 $\lambda=2.3719cm$ 时，两个力大小相等，得

$$P = 2G \cdot r_G \cdot a \tag{8.10}$$

如果 $\lambda>2.3719cm$，则显示不出表面张力的作用。换言之，在1022.57 ℃时，若玻璃液运动的振动波长 $\lambda>2.3719cm$，振幅 $a>0.01cm$，则表面张力 $\sigma=330.1$，将克服不了过大的动能。若 $\lambda<2.3719cm$，则振幅 a 很小，玻璃液的静压力作用可忽略不计。

在毛细力的作用下，液体表面达到动平衡时的速度，即

$$V = \frac{\sigma}{\eta}\left[\frac{g/s^2}{g/cm \cdot s}\right] \tag{8.11}$$

式中，η 为玻璃液的黏度，则自身抛光时间为

$$t = \frac{\lambda}{V} = \frac{\lambda \cdot \eta}{\sigma} \tag{8.12}$$

实验结果和生产时间证明，在严格控制玻璃原料成分、配合料水分，保证熔制和澄清质量，玻璃液化学均匀性和温度均匀性良好的前提下，流入锡槽中的玻璃液在均匀的温度场抛光区域内，经历 1min 左右的时间就可以获得光洁平整的抛光表面。

3. 抛光机机械结构

浮法抛光机的机械构造类似于定摆抛光机。如图8.4所示，镜盘在磨盘上，电动机驱动主轴使磨盘旋转，镜盘和工件因为磨盘的作用而被动地绕自身工作轴旋转，由于镜盘工件轴是固定的，工件不在磨盘上往复摆动。磨盘与工件均浸于抛光液中。磨盘材料不是通常的沥青、聚氨酯或毛毡，而是纯度在99.99%以上的金属锡，锡盘厚度约为20mm。

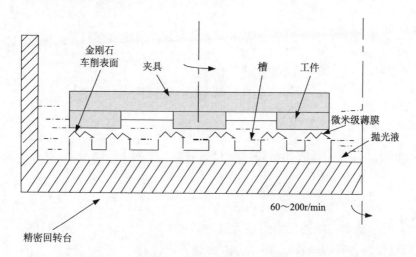

图 8.4　浮法抛光原理结构

浮法抛光和浴法抛光方式类似，抛光盘和工件一起浸没在抛光液中。抛光过程中工件一方面绕自身的轴线进行高速、高精度的自转，同时也随着精密回转台进行低速公转，对回转台主轴转动的精度要求高。浮法抛光中最关键的部件是高精度车削的锡盘，在抛光过程中，工件在离心力、容器壁、车削槽和锡盘上螺纹共同作用下与抛光盘存在一定的间隙，悬浮其间的磨料在离心力作用下不断冲击工件表面，以原子级别的去除量对其不断修正，实现超光滑表面抛光。用该方法抛光熔石英材料，其表面粗糙度从9Å降低到2Å。

8.3 工 艺 研 究

1. 浮法抛光工艺简介

在对工件进行浮法抛光前,将工件粘在镜盘上,为保证工件的被加工面(通常有若干块工件)在同一平面上,只有当浮法抛光结束后,被加工工件才能从镜盘上取下。对粘好的工件首先要进行抛光:①在铸铁盘上用 $\phi 8\mu m$ 的 SiC 磨料研磨工件。②用 $\phi 3\mu m$ 的刚玉磨料抛光锡盘至 3 个光圈后,洗刷干净,并用浸过丙酮的脱脂棉包住工件,进行干燥,然后就可以进行浮法抛光。

抛光液是由纯水与某种磨料微粉混合而成的悬浮液,浓度约为5%,在抛光过程中,抛光液随磨盘旋转(通常磨盘主轴转速为60~200r/min)。流体运动产生动压,工件与磨盘之间形成一层薄的液膜,使得工件浮在磨盘上旋转,保持软接触。液体旋转时的离心作用使抛光液中粒度稍大的颗粒甩到四周,并渐渐沉到底部,这样液膜中的磨料越来越精细均匀,被加工光学表面越来越光滑,最后达到超光滑。

工件的面形主要由磨盘面形决定,是对磨盘面形的复制,因此磨盘在抛光过程中均匀磨损是保证工件面形的关键。目前广泛应用的环形分离器抛光机,修正磨盘沥青表面的平面度以矫正环的位置就可以保证磨盘被均匀磨损。在浮法抛光中,锡盘的磨损可以忽略,因而锡盘的平面度很容易控制,只需要在锡盘工作一段时间后,再用钻石车刀车削一次表面。这样在较长时间内锡盘的工作面形是稳定的,从而保证了工件面形的稳定性。传统抛光的经验性主要是由于沥青盘在抛光过程中的变形决定的,使用锡盘后,这种经验性抛光就可以成为稳定抛光。

浮法生产的成型过程是在通入保护气体(N_2 和 H_2)的锡槽中完成的。高温熔融玻璃液从池窑中连续流入并漂浮在相对密度大的锡液表面上,在重力和表面张力的作用下,玻璃液在锡液面上铺开、摊平,形成下表面平整、相互平行的玻璃带,向锡槽尾部拉引,经抛光、拉薄、硬化、冷却和退火后被引上过渡辊台就得到平板玻璃。

2. 浮法玻璃成形质量的影响因素

根据去除机理,利用外表面层与主体原子结合能的差异,任何材料都可作为磨料去除工件表层原子以获得无晶格错位与畸变的表面。但每种材料的去除效率是不同的,抛光效率一般由以下因素决定。

(1)碰撞发生的可能性和碰撞颗粒的动能。

(2)磨料颗粒表层原子的结合能大小及其分布。

（3）由于杂质原子的介入而引起的工件表面原子结合能的减弱程度。

（4）工件表层原子结合能的分布。

由于磨料原子要扩散到工件表面，扩散因素也很重要。另外磨料粒度要足够小。

对于软质磨料，切削作用较小，其粒度要保证磨料微粒在液膜中有足够的运动空间，获得充足的动能碰撞工件原子。对于硬质磨料，由于切削作用，往往引起工件表面畸变，所以对其粒度要求尤其严格，只有抛光时的压强足够小，使磨料只去除表面原子而不产生划伤，才能获得理想的超光滑表面。这种抛光条件要通过减小磨料粒度并保证其均匀性才能达到。减小磨料粒度可以增大磨盘与工件的接触面积，从而减小压强。这样在使用极小粒度磨料情况下，浮法抛光既可以用软质磨料，又可以用硬质磨料。由于这种原子水平的去除过程取决于工件与磨料颗粒表面的作用，为提高去除效率，希望选用的磨料粒度为纳米量级以增加接触面积和碰撞机会。由此看来，在进行浮法超光滑表面的抛光中，选择合适的材料作为磨料是很重要的。一般用于浮法抛光的磨料为粒度约 7nm 的 SiO_2 微粉。

综上所述，浮法抛光技术的关键在于以下三点。

（1）高面形精度的锡盘，以此保证工件面形的高精度。

（2）精度小于 20nm 的磨料，目的是增大工件与磨盘的接触面积，增多磨料颗粒与工件表面的碰撞机会，达到原子量级去除。

（3）抛光液将工件和磨盘浸没，靠流体作用形成工件与磨盘间液膜，为磨料颗粒与工件的碰撞提供环境。

8.4 小　　结

目前国际上有三种公认的浮法工艺，一种是 60 年代初由英国皮尔金顿公司发明，并最早用于生产的窄流槽浮法工艺。一种是 70 年代美国匹兹堡公司在窄流槽浮法工艺基础上发明的宽流槽浮法工艺。此外还有一种工艺称为洛阳工艺。这三种工艺都是借助熔融锡液作为玻璃液的成型介质，但在工艺特点结构材质等方面各具特色。下面主要从成型的角度介绍这三种浮法工艺的区别，以及我国浮法与国外浮法存在的差距。

（1）窄流槽浮法工艺：采用窄流槽向锡槽提供玻璃液，玻璃液的流动形式是由窄变宽，再由宽变窄的紊流形式。特点是通过玻璃液的分流，可以使接触流槽底部的玻璃液和玻璃液中的夹杂物流向玻璃带的两个边部，而被切裁掉，从而提高切裁板的成品率。锡槽结构为前宽后窄，槽底用耐火砖铺成，采用活动边封结构和三相硅碳棒加热形式，槽内备有线性马达。这种锡槽的特点是，前端设计保证玻璃液能够充分摊平抛光的宽度，后端在保证玻璃板能够顺利通过的前提下，尽可能设计比宽段(即前段)窄,以减少锡液暴露面积和加热功率,在锡槽一定位置上设置的线性马达,用以改善锡液对流状态,从而稳定玻璃板的成型。采用活动边封,使得操作和辅助设施的设置方便灵活,但同时增加了密封的困难,容易加剧横向温差,三相硅碳棒加热提高了温度调节的精确性,从而保证温度场的均匀,但同时增大了设备投资。

(2)宽流槽浮法工艺:采用与锡槽内宽基本等宽的宽流槽向锡槽提供玻璃液。玻璃液的流动形式是等宽的层流形式。特点是整个宽度上的玻璃液的速度分布相当平稳,同时由于流入的玻璃液层较薄,相应增加了玻璃液的摊平抛光时间,使得玻璃带表面更加平整光滑。锡槽结构形式为直筒形,同样采用活动边封和三相硅碳棒加热。这种锡槽的特点是流槽前段和后段基本等宽,玻璃带成型过程中在基本等宽的情况下运动,整个锡槽宽度与窄流槽浮法工艺后端宽度基本一致,这样对于同等生产规模的锡槽,宽流槽浮法工艺所需的锡槽面积可以比窄流槽浮法工艺所需锡槽面积减小20%以上。锡槽面积的减小,一方面减少了锡槽的装机功率,另一方面随着锡液暴露面积的减小,降低了锡耗,提高了玻璃的质量,同时还减少了一次性锡量的投资。宽流槽浮法工艺的另一个特点是改变厚度的操作简单,这是由于玻璃板基本上是等宽运行,在改变厚度时,无须拉边机齿距,只需要调节拉边机的速度、角度和压入深度。

(3)洛阳工艺:基本上与窄流槽浮法工艺一致。锡槽结构形式也是前宽后窄,早期的洛阳浮法工艺采用耐热混凝土倒打槽底、固定操作孔、铁铬铝电热丝加热,锡槽空间分隔墙较多。这种锡槽的特点是造价较低,整个锡槽的密封性和保温性较好,槽底冷却风系统要求不高。但是锡槽烘烤时间要求较长,烘烤温度要求较高,固定操作孔一定程度上影响了操作和辅助设施的设置,保护气经预热直接从两侧通入锡槽影响了槽内的正常温度分布。

参 考 文 献

陈恭源. 1987. 浮法玻璃工艺第三讲:玻璃的抛光[J]. 玻璃, 3:009.

陈正树. 1997. 浮法玻璃[M]. 武汉:武汉工业大学出版社.

高宏刚, 曹健林, 陈斌, 等. 1995. 浮法抛光原理装置及初步实验[J]. 光学精密工程, 3: 57-60.

高宏刚, 曹健林, 陈斌. 1995. 浮法抛光超光滑表面加工技术[J]. 光学技术, 3: 40-43.

江蓉. 2003. 我国浮法玻璃生产线的分布[J]. 中国建材, 3: 47-48.

马立云, 王道德. 2002. 保护气体组成对浮法玻璃性能的影响[J]. 玻璃, 29(2):18-19.

彭云. 1990. 我国浮法与国外浮法的区别与差距[J]. 中国建材, 10:006.

徐建军. 2001. 浮法玻璃成形质量的影响因素浅析[J]. 中国玻璃, 2:37-38.

英国 Rank Taylor Hobson 有限公司 1982 年产品.

Bennett J M, Shaffer J J, Shibano Y, et al. 1987. Float polishing of optical materials[J]. Applied

Optics, 26(4):696-703.

Bennett J M, Dancy J H. 1981. Appl Opt, 20, 1785.

Namba Y, Tsuwa H. 1978. Mechanism and applications of ultrafine finishing[J]. Annals of the CIRP, 27(1):511-516.

Namba Y, Tsuwa H. 1987. Ultraprecision float polishing machine[J]. Annals of the CIRP, 36(1):211-214.

Namba Y, Tsuwa H. 1977. Ultrafine finishing of sapphire single crystal[J]. Annals of the CIRP, 26(1):325.

Namba Y. Mechnism of float polishing[J]. 1984. The Science of Polishing Technical Digest., Monterey, CA.

Weis O. 1992. Direct contact superpolishing of sapphire[J]. Applied Optics, 22: 4355-4362.

第 9 章 化 学 抛 光

9.1 概 述

化学抛光是常用的不锈钢表面处理工艺,其最大优点是可以抛光形状复杂的零件,生产率很高。就功能性而言,化学抛光除了能得到物理、化学清洁度的表面,还能除去不锈钢表面的机械损伤层和应力层,得到机械清洁度的表面,这有利于防止零件的局部腐蚀,提高机械强度,延长零件使用寿命。化学抛光技术借鉴小工具数控抛光工艺思想,以喷出刻蚀液的喷头作为小磨头,通过特定的有机溶剂所形成的 Marangoni 效应,精确控制刻蚀液与光学元件表面的接触面积和接触时间,将元件表面多余的材料进行定量去除,完成对大口径光学元件的面形修复。该技术工艺简单,设备便宜,利用其对常规抛光技术加工过的光学元件进行面形修复,可以获取较高的面形精度,同时能够消除亚表面损伤造成的缺陷。因此化学抛光技术是一种很值得研究的新型光学加工技术。本章将对化学抛光进行介绍,可以分为以下三大部分:化学机械抛光、热化学抛光、电化学抛光。

化学机械抛光(Chemical Mechanical Polishing,CMP)技术几乎是迄今唯一的可以提供全局平面化的表面精加工技术,可广泛用于集成电路芯片、计算机硬磁盘、微型机械系统(Micro Electro Mechanical System,MEMS)、光学玻璃等表面的平整化。

在1965年由Monsanto首次提出化学机械抛光技术的概念。该技术最初用于获取高质量的玻璃表面,如军用望远镜等。1988年IBM开始将化学机械抛光技术运用于4M DRAM的制造中,而自从1991年IBM将化学机械抛光成功应用到64M DRAM的生产中以后,化学机械抛光技术在世界各地迅速发展起来。它利用了磨损中的"软磨硬"原理,即用较软的材料进行抛光以实现高质量的表面抛光。在一定压力和抛光浆料存在下,被抛光工件相对于抛光垫做相对运动,借助于纳米粒子研磨作用与氧化剂腐蚀作用的有机结合,在被研磨的工件表面形成光洁表面。化学机械抛光技术最广泛的应用是在集成电路(Integrated Circuit,IC)和超大规模集成电路(Very Large Scale Integration,VLSI)中对基体材料硅晶片的抛光。

1989年,Yashikawa提出了热化学抛光金刚石膜的方法,其机理是利用金刚石与高温抛光盘(如铁、镍等)接触时,金刚石表面碳原子的石墨化和向热金属中的扩散反应来实现金刚石膜的抛光。图9.1所示为金刚石在热金属盘上的热化学抛光模型。

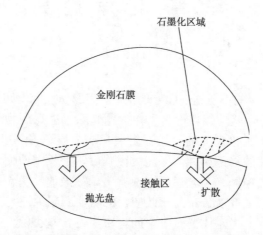

图 9.1 金刚石在热金属盘上的热化学抛光模型

随后,美国的Hickey和德国的Zaitsev等相继研制出各自的实验样机,如图9.2所示,并针对CVD金刚石厚膜进行抛光实验。在抛光盘的上下表面分别用电炉加热,这样可以保证整个抛光盘均匀加热,从而避免不均匀加热导致的抛光盘热变形。此外,该抛光方案中还增加了振动功能。这种方法可以用来抛光大面积的CVD金刚石膜,也可抛光超薄金刚石膜。

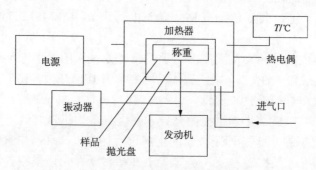

图 9.2 Zaitsev 研制的热化学抛光装置示意图

目前的热化学抛光方法都是将抛光盘整体加热至热化学反应温度(一般为750~950℃),抛光盘上下表面存在较大温度梯度,高温热变形大,而且设备运行复杂,抛光加工成本高,电阻丝加热,抛光盘温度不能准确控制,长时间工作稳定性也是一个问题。

从 20 世纪 60 年代初以来，电化学加工技术以其突出的技术特点得到不断地创新、发展和应用。近年来，随着工业设备和产品不断向精密化方向发展，传统抛光方法很难满足高精度的抛光要求。如何更有效地提高电化学抛光效率、降低表面粗糙度，一直是国内外学者的研究热点。磁场的引入为超精密抛光技术提供了许多可以组合的新方法，为超精密抛光的低成本化提供了一种有效途径。但磁辅助超精密抛光技术的研究基本上还处于探索阶段，对于磁辅助抛光机理还有待深入研究。

复合电化学抛光新技术提高了电化学抛光的质量和抛光效率，极大地拓展了电化学加工的应用领域，使得电化学抛光过程向自动化和智能化方向发展。

电化学抛光利用金属电化学阳极溶解原理进行修磨抛光。其将电化学预抛光和机械精抛光有机结合在一起，发挥电化学和机械两类抛光特长，不受材料硬度和韧性的限制，可抛光各种复杂形状的工件。

9.2　机理与原理

1. 化学机械抛光原理

物理作用和化学作用复合的加工方法已经成为超精密加工技术的重要发展方向，如化学机械抛光能够实现全局或局部平坦化，是集成电路制造中的关键技术之一，具有加工方法简单、加工成本低等优点。近年来对晶体进行化学机械抛光的研究得到很大的发展。

目前还没有对化学机械抛光作用机理从微观角度的完整理论解释，但从宏观上解释如下：将旋转的被抛光晶片压在与其同方向旋转的弹性抛光垫上，而抛光浆料在晶片与底板之间连续流动。上下盘高速反向运转，被抛光晶片表面的反应产物不断剥离，新抛光浆料补充进来，反应产物随抛光浆料带走。新裸露的晶片平面又发生化学反应，产物再被剥离下来而循环往复，在衬底、磨粒和化学反应剂的联合作用下，形成超精表面。化学机械抛光装置示意图如图 9.3 所示。旋转的晶片以一定的压力作用在旋转的抛光垫上，含有亚微米或纳米级磨料的抛光液在工件与抛光垫之间流动旋转时，离心力的存在促进了抛光液的流动，抛光液均匀分布在抛光垫上，并在工件和抛光垫之间形成一层液体薄膜。薄膜中的化学成分与晶片表面发生反应，将硬度较高的晶片软化，通过磨料的摩擦切削作用将这层软化物质从工件表面去除，从而达到晶体表面平坦化的目的。

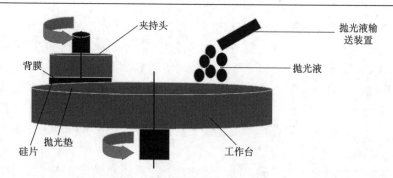

图 9.3　化学机械抛光装置示意图

在抛光过程中，抛光液的组成、抛光液 pH、抛光压力、温度、抛光液流量、转速和抛光垫规格等均会影响抛光质量。通常磨料的硬度和粒径的大小决定了抛光的效率，硬度越大，抛光去除量越大，但缺陷密度和表面粗糙度随之较大。

为了进一步了解化学机械抛光作用的本质，近年来国内外有很多关于化学机械抛光作用微观机理的研究。研究表明：化学机械抛光中主要是低频、大波长的表面起伏被逐渐消除，而小尺度上的粗糙度并未得到显著改善；当颗粒直径在 $10 \sim 25$ nm 的范围时，粒径和粗糙度不存在单调的增减关系；桔皮的产生主要是抛光浆料中碱浓度过高所致。北京交通大学提出的化学机械抛光作用中纳米流体薄膜理论指出化学机械抛光过程中，受载的粗糙峰和被抛光的晶片表面之间存在，即纳米量级的薄流体膜，形成了纳米级薄膜流动系统，对纳米级流动规律进行研究将有助于了解化学机械抛光的作用机理。同时，陈杨的研究也表明了相似的观点，即材料的去除首先源于化学腐蚀作用。

2. 热化学抛光原理

在最近几年的研究中，国内外学者以不同的实验装置研究了热化学抛光的原理与应用，主要应用在多晶金刚石膜抛光中。

1）热金属板法

热金属板抛光是利用过渡族金属元素(如 Fe、Ni、Mn、Mo)在高温下的熔碳性达到抛光的目的。其原理为：将金刚石膜与高温的过渡族金属制成的研磨盘相互研磨，使得金刚石中的碳原子扩散至热金属板中，同时金刚石膜表面被石墨化和氧化。研究表明：碳原子在铁中扩散速度远大于金刚石被石墨化的速度。在抛光初始阶段，金刚石被石墨化处于优势状态，随着抛光时间的延长，金刚石膜与铁板的接触面积增大，碳扩散成为主要因素。其原理如图 9.1 所示。一般情况下，通过金刚石膜在真空、氢气或惰性气体环境下，在温度为 $750 \sim 1100$℃的热铁板上转动摩擦，使高温下碳原子向金属板中扩散来抛光金刚石膜。

热铁板的抛光速率取决于金刚石膜表面的碳原子向热金属板中的扩散速度。一般情况下，抛光速率较大，但随着抛光时间的延长，碳在金属板中的积累增加，抛光速率会有所下降。影响热化学抛光质量的因素有很多，如研磨表面的质量、金刚石的纯度、研磨方向与各晶面的相对位置、研磨时间和力等。

2）熔融金属刻蚀

熔融金属刻蚀是用某些化学活性很强的金属（如 La、Ce、Cs 等）在一定的工艺条件下使金刚石表面产生化学反应，使金刚石膜表面的粗糙部分熔蚀，从而达到抛光目的的一种工艺。其材料的去除也是借助于碳原子向熔融的稀土金属中的扩散实现的。

用熔融金属刻蚀的方法来抛光金刚石膜，一般采用如图 9.4 所示的两种结构形式：三明治性多层金属板、熔融稀土池刻蚀。热化学抛光设备较为复杂，对抛光金刚石膜的形状也有限制，一般只能用来抛光较厚的、平面的金刚石膜。对于热金属板抛光，金属板粒子容易在膜表面残留而造成污染，且在高温下金属和金刚石交界处产生石墨和类金刚石成分的概率也增大。当温度较高时，熔融金属刻蚀法也会在膜的边缘产生过蚀现象。因此这种方法常用于金刚石膜的粗抛光。

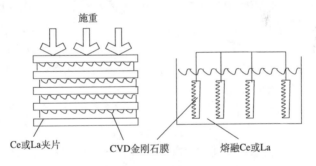

图 9.4 熔融金属刻蚀两种结构示意图

沈阳理工大学研发了稀土金属作用下的金刚石膜超高速抛光方法，该方法采用较高的线速度（线速度大小对抛光过程本身没有明显影响）提升膜表面的温度，使其达到碳扩散的温度。同时在与膜对称的另一侧装上稀土金属盘来实时清除扩散到抛光盘中的碳原子，使得抛光过程顺利进行。抛光装置示意图如图 9.5 所示。

3. 电化学抛光原理

1）化学抛光的理论基础

电化学抛光（electrochemical polishing）又称为电解抛光（electropolishing），是指在一定的外加电压下，直流电流通过电解池使金属工件在电解液中发生阳极溶解，从而整平金属表面并使之产生光泽的加工过程。

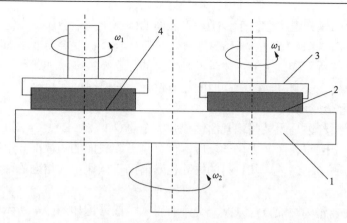

图 9.5　稀土金属作用下的金刚石膜超高速抛光示意图

1—抛光盘；2—金刚石膜；3—卡紧装置；4—稀土盘

电化学抛光是金属溶解的一个独特过程，在大多数情况下阳极溶解时可以获得良好的抛光质量，但是由于金属电化学抛光的阳极溶解过程相当复杂，受到如金属的表面性质、金相组织的均匀性、电解液的成分、电解质溶液的温度、操作的电流密度和槽压高低等因素的影响。所有这些因素的变化都直接关系到抛光效果和质量的好坏。而且由于阳极溶解的不均匀性，有时会出现被加工表面比原来状况更糟的情形，有时也可能出现无光泽，或者出现麻点、局部腐蚀等状况。

2）化学抛光的影响因素

影响电化学抛光的质量是多方面的，也是很复杂的。主要因素有以下几个方面：阳阴极材料参数、电化学抛光液参数、电参数、抛光时间。

上述的各种工艺参数(如电解液温度、操作电流密度和抛光时间，甚至溶液的搅拌等)对阳极表面抛光质量都有影响作用，需要通过实验确定最佳的参数。它们之间相互制约且相互促进，在确定电化学抛光溶液的成分和配比之后，用正交法在该电解液中实验，评定上述工艺参数变化对抛光质量的影响程度，最终选取最佳的工艺操作参数，以获取良好的产品抛光质量。

3）化学抛光的特点

电化学抛光作为一种金属表面处理方法，具有以下优点：①能够降低表面粗糙度，达到良好的表面抛光效果；②抛光效率高，且与被加工材料的机械性能(硬度、韧性、强度等)无关；③抛光成形零件时所用设备与机械抛光设备相比，较为简单和便宜，抛光时工件与刀具(阴极)不接触，无切削力、切削热、毛刺和切削刀痕、刀具损耗等。

9.3　加 工 设 备

1. 化学机械抛光的加工设备

高性能化学机械抛光设备是实现高效、高精度和高表面质量化学机械抛光加工的关键，也是研究化学机械抛光技术所必需的硬件基础，它体现了一种加工工艺和加工技术。

化学机械抛光技术采用的设备和消耗品包括：抛光机、抛光液、抛光垫、化学机械抛光后清洗设备、抛光终点检测和工艺控制设备、废物处理和检测设备等，其中抛光液和抛光垫为消耗品。一个完整的化学机械抛光工艺主要由抛光、后清洗和计量测量等部分组成，抛光机、抛光液和抛光垫是化学机械抛光工艺的三大关键要素，目前均依赖进口，其性能和相互匹配决定化学机械抛光能达到的表面平整水平。

1）抛光机

化学机械抛光机种类繁多，按不同的划分标准，化学机械抛光设备可以进行不同种类的划分，图 9.6 给出了几种常见的化学机械抛光设备局部图及其运动关系示意图。

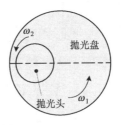

(a) 单头单片旋转式

(b) 双头单片直线轨道式

图 9.6　几种常见的化学机械抛光机床形式

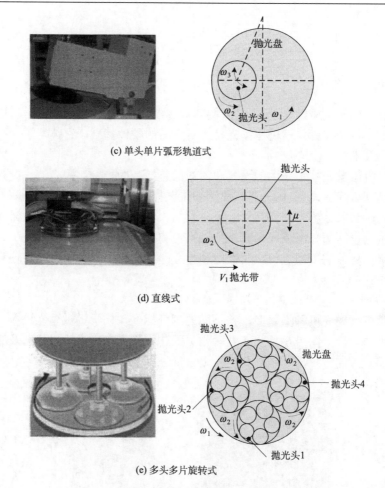

(c) 单头单片弧形轨道式

(d) 直线式

(e) 多头多片旋转式

图 9.6　几种常见的化学机械抛光机床形式(续)

化学机械抛光机按抛光头的运动方式可分为：旋转式、轨道式和直线式，其中轨道式抛光机又可分为直线轨道式与弧形轨道式。按同一抛光盘上可同时工作的抛光头数量可分为：单头式、双头式和多头式。按每个抛光头夹持硅片的数量可分为：单片式和多片式。按整个抛光系统布置的抛光盘数量可分为：单抛光盘式、双抛光盘式、三抛光盘式和多抛光盘式等。

2）抛光液

抛光液是化学机械抛光的关键要素之一，抛光液的性能直接影响抛光后表面的质量。抛光液一般由超细固体粒子研磨剂(如纳米 SiO_2、Al_2O_3 粒子等)、表面活性剂、稳定剂和氧化剂等组成，固体粒子提供研磨作用，化学氧化剂提供腐蚀溶解作用，图 9.7 为自制的一种硬盘抛光用纳米 SiO_2 抛光液的 Super-SEM 形貌。

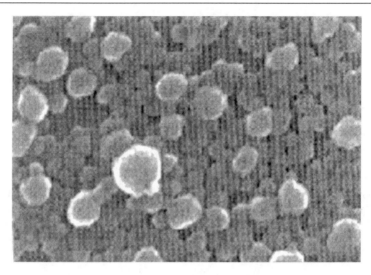

图 9.7　纳米 SiO$_2$ 抛光液的 Super-SEM 形貌

　　磨粒对抛光性能的影响研究较多。关于磨粒粒径对抛光性能的影响，研究结果还不统一。抛光不同的材料所需的抛光浆液组成、pH值也不相同，在镶嵌W-CMP工艺中典型使用铁氰酸盐、磷酸盐和胶体SiO$_2$或悬浮Al$_2$O$_3$粒子的混合物，溶液的pH值为5.0～6.5；抛光氧化物的抛光液一般以SiO$_2$为磨料，pH值一般控制在pH值>10；而金属的化学机械抛光大多选择酸性条件，如pH值<3，以保持较高的材料移除速率。

　　通过系统研究纳米SiO$_2$抛光液对Ni-P敷镀的硬盘基片的化学机械抛光性能，发现抛光液的抛光性能与抛光液中纳米SiO$_2$粒子的粒径和浓度、氧化剂的用量、抛光液的pH值、抛光液的流量等均有关，适宜的抛光液组成为：粒径为10～50nm和浓度为4％～7％；氧化剂的用量为1％～2％。抛光液的pH为1～3，流量不小于300mL/min，过大的流量不能进一步提高抛光性能，只会增加成本。

　　抛光液研究的最终目的是找到化学作用和机械作用的最佳结合，从而获得去除速率高、平面度好、膜厚均匀性好和选择性高的抛光液。此外，还要考虑易清洗性、对设备的腐蚀性、废料的处理费用和安全性等问题。

　　3）抛光垫

　　抛光垫是输送抛光液的关键部件，抛光垫表面是一层具有多孔性结构的高分子材料，高分子材料一般为生长法得到的聚氨酯(Polyurethane，PU)、聚碳酸酯(Polycarbonate，PC)等，抛光垫储存抛光液，并将抛光液中的磨蚀粒子送入片子表面进而去除磨削，从而使圆晶片上的微突部分被抛光垫磨去而平坦化。

　　抛光垫的机械性能(如硬度、弹性和剪切模量、毛孔的大小及分布、可压缩性、黏弹性、表面粗糙度)以及抛光垫使用的不同时期对抛光速度和最终平整度起着重要作用。

改进抛光垫材料,提高其抛光性能,延长其使用寿命从而减小加工损耗是化学机械抛光抛光垫研究的主要内容和方向。

4) 抛光工艺参数

合适的化学机械抛光工艺条件对于改进化学机械抛光加工性能至关重要,根据具体试验条件的不同,化学机械抛光工艺参数如抛光压力、转速、抛光时间等以不同的方式和程度影响最终的抛光效果。

分析抛光参数(如抛光压力、转速等)对化学机械抛光加工性能的影响,发现各个参数都能以不同的方式影响化学机械抛光性能。

化学机械抛光是一个复杂的化学机械过程,它与被抛光材料、抛光液、抛光垫及其抛光工艺参数等因素均有关,这些因素并不是孤立起作用的,它们之间存在复杂的相互作用。

目前,抛光要素之间的相互影响、相互作用及其与抛光性能的关系研究还有待加强,弄清这些相互关系对于实现这些因素的最佳配合,以达到满意的化学机械抛光效果至关重要。

2. 热化学抛光的加工设备

Yoshikawa采用行星传动抛光方式研制出首台热铁板抛光机。该装置中的抛光盘由金属制成,其外径为72mm,内径为36mm,厚度为5mm。热电偶被嵌入到抛光盘的边缘。抛光轮由WA #46型号的材质制成。由镍铬铁合金制成的电线直径为1.6mm,作为加热设备,其电阻值为3.3 Ω。该加热器被安置在一个稳定平台的凹槽中。气腔内的气体可以控制体积,其压强可控制在0.1Pa。工件的旋转装置由行星轮构成,其设计参数如下:驱动齿轮的齿数为8,固定装置的齿数为12,环形齿轮的齿数为32。实验中将铁盘加热到810℃,金刚石膜的外加压力为60kPa,在通入氢气抛光2h后获得比较光滑的表面,其粗糙度Ra由4.5μm下降到2μm。

1991年,相关科技工作者研究了不同抛光条件(如抛光盘材料、温度、环境气体、外载荷和抛光线速度)对抛光表面和去除率的影响。结果表明,在950℃的高温真空环境下,抛光速率可达7μm/h,可是抛光表面质量比在氢气中差;而在750℃、充入氢气的环境下,由于避免了真空环境残留氧的腐蚀作用,从而可获得较好的抛光表面质量,但其抛光速率较低(0.5μm/h)。因此作为热化学抛光的优化工艺,可以先在高温真空中进行粗抛光和半精抛光,然后在氢气中进行精密和超精密抛光。对CVD金刚石厚膜进行抛光实验,与图9.2相比,该方案反应腔内的电炉分布更加合理。在抛光盘的上下表面分别用电炉加热,可以保证整个抛光盘均匀加热,从而避免不均匀加热导致的抛光盘热变形。此外,该抛光方案中还增加了振动功能。结果表明,由于抛光盘的振动降低了抛光盘与金刚石膜之间的摩擦力,形成一个平稳的抛光过程,可以提高抛光的表面质量。因此这种方法可以用来抛光大面积的CVD金刚石膜,也可抛光超薄金刚石膜。

3. 电化学抛光的加工设备

电解抛光是利用电化学阳极溶解的原理对金属表面进行抛光的一种效率较高的加工方法。现以国产 DMP-18 型电化学机械修磨抛光机为例介绍电化学抛光的加工设备,其主要由电化学抛光脉冲电源、电解液自动循环系统、台式可调砂轮软轴抛光器、蚀刻打标功能四部分组成。

1)电化学抛光脉冲电源

电化学修磨抛光电源,采用全桥整流,可控调压、限流稳压后以脉冲输出。加工最大电流可达 20A,长期连续工作电流为 0~12A,电压可从 0~30V 实现无级可调,过电流识别自动保护≥18A。

2)电解液自动循环系统

电解液自动喷吸循环系统由容积为6L左右的聚氯乙烯防腐电解盛液箱、防腐潜水泵、过滤网器、真空吸气泵、自动回气、电磁阀等组成。整体结构合理,液体循环自如。自动循环液箱示意图如图9.8所示。

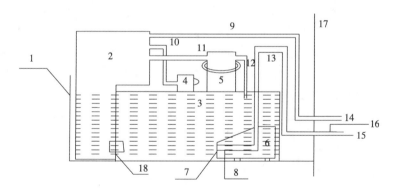

图 9.8 自动循环液箱示意图

1—盛液箱;2—真空箱;3—电解液;4—回气阀;5—真空泵;6—潜水泵;7—活动盖;8—尼龙滤网;9—抽液管;

10—回气管;11—抽气管;12—排气管;13—喷液管;14—抽液口; 15—喷液口;16—液控阀;17—机面板;

18—吸皮门

3）台式可调砂轮软轴抛光器

采用单相串激电机。左右有软硬砂轮各一个，电子无级调速。本工具体积小、功能全，集钻、铣、切、砂、磨、抛为一体。空载转速为 0～20000r/min。握持器可调钻夹头在 ϕ 6mm 以下，夹住抛用工具通过 1000mm 长度的软轴与串激电机轴心连接。广泛用于金属的磨削、抛光和工艺美术的修整雕刻等行业。

4）蚀刻打标功能

同样使用该机的电化学脉冲电源，应用电化学原理在多种金属上打印标识，如不锈钢、碳钢、各种合金钢、工具钢、硬质合金、铝合金、各种镀铬、镀锌材料、各种磨削、抛光表面等。用于打印标徽、图案、产品名称、技术指标、厂商名称、安全事项和制作高档不锈钢标牌、外壳打标等。

其优点是正规、清晰、耐久、不变色、不脱落、耐高温、不怕有机溶剂擦洗。不论产品大小、平面、弧面、薄片都能打印。打印精细，深度在 5～100μm。操作简便，只需要几秒钟就可以完成，无须烘干固化。

9.4　小　　结

随着金刚石膜应用的发展，对其抛光技术的研究开发显得更加迫切，目前国内外所开发的各种抛光技术各有优点，但也存在不同的缺点和应用局限性。金刚石膜的热化学抛光技术虽然具有抛光质量好、效率较高、机械损伤小等优点，但也存在设备运行复杂、抛光加工成本高、工作稳定性不好等问题。进一步从理论和实验上进行新的抛光方法和技术的研究开发具有重要意义。同时，将两种抛光方法结合使用，可以大大地提高抛光效率，以达到理想的抛光效果。因此热化学抛光方法与其他抛光方法相结合成为其发展趋势，其带来的工程前景也甚为可观。另外如何更有效地提高电化学抛光效率，降低表面粗糙度，一直是国内外学者的研究热点。随着电加工技术的不断发展和完善，人们不只满足于对电化学抛光自身系统(即电极、电解液、电源)的研究，相继出现了与磁场、脉冲、超声波等技术相结合的复合电化学抛光新技术。

参 考 文 献

陈杨, 陈建清. 2004. 纳米磨料对硅晶片的超精密抛光研究[J]. 摩擦学学报, 24(4):332-334.

陈昭琼. 1999. 精细化工产品配方合成及应用[M]. 北京:国防工业出版社.

付一良, 吕反修, 王建军, 等. 2007. 稀土金属抛光金刚石膜技术[J]. 功能材料, 38(2):326-328.

管迎春, 唐国翌. 2006. 脉冲电化学光整加工在模具镜面抛光中的应用[J]. 模具工业, 32(4):60-66.

侯丽辉, 刘玉岭, 王胜利, 等. 2008. 抛光液组成对 $LiNbO_3$ CMP 去除速率的影响[J]. 半导体技术, 33(8):666-669.

蒋中伟, 张竞敏, 黄文浩. 2002. 金刚石热化学抛光的机理研究[J]. 光学精密工程, 10(1):50-55.

李军, 朱永伟, 左敦稳, 等. 2008. LBO 晶体的超精密加工工艺研究[J]. 功能材料, 39(12):2088-2094.

李俊杰, 王树彬, 孙玉静. 2007. 部分熔融 Ce-Fe 合金低温快速抛光 CVD 金刚石膜[J]. 稀有金属材料与工程, 36(5):933-936.

廉进卫, 张大全, 高立新. 2006. 化学机械抛光液的研究进展[J]. 化学世界, 8:565-567.

路家斌, 余娟, 阎秋生. 2006. 磁辅助超精密加工技术[J]. 机械制造, 44(1):29-32.

孙玉静, 王树彬, 田蒔, 等. 2007. Ce-Mn 合金低温抛光 CVD 金刚石厚膜[J]. 稀有金属材料与工程, 36:892-895.

谭刚. 2007. 硅晶圆 CMP 抛光速率影响因素分析[J]. 微纳电子技术, 44(7):1-2.

王相田, 刘伟, 金宇尧, 等. 1998. SiO2 化学机械抛光浆料的制备与性能研究 [J]. 华东理工大学学报, 24 (6):68l-685.

武秋霞, 刘玉玲, 刘效岩, 等. 2010. 一种去除化学机械抛光后残留有机物的新方法[J]. 电子设计工程, 18(1):106-107.

谢格列夫. 1965. 金属的电抛光和化学抛光[M]. 巩德全译. 北京:科学出版社.

袁巨龙, 张飞虎, 戴一帆, 等. 2010.超精密加工领域科学技术发展研究[J]. 机械工程学报, 46(15):161-177.

张朝辉, 雒建斌. 2005. 化学机械抛光中的纳米级薄膜流动[J]. 中国机械工程, 16(14):1282-1284.

张文玉. 2003. 超声波-电化学抛光技术在模具中的应用[J]. 机床与液压, 4:299-300.

赵雪松, 高洪. 2004. 精密磨具超声电解复合抛光试验研究[J]. 农业机械学报, 35(3):188-190.

赵雪松, 杨明. 2005. 脉冲电化学机械抛光工具设计及其应用[J]. 现代制造工程, 7: 47-49.

宗思邈, 刘玉玲, 牛新环, 等. 2009. 蓝宝石衬底材料 CMP 去除速率的影响因素[J]. 微纳电子技术, 46(1):50-54.

Bielmann M, Mahajan U, Singh R K. 1999. Effect of particle size during tungsten chemical mechanical polishing [J]. Electrochemical and Solid State Letters, 2(8):40l-403.

Jindal A, Hegde S, Babu S V. 2002. Chemical mechanical polishing using mixed abrasive slurries[J]. Electrochem Solid State Letters, 5(7):G48-G50.

Mazaheri A R, Ahmadi G. 2002. Modeling the effect of humpy abrasive particles on chemical mechanical polishing[J]. J Electrochem Soc, 149(7):G370-G375.

McCormack M, Jin S, Graebner J E, et al. 1994. Low temperature thinning of thick chemically vapour deplsited diamond films with a molten Ce-Ni alloy[J]. Diamond and Related Materials, 3:254-258.

Michael C P, Duncan A G. 1996. The importance of particle size to the performance of abrasive particles in the CMP process [J]. J Electro Mater, 25 (10):1612-1616.

Niu X H, Liu Y L, Tan B M, et al. 2006. Method of surface treatment on sapphire substrate[J]. Tansactions of Nonferrous Metals Society of China, 16:732-734.

Rumyantsev E M. 1989. Electrochemical machining of metals [M]. Mir Publishers, 168.

Zaitsev A M, Kosaca G, Rieharz B, et al. 1998. Thermochemical Polishing of CVD Diamond Films[J].　Diamond and Related Materials, 7(8):1108-1117.

Zhou C H, Shan L,　Hight R,　et al. 2002. Influence of colloidal abrasive size on material removal rate and surface finish in SiO_2 chemical mechanical polishing[J]. Tribology Transation, 45(2):232-239.